A MATEMÁTICA ATRAVÉS DOS TEMPOS

um guia fácil e prático para professores e entusiastas

Blucher

William P. Berlinghoff
Fernando Q. Gouvêa

A MATEMÁTICA ATRAVÉS DOS TEMPOS

um guia fácil e prático para professores e entusiastas

2ª Edição

Tradução: Elza Gomide e
Helena Castro

MATH THROUGH THE AGES – A Gentle History for Teachers and Others

A edição em língua inglesa foi publicada pela Oxton House Publishers e The Mathematical Association of America

A Matemática através dos tempos
© 2008, Editora Edgard Blücher Ltda.
2ª edição – 2010
1ª reimpressão – 2012

Blucher

Rua Pedroso Alvarenga, 1.245, 4º andar
04531-012 – São Paulo – SP – Brasil
Tel.: 55 (11) 3078-5366
editora@blucher.com.br
www.blucher.com.br

Segundo Novo Acordo Ortográfico, conforme 5. ed. do *Vocabulário Ortográfico da Língua Portuguesa*, Academia Brasileira de Letras, março de 2009.

Ficha Catalográfica

Berlinghoff, William P.
Matemática através dos tempos: um guia fácil e prático para professores e entusiastas / William P. Berlinghoff, Fernando Q. Gouvêa; tradução Elza Gomide, Helena Castro. – São Paulo: Blucher, 2010.

Título original: Math through the ages: a gentle history for teachers and others.

Bibliografia
ISBN 978-85-212-0511-1

1. Matemática – História I. Gouvêa, Fernando Q. II. Título.

10-11658 CDD-510.72

Índices para catálogo sistemático:
1. Educação Matemática – Pesquisa educacional 510.72

SOBRE OS AUTORES

William P. Berlinghoff estudou no Holy Cross, no Boston College e na Wesleyan University, onde obteve seu doutorado em matemática. É professor visitante de matemática no Colby College, em Waterville, Maine. Leciona regularmente uma disciplina de matemática para estudantes de ciências humanas, que se apoia fortemente no desenvolvimento histórico do assunto. Bill é autor ou coautor de diversos textos universitários sobre a matemática voltada para as ciências humanas, incluindo *A Mathematics Sampler* (5ª edição, Ardsley House, 2001). Foi também um *senior writer* (um autor principal) para o *MATH Connections*, um currículo central padrão para o ensino médio.

Fernando Gouvêa nasceu no Brasil e estudou na Universidade de São Paulo e na Harvard University, onde obteve seu doutorado em matemática. Fernando é professor de matemática no Colby College, onde leciona, entre outras coisas, uma disciplina sobre a história da matemática. Participou do *Institute for the History of Mathematics and its use in Teaching* (Instituto para a História da Matemática e seu uso para o Ensino), organizado pela Mathematical Association of America (Associação Norte-americana de Matemática – MAA). Fernando é o editor de *FOCUS*, o boletim da MAA. Além deste livro, escreveu *p-adic Numbers:* an Introduction (2ª edição, Springer-Verlag, 1997), diversos outros textos matemáticos, artigos de pesquisa e artigos expositivos.

PREFÁCIO

Este livro cresceu de umas poucas conversas casuais de corredor no Departamento de Matemática do Colby College, cerca de dois anos atrás, mas suas raízes são muito mais profundas e antigas. Por muitos anos, estivemos interessados na história da matemática tanto por ela própria como por ser uma ferramenta auxiliar no ensino dos conceitos matemáticos para uma ampla gama de audiências. Um de nós a usou como um ingrediente principal em diversos textos matemáticos universitários para estudantes de ciências humanas e como uma parte importante de sua contribuição para uma série padrão de matemática para ensino médio da National Council of Teacher of Mathematics (NCTM – Conselho Nacional de Professores de Matemática). O outro realizou uma pesquisa considerável nesse assunto, participou do *Institute for the History of Mathematic and its use in Teaching* (Instituto para a História da Matemática e seu uso para o Ensino) da MAA – Mathematical Association of America (Sociedade Norte-americana de Matemática) e leciona um curso sobre história da matemática no Colby. Estamos convencidos de que saber a história de um conceito ou técnica matemática leva a um entendimento mais profundo e mais rico do próprio conceito ou técnica.

Infelizmente, para os professores e outras pessoas com algum interesse na história da matemática, mas com relativamente pouco tempo para persegui-la, a maioria dos livros referentes ao assunto é desencorajadoramente grande. Se você busca algum fundamento histórico enquanto se prepara para ensinar equações quadráticas ou números negativos ou se você está simplesmente curioso sobre a história do π, ou do sistema métrico, ou do zero, onde você olharia? Os índices da maioria dos livros de história vão direcioná-lo para uma série de páginas dispersas, deixando-lhe a tarefa de formar uma figura coerente. Um tópico de busca na internet provavelmente irá inundá-lo com informações, algumas confiáveis, algumas espúrias, com pouco direcionamento sobre o que cada uma representa.

Decidimos escrever um livro com suas necessidades em mente. A parte principal deste livro é uma coleção de 25 esboços históricos curtos sobre algumas ideias comuns da matemática básica. Esses esboços ilustram as origens de uma ideia, processo ou tópico, algumas vezes ligando coisas aparentemente distintas que compartilham raízes históricas comuns. Eles são precedidos por um breve panorama da história da matemática, de seus primeiros dias ao presente. Isso fornece uma moldura das pessoas e dos eventos importantes que formaram a matemática que conhecemos atualmente, bem como um contexto unificador para os esboços autocontidos separados. É claro que a escolha dos tópicos dos esboços foi bastante subjetiva; nós nos guiamos parcialmente por nosso próprio interesse e pelo que poderia interessar a professores e estudantes de matemática.

Fizemos todo o esforço para refletir com precisão os fatos históricos como eles são conhecidos atualmente. Entretanto, a história está muito longe de ser uma ciência exata, e fontes incompletas ou divergentes com frequência levam a julgamentos conflitantes a respeito de um fato entre os acadêmicos. Algumas histórias sobre pessoas e eventos da matemática evoluíram ao longo de muitos anos, criando um corpo de "folclore" com bem pouca evidência sólida para apoiá-las. Apesar de seu potencial para irritar acadêmicos históricos, muitas dessas histórias – como os folclores em todas as culturas – são valiosas como alegoria ou como "ganchos" mnemônicos para ajudá-lo (ou a seus alunos) a lembrar uma ideia matemática. Em vez de ignorar completamente tais anedotas e perder seu valor, optamos por incluir algumas das mais interessantes com ressalvas em tomá-las muito literalmente.

Para ajudar você a encontrar mais informações sobre qualquer tópico que lhe interesse, a seção intitulada "O que ler a seguir" é uma lista para ampliar a leitura. Ela inclui algumas indicações para trabalhos de referência, mas seu cerne é uma pequena lista de livros "de leitura obrigatória" que qualquer um interessado na história da matemática provavelmente apreciaria.

Uma observação sobre notação: nos anos recentes, alguns livros de história têm usado B.C.E. ("*before the common era*") e C.E. ("*the common era*") em lugar da notação mais tradicional a.C e d.C, respectivamente. Dependendo de quais historiadores você consulte, isso é ou (a) a notação do futuro para a literatura histórica, ou (b) uma moda "politicamente correta" passageira. Sem tomar posição na questão, optamos pela notação tradicional, a qual acreditamos ser mais familiar para a maioria de nossos leitores em potencial.

AGRADECIMENTOS

Estamos em dívida com muitos colegas por compartilharem seu conhecimento e por sua paciência em responder as nossas perguntas, algumas peculiares. Em particular, gostaríamos de agradecer aos consultores em educação Sharon Fadden, em Vermont, Jim Kearns, de Lynnfield High School, em Massachussetts, e Bryan Morgan, de Oxford Hills Comprehensive High School, no Maine, por lerem e comentarem as primeiras versões deste livro. Agradecimentos especiais também a Georgia Tobin, por criar os símbolos em TEX para os numerais egípcios e babilônios, e a Michael Vulis, por convertê-los para o formato *PostScript;* a Robert Washburn, da Southern Connecticut State University, por fornecer parte do material no Esboço 6; e a Eleanor Robson, que generosamente nos deu permissão para usar um de seus desenhos das tábuas da antiga Babilônia (na p. 67).

Estamos profundamente agradecidos porque um de nós foi capaz de participar por dois verões do *Institute for the History of Mathematics and its use in Teaching,* da MAA. O IHMT ajudou a transformar um antigo interesse na história da matemática em uma sólida base de conhecimento, na qual foi fácil construir. Agradecimentos especiais aos organizadores do IHMT, Fred Rickey, Victor Katz e Steven Schot, a Mathematical Association of America, sua organização financiadora e a todos os colegas IHMT – um grupo interessante, diversificado, culto e prestativo. Muitos deles responderam perguntas e fizeram sugestões úteis enquanto este livro era escrito, merecendo ainda mais nossa gratidão no processo.

Nossa dívida para muitos historiadores da matemática, cujo trabalho lemos e usamos enquanto escrevemos este livro, é enorme. Se não fosse pelos gigantes em cujos ombros tentamos nos apoiar, não poderíamos ter completado o trabalho. Tentamos, em observações bibliográficas espalhadas pelo livro e na seção "O que ler a seguir", direcionar os leitores a alguns de seus trabalhos.

Gostaríamos também de agradecer a Don Albers, Martin Davis, David Fowler, Julio Gonzalez Cabillon, Victor Hill, Heinz Lüneburg, Kim Plofker, Eleanor Robson, Gary Stoudt, Rebekka Struik e aos membros do grupo de *Historia Mathematica* por suas respostas às nossas perguntas. É claro que quaisquer erros que tenham restado são de nossa responsabilidade.

A EDIÇÃO EXPANDIDA

Quando a edição original de *A Matemática Através dos Tempos* apareceu, alguns leitores que queriam usar este livro como um livro-texto nos perguntaram quais tipos de perguntas poderíamos fazer aos estudantes. Em resposta a isso e com o encorajamento da Mathematical Association of America, adicionamos 54 páginas de Questões e Projetos. Esta edição expandida é adequada para um espectro bastante amplo de cursos, incluindo muitos que são destinados a preparar futuros professores de matemática da escola elementar e média ou que são parte de programas de desenvolvimento profissional. Além disso, mesmo o leitor casual pode lucrar em meditar sobre algumas das questões que colocamos.

A diversidade de formação matemática dos leitores em potencial deste livro convida a uma variação no tipo e no nível das questões postas para sua consideração. Duas páginas de Questões e Projetos foram inseridas após cada esboço de tópico. A distinção entre eles é apenas aproximada, mas as Questões tendem a ser bastante simples, embora muitas sejam pouco usuais e algumas exijam um pouco de pesquisa. Em contraste, os Projetos são deliberadamente abertos e, muitas vezes, exigem tanto pesquisa quanto pensamento independente. Quatro páginas de Projetos "do painel geral", muitos dos quais podem ser usados virtualmente em qualquer ponto do livro, aparecem depois de "A História da Matemática em uma Grande Casca de Noz".

Construímos as Questões e os Projetos com diversos objetivos distintos dos leitores em mente:

- aprender mais sobre as ideias matemáticas no esboço;
- fazer ou expressar a matemática de maneira histórica;
- aprender mais sobre a história da matemática do tópico; e
- ver como e onde a história da matemática se ajusta com as perspectivas históricas mais amplas.

Alguns desses objetivos são mais compatíveis com alguns esboços do que com outros, de modo que nem todos estão representados no conjunto inteiro de "Questões e Projetos". Entretanto, pelo menos uma questão em todo o conjunto se refere ao último desses objetivos. O nível de sofisticação é bastante variável, de maneira que virtualmente qualquer pessoa, independentemente da formação, encontrará algo que seja acessível e interessante para fazer. O corpo do texto original permanece sem mudanças, exceto pela correção de alguns pequenos erros e infelicidades que apareceram na primeira impressão.

Um *Instructor's Guide* abrangente está disponível pelos editores. Ele contém soluções para os problemas colocados nas Questões, discussões de base para qualquer Projeto e sugestões de fontes para mais pesquisas.

Muitas pessoas contribuíram de diversas formas para a preparação desta edição estendida. Agradecimentos especiais a Otto Bretscher (matemática, Colby College), Zaven Karian (corpo editorial CRM, MAA), Sarah Maline (história da arte, Universidade do Maine, Farmington), Farley Mawyer (matemática e ciência da computação, York College, CUNY), Daisy McCoy (matemática, Lyndon State College), Steven Pane (música, University of Maine, Farmington), Peter Rice (estudante, Colby College) e David Scribner (matemática, University of Maine, Farmington) pela ajuda, e a nossas esposas, Phyllis Fischer e Mari Gouvêa, por seus conselhos úteis, por suas críticas construtivas e pelo apoio paciente durante todo este projeto.

Estamos felizes que a Mathematic Association of America tenha escolhido co-publicar este livro como parte da sua série Classroom Resource Materials, e estamos particularmente agradecidos a Don Albers e Elaine Pedreira da MAA pelo encorajamento e assistência. Agradecemos à MAA e à Oxton House pela ajuda em tornar este livro amplamente acessível, agradável de olhar, fácil de ler e usar.

CONTEÚDO

História na aula de matemática 1
A história da matemática em uma grande casca de noz 5
Primórdios 6
A matemática grega 14
Enquanto isso, na Índia 24
Matemática árabe 28
Europa medieval 32
Séculos XV e XVI 34
A álgebra chega à maioridade 36
Cálculo de matemática aplicada 42
Rigor e profissionalismo 47
Abstração, computadores e novas aplicações 53
Matemática hoje 59
Projetos 61

Esboços

1 Mantendo a conta
Escrevendo números inteiros 65
2 Lendo e escrevendo aritmética
De onde vieram os símbolos 73
3 Nada passa a ser um número
A história do zero 79
4 Números quebrados
Escrevendo frações 87

5 **Algo menor do que nada?**

Números negativos 95

6 **Por dezenas e décimos**

Medidas métricas 103

7 **Medindo o círculo**

A história de π 109

8 **A *cossic art***

Escrevendo álgebra com símbolos 117

9 **Pensamento linear**

Resolvendo equações de primeiro grau 125

10 **Um quadrado e coisas**

Equações quadráticas 131

11 **Intriga na Itália do Renascimento**

Resolvendo equações cúbicas 137

12 **Um fato animador**

O teorema de Pitágoras 143

13 **Uma demonstração maravilhosa**

O último teorema de Fermat 151

14 **Sobre a beleza nua**

A geometria plana de Euclides 159

15 **Em forma perfeita**

Os sólidos platônicos 167

16 **Formas pelos números**

Geometria de coordenadas 173

17 **Impossíveis, imaginários, úteis**

Números complexos 181

18 **Metade é melhor**

Seno e cosseno 189

19 **Estranhos novos mundos**

As geometrias não euclidianas 197

20 **No olhar do observador**

Geometria projetiva 205

21 **O que há em um jogo?**

O início da teoria da probabilidade 211

22 Entendendo o significado de dados

A estatística se torna uma ciência 219

23 Máquinas que pensam?

Computadores eletrônicos 229

24 A aritmética do raciocínio

Lógica e álgebra booleana 237

25 Além da contagem

O infinito e a teoria dos conjuntos 243

O que ler em seguida 251

A prateleira das referências 251

Quinze livros históricos que você deveria ler 254

A internet e outros meios de comunicação 256

Referências 259

Índice remissivo 269

HISTÓRIA NA AULA DE MATEMÁTICA

De onde veio a matemática? A aritmética sempre funcionou como você aprendeu na escola? Poderia funcionar de outro modo? Quem pensou em todas as regras da álgebra, e por quê? E nos fatos e demonstrações da geometria?

A matemática é um esforço humano continuado, como a literatura, a física, a arte, a economia ou a música. Tem um passado e um futuro, bem como um presente. A matemática que aprendemos e usamos hoje difere de muitos modos da matemática de mil, quinhentos ou mesmo cem anos atrás. A matemática do século XXI certamente evoluirá para algo diferente da do século XX. Aprender sobre matemática é como começar a conhecer outra pessoa. Quanto mais você sabe de seu passado, melhor pode entendê-la e interagir com ela, agora e no futuro.

Para aprender bem matemática em qualquer nível, é preciso entender as questões relevantes antes que você possa esperar que as respostas façam sentido. Entender uma questão, muitas vezes, depende de saber a história da ideia. De onde veio? Por que é ou era importante? Quem queria a resposta e por que a queria? Cada etapa no desenvolvimento da matemática é construída com base naquilo que veio antes. Cada pessoa que contribui é alguém com um passado e um ponto de vista. Como e por que pensaram no que faziam muitas vezes são um ingrediente crítico para se entender sua contribuição.

Para ensinar matemática em qualquer nível é necessário ajudar os estudantes a entenderem as questões e formas de pensamento que ligam os detalhes. A atenção dada a tais questões é o que marca os melhores currículos, especialmente os fundamentados em NCTM. Muitos estudantes, especialmente nas primeiras séries, têm uma curiosidade natural sobre de onde vieram as coisas. Com sua ajuda, essa curiosidade pode levá-los a entender processos matemáticos que eles precisam conhecer.

Então, qual é uma boa maneira de usar a história da matemática na sala de aula? A primeira resposta que vem à mente provavelmente é "contar histórias" – *episódios históricos* ou, mais comumente, informação biográfica. Aqui está um exemplo típico.

Ao introduzir a ideia de como somar uma progressão aritmética, o professor conta uma história sobre Carl Friedrich Gauss.

> Quando ele tinha cerca de 10 anos (7 em algumas versões da história), o professor de Gauss deu à classe uma longa tarefa, aparentemente para ter algum tempo livre para si. A tarefa era somar todos os números de 1 a 100. A classe começou a trabalhar, mas o jovem Gauss simplesmente escreveu 5.050 na sua lousa e disse "aí está". O assombrado professor supôs que Gauss tinha chutado e, não sabendo ele próprio a resposta correta, disse a Gauss que ficasse quieto até que os outros terminassem e então veriam quem tinha razão. Para sua surpresa, a resposta que os outros acharam foi a mesma, mostrando que Gauss estava certo. Como ele teria feito?

Contar tal história tem algumas utilidades. Afinal, é uma história interessante, em que um estudante é o herói e se mostra mais esperto que o professor. Isso em si provavelmente interessará aos alunos e talvez eles se lembrem. Estando fixada na memória, serve como suporte para uma ideia matemática (nesse caso, como somar uma progressão aritmética). Como em quase todos os comentários biográficos, a história também faz lembrar que há pessoas reais atrás da matemática que os estudantes aprendem, que alguém teve que descobrir as fórmulas e ter as ideias. Finalmente, contada desse modo, pode levar os alunos a descobrirem as fórmulas eles mesmos (afinal, se um aluno de 10 anos podia fazer isso...).

Mas o exemplo também levanta outras questões. A história aparece em muitas fontes, e com variações. A soma às vezes é outra, mais complicada. A tolice do professor chega a ser acentuada com a inclusão de narrativas de sua reação à exibição de Gauss. Muitas, mas não todas, incluem uma exposição do método de Gauss. Tais variações levantam dúvidas quanto à história. Ela aconteceu de fato? Como podemos saber? Isso importa?

Até certo ponto, não importa, mas é possível sentir-se meio mal contando aos alunos algo que pode não ser bem verdade. No caso de nosso exemplo, não é difícil decidir algumas questões. A história foi contada pelo próprio Gauss a seus amigos quando estava mais velho. Não há razão para duvidar, embora seja possível que tenha crescido na narração, como acontece com as histórias que os bem idosos contam sobre si mesmos. A versão original pode ter mencionado alguma progressão aritmética não especificada que envolvia números muito maiores, mas é provável que, no geral, a versão aqui mostrada não esteja longe dos fatos. Infelizmente, nem sempre é fácil decidir se uma anedota é verídica. Então, quando se usa uma anedota, provavelmente é uma boa ideia fazer alguma sugestão aos estudantes de que estão ouvindo algo que pode não ser a verdade histórica estrita.

A principal limitação ao uso de anedotas históricas e biográficas, porém, é que muito frequentemente têm ligação distante com a matemática. Este livro, embora inclua algumas histórias desse tipo,[1] espera orientá-lo para outros modos de usar a história na sala de aula, modos que se liguem mais de perto com a matemática.

Uma maneira de usar a história é fornecer *uma visão mais ampla*. É muito comum que os estudantes pensem na matemática da escola como uma coleção arbitrária de pedaços de informação. Mas não é assim que a matemática é criada. As pessoas agem por uma razão, e tipicamente constroem seu trabalho sobre outros anteriores em uma vasta rede de colaboração entre gerações. A informação histórica nos permite compartilhar essa "grande figura" com os estudantes. Também serve para explicar *por que* certas ideias foram desenvolvidas. Por exemplo, o Esboço 17, sobre números complexos, explica por que os matemáticos foram levados a inventar essa nova espécie de números que inicialmente parece tão estranha para os estudantes.

Muitos matemáticos trabalham em uma variedade de problemas e, com frequência, certas percepções cruciais provêm de transpor fronteiras e fazer ligações entre assuntos. Parte da "grande figura" é o fato de que essas ligações entre diferentes partes da matemática existem. Prestar atenção à história é um modo de perceber essas ligações, e o uso da história em sala de aula pode ajudar os estudantes a se tornarem cientes delas.

A história, muitas vezes, ajuda fornecendo *contexto*. A matemática, afinal, é um produto cultural. É criada por pessoas em um momento e lugar dados e frequentemente é afetada por esse contexto. Saber mais sobre isso ajuda a entender como a matemática se ajusta a outras atividades humanas. A ideia de que os números teriam surgido para permitir que governos acompanhassem dados como a produção de alimentos pode não nos ajudar a aprender aritmética, porém insere a aritmética desde o início em um contexto significativo. Também nos faz pensar no papel que a matemática ainda tem para os governos atuais. Coletar dados estatísticos, por exemplo, é algo que os governos ainda fazem!

Saber a história de uma ideia pode levar a um *entendimento mais profundo*, para nós e para nossos estudantes. Considere, por exemplo, a história dos números negativos (ver Esboço 5 para detalhes). Por muito tempo depois de as ideias básicas sobre números negativos terem sido descobertas, os matemáticos ainda achavam difícil lidar com eles. O problema não era tanto o fato de não entenderem as regras formais para operar com tais números; na verdade, eles tinham problemas com o próprio conceito e em como interpretar essas regras formais de uma maneira que fizesse sentido. Entender isso nos ajuda a compreender (e a simpatizar com) as dificuldades que os estudantes possam ter. Saber como foram superadas essas dificuldades historicamente também pode indicar um modo de ajudar os estudantes a superarem tais obstáculos.

[1] Várias fontes para outras histórias desse tipo são mencionadas na seção "O que ler em seguida".

A história é também boa fonte para *atividades escolares*. Elas podem ser tão simples como pedir aos estudantes que pesquisem a vida de um matemático, ou elaboradas como um projeto que procure levar os alunos a reconstruir o caminho histórico que conduziu os matemáticos à descoberta. Às vezes, podem envolver que estudantes (os mais velhos) tentem ler fontes originais. Esses são modos de aumentar a apropriação da matemática por eles, fazendo com que fiquem ativamente envolvidos.

Neste livro, tentamos fornecer material para todos esses modos de usar a história. A parte seguinte, "A história da matemática em uma grande casca de noz", fornece uma visão concisa da história da matemática desde os tempos mais remotos até o começo do século XXI e estabelece uma moldura cronológica e geográfica para os eventos. Os 25 Esboços propiciam um entendimento mais profundo tanto da matemática quanto do contexto histórico de cada tópico tratado. Finalmente, "O que ler em seguida" e as observações bibliográficas salpicadas pelo texto sugerem uma vasta gama de recursos para você ou seus estudantes usarem para procurar mais informação sobre quaisquer ideias, pessoas ou acontecimentos que lhes interessem.

É claro que existe muito mais a ser dito sobre como a história pode ter um papel na sala de aula de matemática. Na verdade, esse foi o tema de um estudo pela International Comission on Mathematical Instruction (ICMI). Os resultados do estudo foram publicados em [55]. Não é fácil lê-lo, mas ele contém muitas ideias e informações interessantes. Também úteis são [134], [24] e [81], todos publicados pela Mathematical Association of America. Misturam artigos históricos com artigos sobre o uso de história tanto para o ensino médio quanto para o superior.

Em sua revista, *Mathematics Teacher*, a NCTM frequentemente publica artigos históricos que contêm ideias sobre como a história pode ser usada em sala de aula. Há vários outros projetos nessa direção, incluindo um esforço dirigido por Victor Katz e Karen Dee Michalowicz para fornecer uma série de módulos para sala de aula, com base em temas históricos (Historical Modules for Teaching and Learning of Mathematics, CD-ROM, jan. 2005), publicado pela Mathematical Association of America.

A HISTÓRIA DA MATEMÁTICA EM UMA GRANDE CASCA DE NOZ

A história da matemática cobre vários milênios. Começa tão remotamente quanto a invenção do alfabeto, e novos capítulos ainda estão sendo acrescentados hoje. Essa visão geral deve ser pensada como um breve olhar nesse vasto território. Pretende dar-lhe o sentimento geral do território e talvez ajudá-lo a se familiarizar com os marcos mais significativos.

Muito (mas não tudo) referente à matemática que aprendemos agora na escola é de fato muito antigo. Pertence a uma tradição que se iniciou no antigo Oriente Próximo e, então, se desenvolveu e cresceu na Grécia Antiga, Índia e no império islâmico medieval. Mais tarde, essa tradição encontrou um lar no fim da Idade Média e no Renascimento europeu e se transformou na matemática como hoje é entendida no mundo todo. Embora não ignoremos completamente outras tradições (a chinesa, por exemplo), elas recebem menos atenção porque tiveram muito menos influência na matemática que ensinamos atualmente.

Nossa revisão gasta muito mais tempo com a matemática antiga do que em obras mais recentes. De certo modo, é um desequilíbrio real. Os últimos séculos foram de grande progresso para a matemática. Muito desse trabalho recente, no entanto, trata de tópicos muito adiantados para o currículo escolar. Escolhemos prestar mais atenção a histórias das partes da matemática que ensinamos e aprendemos na escola. Assim, este resumo se torna mais ralo quando nos aproximamos do presente. Entretanto, muitos dos tópicos que poderiam ser aqui mencionados aparecem nos Esboços que constituem o resto deste volume.

O estudo da história da matemática, como toda investigação histórica, é fundamentado em fontes. Estas são principalmente documentos escritos, mas às vezes objetos são também importantes. Quando essas fontes são abundantes, temos razoável confiança na descrição do período em questão. Quando são raras, temos bem menos certeza. Além disso, os matemáticos vêm escrevendo sobre a história de seu tema há muitos séculos. Isso pode levar a "histórias *padrão*" sobre certos acontecimentos. Em geral, essas histórias são em sua maior parte verdadeiras, mas a pesquisa histórica também muda nossa visão sobre o que aconteceu. E, às vezes, os historiadores ainda discutem quanto à veracidade da história. Para ser breve, essa visão geral ignora muitas dessas sutilezas. Para compensar, fornecemos referências nas quais mais informação podem ser achadas. Para ajudá-lo em sua marcha, fornecemos também uma lista de livros que poderiam respaldar estudos ulteriores (ver "O que ler em seguida", começando na página 251 do texto).

Ao ler o que se segue, pode chamar a sua atenção o fato de que tão poucas mulheres sejam mencionadas. Antes do século XX, na maioria das culturas ocidentais, era negado às mulheres o acesso ao ensino formal, particularmente das ciências. Além disso, mesmo quando uma mulher conseguia aprender matemática o suficiente para oferecer uma contribuição original, frequentemente tinha muita dificuldade para obter reconhecimento. Sua obra às vezes acabava sendo publicada anonimamente ou por outro matemático (homem) com acesso aos meios usuais para as publicações. Às vezes, não chegava nunca a ser publicada. Somente em anos recentes os historiadores começaram a descobrir toda a extensão dessas realizações matemáticas ocultas feitas por mulheres.[1]

Em nossos tempos, a maior parte das barreiras às mulheres nas ciências se dissolveu. Infelizmente, alguns efeitos do antigo desequilíbrio ainda persistem. A percepção de que a matemática é um domínio masculino tem sido uma profecia autossustentada e notavelmente persistente. Mas as coisas estão mudando. Resultados de cuidadosa pesquisa histórica e as notáveis realizações de muitas mulheres matemáticas no século XX[2] mostram que as mulheres podem ser criativas em matemática, fizeram contribuições substanciais no passado e, certamente, continuarão a fazê-las no futuro.

PRIMÓRDIOS

Ninguém sabe quando começou a matemática. O que sabemos é que toda civilização que desenvolveu a escrita também mostra evidências de algum nível de conhecimento matemático. Nomes para números e formas e as ideias básicas sobre contagem e operações aritméticas parecem ser parte da herança comum da humanidade em toda parte. Antropólogos acharam muitos objetos pré-históricos que podem, talvez, ser interpretados como matemáticos. Os mais antigos de tais objetos foram encontrados na África e datam de 37 mil anos. Eles mostram que homens e mulheres estiveram engajados em atividades matemáticas por muito tempo. Antropólogos modernos e estudantes de

[1] Boas fontes de informação em [105], [69], [100], [73], [107], [108] e [118].

[2] Para informação sobre matemáticas mulheres específicas do século XX, ver [113].

etnomatemática também observam que muitas culturas do mundo mostram profunda percepção de forma e quantidade,[3] e frequentemente podem fazer coisas bem sofisticadas e difíceis, que exigem algum entendimento matemático – que vão de estabelecer uma base retangular para um edifício a inventar padrões complicados e planos para tecidos, cestos e outras atividades artesanais. Esses elementos matemáticos (ou pré-matemáticos) são comuns em sociedades pré-letradas e podem ser o melhor indício do que seria a mais antiga atividade matemática humana.

Por volta de 5.000 a.C., quando a escrita começou a se desenvolver no antigo Oriente Próximo, a matemática começou a surgir como atividade específica.[4] Conforme as sociedades adotaram diferentes formas de governo centralizado, necessitavam de meios para acompanhar o que era produzido, quanto era devido em impostos e assim por diante. Tornou-se importante saber o tamanho de campos, o volume de cestos, o número de trabalhadores necessários para uma dada tarefa. Unidades de medida foram desenvolvidas um tanto ao acaso, criando problemas de conversão que às vezes envolviam uma aritmética difícil. As leis de herança também criaram problemas matemáticos interessantes. Lidar com tais problemas era tarefa específica dos "escribas". Eles eram, em geral, funcionários públicos profissionais que sabiam escrever e resolver problemas matemáticos simples. A matemática como tema de estudos nasceu nas tradições e escolas de escribas.

Quase todas as evidências que temos para esse período no desenvolvimento da matemática vêm da Mesopotâmia, área entre os rios Tigre e Eufrates, que agora é o Iraque, e do Egito, a terra no vale do Nilo, no nordeste da África. É provável que um processo semelhante estivesse ocorrendo ao mesmo tempo na China e na Índia, mas temos muito menos evidências específicas.

Os antigos egípcios escreviam em tinta sobre papiros, um material que não sobrevive facilmente por milênios. Além disso, quase todas as escavações arqueológicas têm sido feitas perto de templos e tumbas de pedras, e não em lugares das antigas cidades onde os documentos matemáticos mais provavelmente eram produzidos. Em consequência, temos poucos documentos que indicam como era a matemática dos egípcios antigos. Assim, nosso conhecimento é escasso e os estudiosos não estão completamente de acordo sobre a natureza e a extensão da matemática egípcia. A situação quanto às culturas da Mesopotâmia é completamente diferente. Esses povos escreviam em placas

[3] Boas fontes para isso são [7] e [60]. A segunda inclui muitas ideias sobre como usar algo do material em sala de aula.

[4] Para uma teoria sobre como isso aconteceu, ver [121].

de barro com hastes de madeira. Muitas dessas placas sobreviveram, e o estudo cuidadoso levou à compreensão muito mais detalhada – embora ainda controversa – de sua matemática. Essas duas civilizações existiram mais ou menos ao mesmo tempo, mas há pouca evidência de uma ter influenciado a outra na matemática. Na verdade, seus estilos matemáticos são bem diferentes.

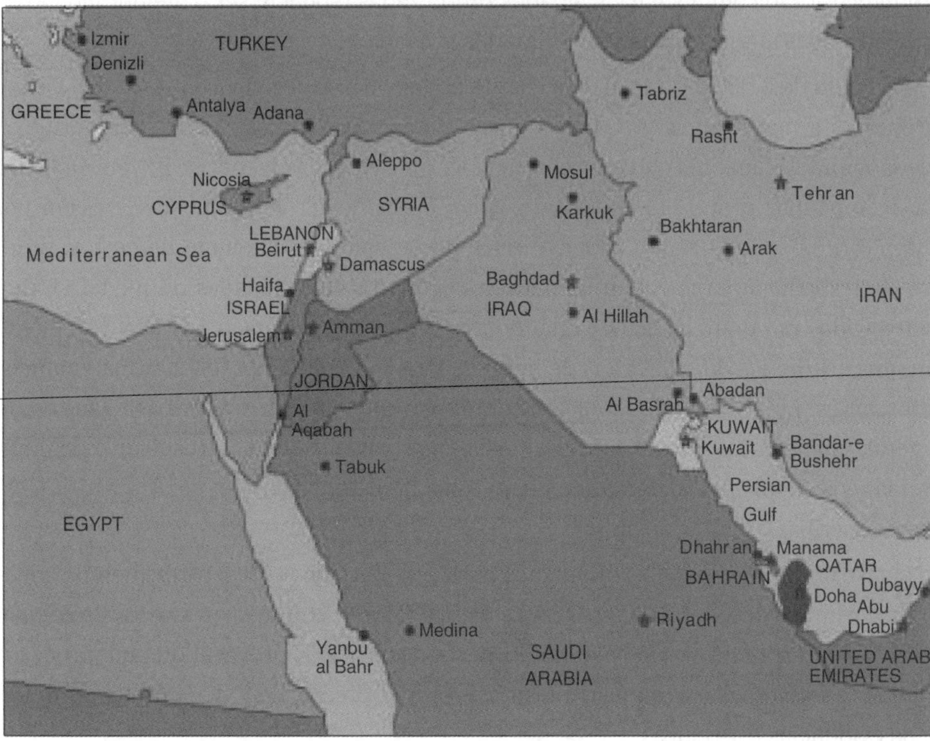

A maior fonte de informação sobre a matemática egípcia é o papiro Rhind, cujo nome vem de A. Henry Rhind, arqueólogo do século XIX que o levou para a Inglaterra. Data de cerca de 1.650 a.C. O papiro contém, de um lado, extensas tabelas que eram usadas como ajuda para os cálculos (em particular, para a multiplicação) e, do outro, uma coleção de problemas provavelmente usada para treinamento de escribas. Os exemplos cobrem um amplo espectro de ideias matemáticas, mas ficam próximos de técnicas que seriam necessárias para o escriba cumprir seus deveres. Dessa fonte, e de outras, podemos deduzir alguns aspectos básicos da matemática egípcia antiga.

- Os egípcios usavam dois sistemas de numeração (um para escrever em pedra, outro para escrever em papel). Ambos eram baseados em agrupamento de dez. Um sistema usava símbolos diferentes para as diversas potências de dez. Múltiplos de uma dada potência eram mostrados repetindo-se o símbolo tantas vezes quanto fosse necessário. Por exemplo, $|$ e $\cap$ representavam *um* e *dez*, respectivamente, de modo que 57 era representado por ∩∩∩∩∩|||||||. O método é essencialmente o mesmo que em numerais romanos, só que se usavam unicamente múltiplos de dez. O outro sistema era mais complicado, ainda baseado em potências de dez, porém com muito mais símbolos. (Ver Esboço 1.)

- Suas operações aritméticas básicas eram somar e duplicar. Para multiplicar ou dividir, usavam um método engenhoso baseado em duplicação.
- Em vez de usar frações, trabalhavam apenas com a ideia de "uma n-ésima parte". Falariam "um terço" significando 1/3 e "um quarto" significando 1/4. O que descreveríamos como "outras frações" seriam expressas como somas destas. Por exemplo, o que chamamos de "três quintos" eles chamariam de "a metade e um décimo". Já que a duplicação era tão importante em sua matemática, uma das tabelas numéricas do papiro Rhind é uma lista de dobros das partes. Por exemplo, o dobro de um quinto (ou seja, 2/5) é o terço mais um quinze avos (isto é, 1/3 + 1/15). Estudiosos ainda estão discutindo sobre como exatamente eram calculadas tais expressões. (Ver Esboços 4 e 9.)
- Sabiam resolver equações lineares simples. (Ver Esboço 9.)
- Sabiam calcular ou aproximar áreas e volumes de várias formas geométricas, inclusive círculos, hemisférios e cilindros. Talvez o mais difícil problema geométrico discutido nas fontes conhecidas seja o cálculo correto do volume de uma pirâmide quadrada truncada. Para algumas formas, só podiam dar aproximações. Por exemplo, a área do interior de um círculo era aproximada da seguinte maneira: tome o diâmetro do círculo, remova "a nona parte" e encontre a área do quadrado do comprimento resultante. Em nossos termos, isso diz que a área do interior do círculo de diâmetro d é $(\frac{8}{9} \cdot d)^2$, o que é uma aproximação bastante boa. (Ver Esboço 7.)

A matemática egípcia de 4 mil anos atrás era um corpo de conhecimentos já bem desenvolvido, de conteúdo semelhante a algo que aprendemos sobre cálculos e geometria no ensino fundamental e médio hoje. Era registrada e ensinada por meio de problemas cuja intenção era serem exemplos a se imitar. A maior parte dos problemas parece ter suas raízes na prática dos escribas. Alguns, no entanto, parecem destinados a dar aos jovens escribas uma oportunidade para mostrar suas capacidades em cálculos difíceis ou complicados. Não é claro até que ponto os matemáticos egípcios desenvolveram sua ciência para além do que era necessário para o trabalho de todos os dias, e também nada sabemos sobre como foram descobertos seus métodos.

A maior parte de nossa informação sobre a matemática da Mesopotâmia vem de tábuas produzidas entre 1.900 e 1.600 a.C., às vezes chamado de Antigo Período Babilônio.

Por essa razão, também falamos da matemática dessa região como matemática babilônia. Diferentemente do que ocorre com a matemática egípcia, foram descobertas muitas dessas tábuas, o que nos permite desenvolver uma imagem mais clara do que era a matemática mesopotâmica, embora, é óbvio, subsistam muitos mistérios.

A atividade matemática dos escribas babilônios parece ter surgido das necessidades diárias de se manter um governo central. Então, no contexto de escolas para escribas, pessoas passaram a se interessar pelo assunto em si, levando os problemas e técnicas para além do que era estritamente prático. Como um músico que não se satisfaz tocando em casamentos e formaturas, o bem treinado escriba matemático queria ir além dos problemas de todo dia, a algo mais elaborado e sofisticado. O objetivo era ser um virtuoso da matemática, capaz de tratar problemas complexos e que impressionassem.

Muitas das tábuas matemáticas desse período são tabelas para ajudar nos cálculos ou coleções de problemas para o treinamento de jovens escribas. Algumas tábuas de problemas contêm respostas ou mesmo soluções completas, mas há muito pouco que explique o processo de descoberta por trás dos métodos que estão sendo ensinados ou apresentados. Os estudiosos desenvolveram um quadro do que seriam esses métodos. Como toda reconstituição histórica, o quadro envolve grande dose de conjectura. Mas, ainda assim, há muitas coisas que podem ser ditas com alto grau de certeza.

- Em seus cálculos, os escribas mesopotâmicos frequentemente representavam os números usando um sistema de valor pela posição baseado em 60. Repetições de símbolos para um e dez eram usadas para denotar os números de 1 a 59. As posições desses grupos de símbolos em relação uns aos outros indicavam se representavam unidades, ou 60s, ou 60^2s etc. (Ver Esboço 1.)
- Faziam largo uso de tabelas de produtos, recíprocos e coeficientes de conversão. Frações eram frequentemente expressas em formato "sexagesimal". Isso é análogo ao nosso modo de escrever frações como decimais, mas usando potências de 60 em vez de potências de 10. (Ver Esboço 4.)
- Como os egípcios, os escribas babilônios podiam lidar com equações lineares. Também podiam resolver um amplo conjunto de problemas que descreveríamos como resultando em equações quadráticas. Muitos desses problemas são artificiais e parecem existir apenas como modo de os escribas mostrarem sua habilidade. As ideias por trás dos métodos usados para resolver problemas quadráticos eram provavelmente baseadas em geometria de "corte e cola", em que pedaços de retângulos e quadrados são movidos para encontrar a solução. As soluções dadas, no entanto, são totalmente numéricas. (Ver Esboço 10.)

- A geometria babilônia, assim como a egípcia, era dedicada sobretudo a medidas. Parece ter conhecido e aplicado exemplos do que chamamos de Teorema de Pitágoras e tinha fórmulas para aproximação de áreas e volumes de várias formas comuns.

Um aspecto interessante da matemática babilônia é a ocorrência de problemas que nem sequer tentam ser práticos, mas têm sabor recreativo. São problemas imaginativos que em geral se reduzem a resolver uma equação quadrática. Aqui está um exemplo:

> Um campo trapezoidal. Eu corto uma vara e uso-a como medida. Enquanto ainda não estava quebrada, eu andei 1 três vintenas de passos ao longo de seu comprimento. Sua sexta parte se quebrou para mim, eu caminhei 72 passos seguindo seu comprimento. Novamente 1/3 da vara se quebrou. Em três vintenas de passos eu percorri a largura superior. Eu estendi a vara com aquilo que (no segundo caso) se tinha quebrado e fiz a largura inferior em 36 passos. A superfície é de 1 bur. Qual é o comprimento original da vara?[5]

Excetuada a linguagem um tanto estranha e o fato de que a maioria não sabe quantos cúbitos quadrados perfazem um "bur", esse é um problema que poderia aparecer em muitas colunas de matemática recreativa – e é ainda bastante difícil. Enigmas como esse continuam a aparecer na história da matemática.

Uma mudança social ao fim do Antigo Período Babilônio parece pôr fim a esse fértil tempo para a matemática. Em vez de serem treinados em escolas especiais, os escribas começaram a ser treinados em casa. As artes dos escribas se tornaram tradições de família, e os escribas não eram mais especializados em matemática. Como resultado, vemos tábuas em que a matemática é misturada com vários outros assuntos. A matemática perde sua identidade, e a maior parte do entusiasmo e da criatividade desaparece. Só muito mais tarde, cerca de 300 a.C., é que vemos um ressurgimento de interesse por essa ciência, dessa vez a serviço da astronomia babilônia.

De modo geral, a matemática babilônia era conduzida por *métodos*. Uma vez estando disponível o método para resolver um tipo de problema, os escribas pareciam gostar de construir outros mais e mais elaborados, que podiam ser resolvidos por esse método. Durante o período criativo das escolas para escribas, eles desenvolveram vários desses métodos, dos quais o mais impressionante é o da solução de equações quadráticas. Sua ideia de representar números em termos de potências de 60 foi também muito

[5] Este texto é uma forma ligeiramente modernizada da tradução dada em [77], p. 30.

importante, especialmente quando se tratava de representar frações. O fato de ainda dividirmos uma hora em 60 minutos e um minuto em 60 segundos remonta, passando pelos astrônomos gregos, às frações sexagesimais; quase 4 mil anos depois, ainda somos influenciados pelos escribas babilônios.

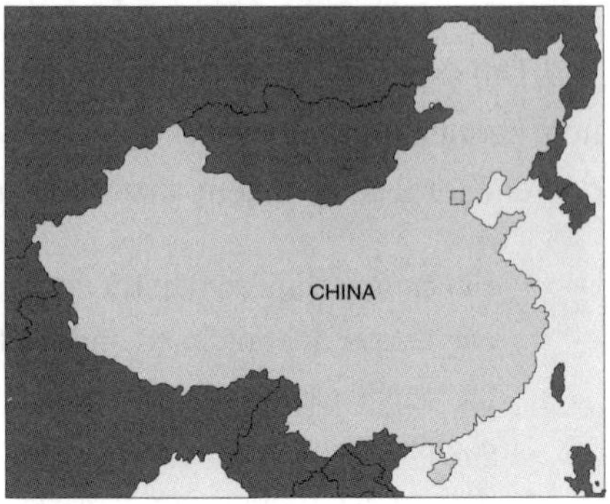

Não sabemos muito sobre a matemática chinesa dos tempos mais remotos. Antes da invenção do papel, em 100 d.C. aproximadamente, os chineses escreviam em cascas de árvores ou bambu, de modo que seus escritos eram muito sujeitos a decomposição. Mesmo livros em papel raramente eram preservados de geração para geração; em vez disso, eram copiados, muitas vezes com mudança ou anotações. Essas dificuldades naturais eram às vezes agravadas pela perversidade humana. Logo depois da unificação imperial da China, no começo da dinastia Qin (cerca de 220 a.C.), ao que parece, o imperador mandou que todos os livros de períodos anteriores fossem queimados, excetuados registros oficiais e livros de medicina, adivinhação, florestas e agricultura, que eram considerados "úteis".[6] Por isso, temos bem poucos textos matemáticos da China Antiga, e os que temos são cópias posteriores, frequentemente com material adicional acrescentado mais tarde. Assim, todas as reconstruções da matemática da China Antiga são um tanto tentativas.

Os textos matemáticos que temos parecem refletir o surgimento de uma classe de funcionários públicos dos quais se esperava a capacidade de resolver problemas matemáticos simples. Como os textos do Egito Antigo e da Mesopotâmia, contêm problemas e soluções. Na China, no entanto, as soluções são frequentemente apresentadas com uma receita geral para resolver esse tipo de problema.

O mais importante dos textos matemáticos antigos chineses é usualmente conhecido como *Os Nove Capítulos sobre a Arte Matemática* (em chinês, *Jiuzhang Suanshu*). O texto que temos foi anotado e suplementado por Liu Hui em 263 d.C. O prefácio de Liu diz que o material no livro remonta a 11 séculos a.C., mas diz também que o texto foi reunido por volta de 100 a.C. A segunda data é quase universalmente aceita, mas os estudiosos diferem quanto a levar a sério a primeira. *Os Nove Capítulos* desempenham

[6] Há alguma dúvida sobre quão completamente a ordem foi realmente cumprida.

um papel importante na matemática chinesa. Muitos matemáticos posteriores escreveram sobre ele e o usaram como ponto de partida para trabalho matemático ulterior.

Os tópicos em *Os Nove Capítulos* são bem variados. Os problemas claramente surgem de situações práticas, mas já foram formalizados. Alguns têm sabor recreativo. Vários são também conhecidos na matemática ocidental, alguns de forma idêntica. Isso presumivelmente reflete um contato ao longo da "estrada da seda", ligando os mundos chinês e ocidental. A proporcionalidade parece ter sido a ideia central para esses matemáticos chineses antigos, tanto na geometria (por exemplo, triângulos semelhantes) quanto na álgebra (resolução de problemas usando proporções). Muitos problemas geométricos são analisados usando métodos de "corte e cola". Vários problemas se relacionam com a resolução de equações de primeiro grau, que também são tratadas usando proporções.

Os Nove Capítulos originais só contêm problemas e soluções, mas o comentário de Liu, muitas vezes, dá justificativas para as regras usadas. Não são demonstrações formais baseadas em axiomas, no entanto são demonstrações. As demonstrações chinesas de Liu Hui para diante usualmente têm esse caráter informal.

A tradição chinesa que começou antes de 100 a.C. continuou a se desenvolver e a crescer por muitos séculos. Como havia pouco contato entre a China e o Ocidente, essa tradição não influenciou realmente a matemática ocidental, e não a discutiremos com mais detalhes.

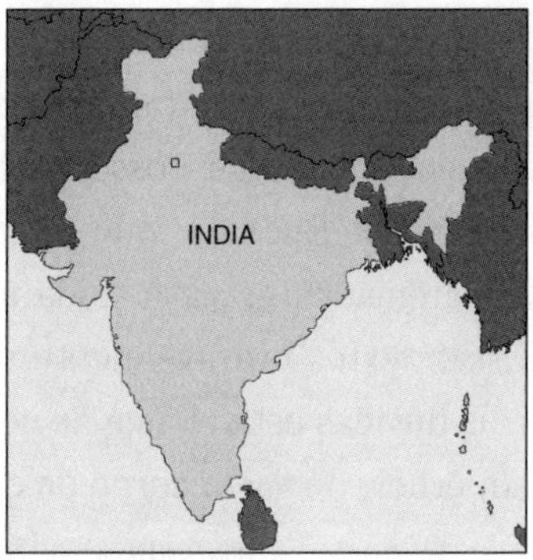

Sabemos ainda menos sobre a matemática antiga na Índia. Há evidências de um sistema de numeração praticável usado para cálculos astronômicos e outros, e de interesse prático em geometria elementar. Os *Vedas*, uma grande coleção de versos que provavelmente adquiriu sua forma final por volta de 600 a.C., contém algum material matemático, na maior parte no contexto de discussões sobre construção de altares. Aí encontramos um enunciado do Teorema de Pitágoras (ver Esboço 12), métodos para aproximação do comprimento da diagonal de um quadrado e muita discussão sobre áreas de superfícies e volumes de sólidos. Outras fontes antigas mostram interesse por números muito grandes e mencionam desenvolvimentos matemáticos que quase certamente tiveram um papel em desenvolvimentos posteriores na Índia. A tradição matemática da Índia influiu na ocidental de maneira direta, de modo que a discutiremos mais em uma parte posterior desta visão geral.

Haveria contato entre essas civilizações e teria a matemática de uma influenciado a da(s) outra(s)? Para esse período, não sabemos. O interesse pela matemática não ocidental cresceu nos últimos anos, mas um consenso acadêmico ainda não se desenvolveu.

Há bons artigos introdutórios sobre as antigas matemáticas egípcia, mesopotâmica, chinesa e hindu na Parte 1 de [64] e [123]. A descrição em [80] também é útil. Uma discussão mais antiga – porém ainda válida – da matemática antiga (especialmente egípcia e mesopotâmica) pode ser encontrada em [103]. Outra visão geral que se pode obter está em [78], que contém relatos sobre a matemática não ocidental e um apaixonado argumento pela sua influência e importância. Para informação extensa sobre a matemática chinesa, ver [94] ou [91]. Também é interessante ver [124], uma tradução de *Os Nove Capítulos* com amplas notas e comentários.

A MATEMÁTICA GREGA

Muitas culturas antigas desenvolveram vários tipos de matemática, mas os matemáticos gregos foram os únicos a inserirem o raciocínio lógico e a demonstração no âmago do tema. Ao fazê-lo, eles mudaram para todo o sempre o que significa fazer matemática.

Não sabemos exatamente quando os gregos começaram a pensar na matemática. Suas próprias histórias dizem que o mais antigo argumento matemático remonta a 600 a.C. A tradição matemática grega permaneceu como atividade viva e crescente até cerca de 400 d.C. Houve muita mudança e crescimento durante esses mil anos, é claro, e os historiadores trabalharam arduamente para entender o processo que levou ao particular modo grego de tratar o assunto. Essa tarefa é dificultada pelo fato de a maior parte das fontes ser bastante tardia. Além de algumas observações em Platão, Aristóteles e em alguns fragmentos, nosso mais antigo testemunho sobre a matemática grega são os *Elementos* de Euclides, que datam de cerca de 300 a.C. Muito de nossa informação sobre a matemática grega é ainda mais recente, vindo do terceiro e do quarto séculos d.C. Esses textos provavelmente preservam material mais antigo, mas é difícil ter certeza, e as dúvidas estão longe de serem resolvidas. Nossa exposição aqui só pode arranhar a superfície do vasto corpo de estudos sobre a matemática grega.

É importante salientar que, quando se fala de "matemática grega", a referência principal da palavra "grega" é a *língua* em que é escrita. O grego era a língua comum de grande parte do mundo mediterrâneo. Era a língua do comércio e da cultura, falada por todas as pessoas instruídas. Analogamente, a tradição matemática grega era a forma dominante da matemática teórica. É certo, por exemplo, que nem todos os matemáticos "gregos" nasceram na Grécia. Por exemplo, Arquimedes era de Siracusa (na Sicília, agora parte da Itália) e Euclides era, supostamente, de Alexandria (no Egito). Na maior parte dos casos, nada sabemos sobre a real condição étnica, nacionalidade ou crença desses matemáticos. O que tinham em comum era uma tradição, um modo de pensar, uma língua e uma cultura.

Como a maior parte dos filósofos gregos, os matemáticos do período mais antigo parecem ter sido pessoas de meios independentes que passavam suas vidas em atividades de estudo. Mais tarde, alguns matemáticos ganhavam a vida como astrólogos, uns poucos eram sustentados pelo Estado de um modo ou de outro, e alguns parecem ter ensinado um pouco (mais individualmente do que em escolas). No geral, a matemática era uma atividade daqueles que tinham meios e tempo – e, é claro, o talento. O número total de matemáticos atuantes e criativos em qualquer momento era provavelmente muito pequeno, talvez uma dúzia ou coisa assim.[7] Normalmente, os matemáticos trabalhavam isoladamente e se comunicavam por escrito. Apesar disso, construíram uma tradição intelectual que continua a impressionar todos os que vêm a conhecê-la.

A forma dominante da matemática grega era a geometria, embora os gregos também tenham estudado as propriedades dos números inteiros, a teoria das razões, astronomia e mecânica. Os dois últimos temas eram tratados muito em estilo geométrico e teórico. Não há divisão nítida entre matemática "pura" e "aplicada" (na verdade, essa distinção só data do século XIX). A maior parte dos matemáticos gregos tinha pouco interesse por aritmética prática ou por problemas de efetivamente medir comprimentos ou áreas. Essas questões só aparecem relativamente tarde (por exemplo, no século I d.C. no trabalho de Heron, que pode ter sido influenciado pela matemática babilônia), e permaneceram, até certo ponto, como tradição separada.

Segundo os antigos historiadores gregos da geometria, os primeiros matemáticos gregos foram Tales, que viveu por volta de 600 a.C., e Pitágoras, um século depois. Quando essas histórias foram escritas, ambos, Tales e Pitágoras, já eram figuras míticas do passado distante. Muitas histórias são contadas sobre eles e é difícil saber quais, se algumas, contêm alguma verdade histórica. De ambos se diz que aprenderam matemática no Egito e na Babilônia. De Tales se diz que foi a primeira pessoa a tentar demonstrar algum teorema geométrico, inclusive a afirmação de que a soma dos ângulos de um triângulo é igual a dois ângulos retos, que os lados de triângulos semelhantes são proporcionais e que um círculo é cortado ao meio por qualquer de seus diâmetros.

[7] Reviel Netz avalia que o número total de matemáticos durante todos os mil anos da matemática grega não foi maior que 1.000. Desses, talvez 300 fossem conhecidos pelo nome no final do período grego; cerca de 150 são mencionados em textos que se conservaram. (Ver 102, Capítulo 7).

Autores gregos posteriores contaram muitas histórias sobre Pitágoras. As lendas se centram em uma sociedade semirreligiosa chamada Irmandade Pitagórica (embora mulheres fossem membros virtualmente iguais). A base era provavelmente Crotona, cidade fundada por gregos no sul da Itália. A irmandade era uma sociedade secreta dedicada a aprender diversos assuntos, em geral religiosos e filosóficos.

Muitas histórias estranhas eram contadas sobre a irmandade. A maior parte foi escrita séculos depois dos fatos por filósofos "neopitagóricos". Descrevem uma sociedade da qual alguns costumes nos pareceriam hoje estranhos, outros, eminentemente sensatos. Os membros, aparentemente, nunca comiam carne ou feijões, nunca caçavam, não usavam lã, vestiam-se de branco e dormiam em panos brancos. Tinham uma variedade de rituais para reforçar seu sentimento comunitário e o pentagrama era seu símbolo. Acreditavam em uma espécie de reencarnação e desenvolveram um tipo de misticismo numérico, uma crença de que os números eram o princípio secreto da realidade. Cada dia seguia um regime comum, simples, planejado para revigorar a mente e o corpo. Faziam exercícios para se conservarem em boas condições físicas, tinham períodos de contemplação silenciosa e passavam boa parte de cada dia discutindo e estudando *mathematike*, "aquilo que é aprendido".

pentagrama

Muitas das ideias e realizações dos pitagóricos posteriores provavelmente foram atribuídas ao próprio Pitágoras. A maior parte dos estudiosos acredita que o próprio Pitágoras não era um matemático ativo, embora possa ter tido interesse pelo misticismo numérico. Mas, em algum momento posterior, parece que alguns pitagóricos começaram a construir argumentos formais, portanto, a fazer matemática. Já que os pitagóricos continuaram influentes por algum tempo, sabemos (ou podemos adivinhar) algumas de suas ideias matemáticas. Parecem ter se preocupado muito com as propriedades dos números inteiros e o estudo de razões (que eles relacionavam com a música). Na geometria, eles possuem, é claro, o crédito pelo Teorema de Pitágoras (ver Esboço 12). É provável, no entanto, que o mais importante sucesso muitas vezes atribuído aos pitagóricos seja a descoberta dos *incomensuráveis*.

As razões desempenhavam papel muito importante na matemática grega, porque os geômetras gregos não ligavam diretamente números aos objetos que estudavam. Um segmento de reta era um segmento de reta. Há segmentos iguais, mais longos e mais curtos, e um segmento podia ser igual a dois outros unidos – mas em nenhum momento os matemáticos gregos falavam no *comprimento* de um segmento.[8] Áreas, volumes e ângulos eram tratados como quantidades de espécies diferentes, nenhuma das quais era necessariamente ligada a números. Então, como se compararam quantidades? O que os matemáticos gregos faziam era trabalhar com *razões* de quantidades. Por exemplo, para achar a área de um círculo, usamos a fórmula $A = \pi r^2$, que nos diz para tomar o *comprimento* do raio e multiplicá-lo por ele mesmo, e depois por uma constante que chamamos π. O resultado será um número denominado área do círculo. Os gregos exprimiam a mesma ideia dizendo:

> A razão entre dois círculos é a mesma que a razão entre dois quadrados com lados iguais aos raios dos círculos.

Em nossa linguagem, diríamos "as áreas dos dois círculos" e as "áreas de dois quadrados". Também provavelmente usaríamos símbolos. Se A_1 e A_2 são as áreas dos dois círculos, e r_1 e r_2 são os raios, então:

$$\frac{A_1}{A_2} = \frac{r_1^2}{r_2^2}$$

(Ver Figura 1.) Assim, segue que:

$$\frac{A_1}{r_1^2} = \frac{A_2}{r_2^2}$$

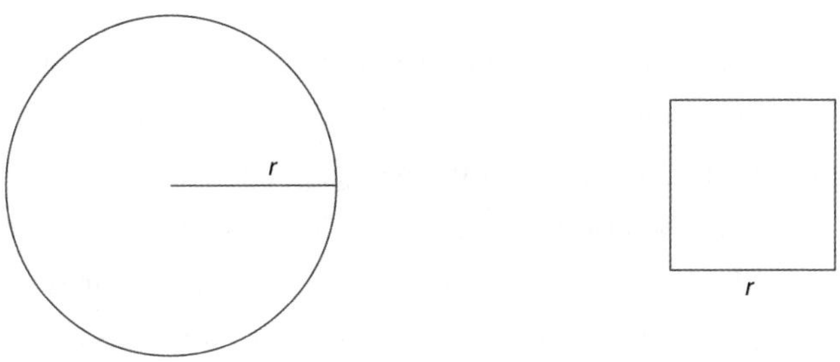

Figura 1 – Um círculo de raio *r* e um quadrado de lado *r*

[8] É claro que na vida diária comprimentos eram calculados e medidos na Grécia como em toda parte. Na tradição grega, havia uma lacuna real entre a matemática teórica e o uso cotidiano das ideias matemáticas.

Isto é, a razão de um círculo para um quadrado cujo lado é igual ao raio (ou seja, A/r^2) é sempre a mesma, qualquer que seja o tamanho do círculo. Atualmente, olhamos essa razão como um número, que chamamos π, e do qual sabemos que é um número bastante complicado. (Ver Esboço 7.)

Algumas razões são fáceis de entender porque são iguais às razões entre dois números inteiros. Se um segmento é igual a duas vezes outro segmento, sua razão é de 2 para 1. Do mesmo modo, é fácil compreender o que se entende por segmentos cuja razão é de 3 para 2. A grande percepção dos pitagóricos foi perceber que a razão de dois segmentos não será sempre simples assim. De fato, eles demonstraram que a razão entre o lado e a diagonal de um quadrado não pode ser a razão de *quaisquer* dois números inteiros. Chamaram segmentos dessa espécie de *incomensuráveis,* e chamaram de *irracional* a razão entre tais segmentos.[9]

Na época dos filósofos Platão (428-348 a.C.) e Aristóteles (384-322 a.C.), saber da existência de incomensuráveis era parte da educação de toda pessoa culta. Ambos os filósofos usaram isso como exemplo de algo que não era evidente aos sentidos, mas podia ser descoberto pela razão. Ambos mostraram grande interesse e respeito pela matemática. Diz-se que Platão tinha inscrito na porta de sua Academia: "Que ninguém ignorante de geometria entre aqui". Essa história pode não ser verdadeira, pois o mais antigo texto que menciona a inscrição foi escrito mais de 700 anos depois do período de Platão. No entanto, tal inscrição seria consistente com sua atitude com relação à matemática. Por exemplo, ele arrolou a matemática como parte fundamental da educação em sua *República*. Também menciona resultados matemáticos em vários de seus diálogos. (Ver Esboço 15 para uma descrição dos "Sólidos de Platão".)

Aristóteles também menciona frequentemente a matemática em seus escritos, como quando usa exemplos matemáticos ao discutir raciocínio correto. Isso sugere que naquela época os matemáticos já estavam engajados em produzir demonstrações formais de enunciados matemáticos. Nesse período, eles provavelmente começaram a entender que, para demonstrar um teorema, era preciso partir de algumas hipóteses não demonstradas. Essas hipóteses básicas – ou postulados – eram tomadas como certas e aceitas como verdadeiras. Essa é a estrutura do mais antigo trabalho

[9] Bem, eles de fato usaram as palavras gregas *alogos* e *arrhetos*, que também poderiam significar "não falável" ou "inexprimível". Mas "irracional" significando "sem razão" foi a palavra que prevaleceu historicamente.

matemático grego que ainda sobrevive (em sua maior parte) intacto, os *Elementos* de Euclides.

Entre o tempo de Platão e Aristóteles e o de Euclides ocorreram importantes mudanças na cultura grega. Os dois filósofos, e provavelmente a maioria dos matemáticos associados a eles, viviam em Atenas, um dos centros da civilização grega antiga. Mas já no tempo de Aristóteles, Alexandre, o Grande, tinha iniciado a conquista de outros povos e criado um grande império. Fazendo isso, ele espalhou a língua, a cultura e os ensinamentos gregos a muitas outras partes do mundo. Por vários séculos a seguir, a maior parte das pessoas cultas que viviam nos países em volta do Mediterrâneo Oriental falava grego. De fato, o grego se tornou a língua internacional da região. A cultura grega também se espalhou. Floresceu de modo espetacular no norte do Egito, em uma cidade chamada, como outras, Alexandria (uma das muitas cidades a receber o nome de Alexandre), perto da embocadura do Nilo. A tradição matemática ali era particularmente forte. Talvez se ligasse ao famoso templo às Musas (o *Museum*) e à sua biblioteca igualmente famosa. Pelo fim do quarto século antes de Cristo, Alexandria era o centro real da matemática grega.

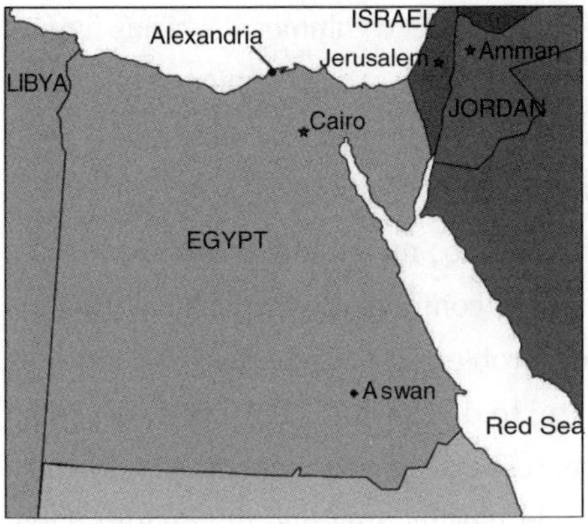

Quase nada sabemos sobre Euclides, apenas o fato de que provavelmente viveu em Alexandria por volta de 300 a.C. O que temos são seus escritos, dos quais o mais famoso é um livro chamado *Elementos*. Este é uma coleção dos mais importantes resultados matemáticos da tradição grega, organizados de modo sistemático e apresentados como ciência dedutiva formal. A apresentação é seca e eficiente. O livro se abre com uma lista de definições, seguidas de postulados e "noções comuns" (que Euclides tomava como evidentes). Depois disso, temos uma sequência de proposições, cada uma acompanhada de uma demonstração. Não há material de conexão, nenhuma tentativa de motivação. Seguindo cada demonstração há um diagrama, a qual tipicamente se refere a este de modo crucial. (Ver Esboço 14 para mais detalhes.) Mais adiante, quando passa a outros assuntos, Euclides introduz novas definições e postulados. Desse modo, ele cobre a geometria plana e espacial, estuda a divisibilidade de inteiros, trabalha uma sofisticada teoria de razões e desenvolve uma complicada classificação de razões irracionais. Os *Elementos* reúnem em um só lugar as principais realizações da matemática grega até então.

Os *Elementos* são uma maciça realização, e seu estilo e conteúdo foram enormemente influentes não só para a matemática grega mas também para a tradição matemática ocidental. O estudo da primeira parte dos *Elementos* se tornou um rito de passagem intelectual no Ocidente, até tão recentemente como o começo do século XX. O livro de Euclides foi considerado como modelo de raciocínio claro e preciso e foi imitado por outros que aspiravam ao rigor e à precisão.

A geometria grega não termina com os *Elementos*. O próprio Euclides também escreveu livros sobre seções cônicas, óptica geométrica e sobre a resolução de problemas geométricos. Arquimedes (c. 250 a.C.) escreveu sobre áreas e volumes de várias figuras curvas, e Apolônio (c. 250 a.C.) escreveu um tratado sobre seções cônicas, que ainda é um impressionante modelo de realização geométrica. A geometria continuou a ser o interesse central dos matemáticos gregos por vários séculos.

A apresentação ordenada e sistemática de resultados matemáticos que vemos nos *Elementos* é só uma parte da tradição grega. Outro componente importante (alguns dizem que é o mais importante) é a tradição de problemas matemáticos. De fato, às vezes se pode ver tais problemas "por atrás" do texto de Euclides. Por exemplo, como os gregos não mediam áreas atribuindo-lhes números, atacavam a mensuração de áreas tentando construir um retângulo (ou quadrado) de mesma área que uma figura dada. Para figuras limitadas por segmentos de retas, isso é feito nas duas primeiras seções dos *Elementos* de Euclides. Na realidade, Euclides prossegue acrescentando floreios: ele mostra como construir um paralelogramo com base em um segmento dado e um ângulo na base dados, cuja área seja igual à de uma figura poligonal dada, mais ou menos a área de um retângulo dado.

Mas, o que acontece quando se tenta fazer o mesmo com um círculo? Isto é, dado um círculo, podemos construir um quadrado com a mesma área que ele? Esse é o problema da *quadratura do círculo,* que é muito difícil de resolver. Na verdade, ele leva rapidamente à questão do que entendemos por "construir". Os matemáticos gregos sabiam como resolver o problema de quadrar o círculo desde que lhes fosse dada uma curva especialmente definida (ou uma *quadratriz,* ou uma *espiral de Arquimedes*). Mas isso é realmente uma solução do problema? Alguns matemáticos objetaram que construir essas curvas já era problemático, de modo que o problema não tinha sido resolvido de verdade.

Além do problema de quadrar o círculo, dois outros se tornaram famosos nos tempos gregos. Um era o da *trisseção do ângulo* – construir um ângulo que é um terço de um ângulo dado. O outro era o problema de *duplicar um cubo* – construir um cubo cujo volume é duas vezes o de um cubo dado. Os matemáticos gregos eventualmente resolveram os dois problemas. Porém, suas soluções sempre envolviam usar alguma espécie de recurso auxiliar (algumas vezes mecânico, outras vezes matemático). Matemáticos posteriores reinterpretaram os problemas acrescentando a exigência de que as construções usassem apenas régua e compasso. Sabemos agora que, com essa restrição, nenhuma dessas construções é possível, mas isso só foi provado no século XIX. Alguns matemáticos gregos sabiam (ou suspeitavam) disso também, embora não pudessem demonstrar. Por exemplo, Pappus (escrevendo c. 320 d.C.) critica uma solução proposta de régua e compasso para a duplicação do cubo, dizendo que todos sabiam que esse problema exigia outras técnicas.

Esses e outros problemas foram uma das motivações principais para a geometria grega. Parece que teoremas foram frequentemente descobertos como passos para resolver alguns deles. Na verdade, os problemas geométricos gregos eram tão difíceis que serviram como motivação para o desenvolvimento da geometria de coordenadas pelos matemáticos do século XVII.

Embora a geometria fosse o tópico central da matemática grega, muitos outros temas também aparecem. Havia, assim, muito interesse em astronomia, e uma elaborada *geometria esférica* (a geometria da superfície da esfera) foi desenvolvida para explicar e predizer os movimentos dos astros e planetas. Para poder localizar um planeta no céu, é preciso que se tenham meios de medir ângulos, de modo que os números e grandezas não podem ser mantidos completamente separados. Então, os astrônomos gregos emprestaram dos matemáticos babilônios e começaram a usar números para medir ângulos. Pode-se ver a conexão babilônia porque frações de ângulos eram escritas em sexagésimos (como ainda são até hoje, em "minutos" e "segundos" de ângulo). Também neste contexto vemos o início da trigonometria.[10] (Ver Esboço 18.)

O mais famoso astrônomo grego foi Claudius Ptolomeu, que viveu em Alexandria em 120 d.C. aproximadamente. Ele escreveu sobre muitos assuntos, de astronomia e geografia a astrologia, mas sua obra mais famosa é a *Sintaxe*, conhecida hoje pelo apelido dado pelos estudiosos árabes muitos séculos depois: *Almagest*, significando "o maior". O livro de Ptolomeu fornece uma descrição prática e manejável de fenômenos

[10] É interessante notar que a trigonometria não parece ter sido aplicada a triângulos *na terra* senão muitos séculos depois.

astronômicos. Foi a base de quase toda astronomia posicional até o trabalho de Copérnico no século XV.

Diofante, que viveu mais ou menos um século depois de Ptolomeu, foi um dos mais originais matemáticos gregos. Sua *Aritmética* não contém geometria nem diagramas, focando, em vez disso, na resolução de problemas algébricos; é simplesmente uma lista de problemas e soluções. Nos problemas, Diofante usava uma notação para a incógnita e suas potências, que insinua a notação algébrica desenvolvida mil anos depois na Europa. Seus problemas sempre pediam números, que para ele significavam números racionais (frações ordinárias). Por exemplo, um problema requer um modo de escrever um quadrado como soma de dois outros quadrados. Em sua solução, Diofante sempre usava números específicos e, em seguida, explicava como achar uma solução. Ao resolver o problema de escrever um quadrado como soma de dois outros quadrados, em sua solução ele começa por dizer "suponha que o quadrado é 16". Em seguida, passa por vários passos e termina com:

$$16 = \frac{256}{25} + \frac{144}{25} = \left(\frac{16}{5}\right)^2 + \left(\frac{12}{5}\right)^2.$$

Embora suas soluções sejam apresentadas com números específicos, a intenção é que fossem gerais. Supõe-se que o leitor seja capaz de perceber que um processo semelhante funciona com qualquer número inicial escolhido. Um aspecto interessante desse procedimento é que, às vezes, haverá um problema que tem solução para certos números iniciais, mas não para outros. Em tais casos, normalmente Diofante dava as condições sob as quais o problema tem solução, confirmando, assim, que ele estava tentando achar soluções gerais.

O trabalho de Diofante parece ter sido perdido e redescoberto muitas vezes. Eventualmente, veio a ter profunda influência sobre os algebristas europeus dos séculos XVI e XVII. Em seu tempo, porém, pode não ter tido muito impacto.

Após cerca de 300 d.C., a matemática grega perdeu algo de sua criatividade. Nesse período começa a haver uma ênfase em produzir edições e comentários de obras anteriores. Esses livros são nossa melhor fonte para a tradição matemática grega, pois reúnem bastante material anterior. Ao mesmo tempo, criam o difícil problema de distinção entre as adições e comentários e os textos originais. Provavelmente, o mais importante dos matemáticos gregos posteriores foi Pappus, de meados do século IV. Sua *Coleção Matemática* é uma espécie de "obras reunidas", que inclui trabalho original, comentários sobre trabalho anterior e até resumos de trabalhos de outros matemáticos. Talvez a parte mais importante do trabalho de Pappus, do ponto de vista histórico, seja sua discussão do "método de análise". Em resumo, "análise" era o método para descobrir uma demonstração ou a solução de um problema, enquanto "síntese" seria o argumento dedutivo que dava a demonstração ou a construção. O que se vê, por exemplo, em os *Elementos* de Euclides é tudo síntese. A discussão de Pappus sobre análise não é muito específica, e isso acabou sendo importante porque os matemáticos do Renascimento entenderam que ele queria dizer que havia um método secreto por trás de muito da matemática grega. Suas tentativas de procurar esse método levaram a diversas ideias e descobertas nos séculos XVI e XVII.

Depois de Pappus, os matemáticos gregos mais significativos se envolveram em escrever comentários sobre o trabalho anterior. Téon, que viveu em Alexandria por volta de 375 d.C., preparou novas edições dos *Elementos* de Euclides e da *Sintaxe* de Ptolomeu. A filha de Téon, Hipácia,[11] escreveu comentários sobre a obra de seu pai a respeito das *Cônicas* de Apolônio e sobre Diofante. Hipácia foi também famosa como professora de filosofia platônica, uma das últimas de tais professores de Alexandria, onde o cristianismo tinha se tornado a religião dominante. Infelizmente, ela se viu envolvida em uma luta de poder entre o prefeito Orestes e o arcebispo Cirilo, e foi brutalmente assassinada por seguidores deste último.

Proclus (cerca de 450 d.C.) foi provavelmente o último autor importante na tradição grega. Escreveu um comentário sobre partes dos *Elementos* de Euclides, que é fortemente influenciado pela filosofia neoplatônica. Seu comentário inclui uma história da matemática grega precedente, que muitos estudiosos julgam incorporar partes de um trabalho muito anterior de Eudemus.

O século V marca o fim da matemática grega em sua forma clássica. Mas, antes de deixar esse período, devemos notar que essa tradição grega não era a única forma de matemática existente na cultura grega, helenística e romana durante os mil anos entre 600 a.C. e 400 d.C. Sob a superfície, por assim dizer, da tradição "científica" da matemática grega, existia uma tradição "subcientífica", a qual representava a matemática da vida diária. Apesar da fascinação dos matemáticos pela geometria e do seu desprezo pelos números, os comerciantes tinham que somar e subtrair, coletores de impostos precisavam medir áreas de campos, arquitetos e engenheiros deviam assegurar-se de que seus edifícios e pontes não cairiam. Tudo isso exige conhecimento matemático. Esse conhecimento parece ter sido transmitido quase independentemente do que os

[11] Hipácia não é a única mulher que foi matemática ativa nos tempos gregos. Ao menos uma outra é conhecida: Pandrosian, professora de matemática a quem é dirigido o terceiro livro da *Coleção* de Pappus.

estudiosos da matemática faziam. Na verdade, muito dessa tradição nunca foi escrita (a exceção é o trabalho de Heron, que se situa em algum lugar entre as tradições científica e subcientífica e tenta fazer com que se comuniquem). Um dos aspectos interessantes da tradição subcientífica é a presença, mais uma vez, de problemas recreativos, bem parecidos com os que existiam nos textos babilônios.

Muito tem sido escrito sobre a matemática grega. Por ter sido tão influente, ela recebe uma vasta porção de toda obra geral de história da matemática, e ler os capítulos sobre a matemática grega em tais obras (por exemplo, [80] ou [28]) é um bom modo de começar a aprender mais. Há também um breve resumo em [64]. O livro que fornece uma visão geral mais acessível é [32].

Muitos dos textos originais em grego existem em tradução para o inglês, em grande parte graças a Thomas L. Heath e livros da Dover; por exemplo, veja [42]. Também se pode encontrar trechos substanciais em livros como [54]. A tradição subcientífica é discutida em [77]; para a recreativa, ver o trabalho de David Singmaster (como [128] e [127]). Finalmente, há vários livros recentes que mudaram nossa compreensão da matemática grega. Tipicamente, eles são difíceis, mas frequentemente empolgantes. Três exemplos importantes são [86], [59] e [102].

ENQUANTO ISSO, NA ÍNDIA

Nos quatrocentos anos seguintes, aproximadamente, a Europa e o norte da África viram bem pouca atividade matemática. Na Europa Ocidental, no norte da África e no Oriente Médio, a invasão dos bárbaros fragmentou o Império Romano. As condições sociais resultantes não favoreciam a atividade intelectual. O Império Romano do Oriente era ainda forte e muito sujeito à influência da cultura grega, mas os estudiosos de Bizâncio estavam mais interessados em outras coisas. Eles preservaram cópias dos manuscritos matemáticos antigos, mas só ocasionalmente alguém mostrava interesse real por seu conteúdo. O advento do Islã no sétimo século agitou ainda mais essas áreas. No século VII, as forças do Islã atacaram e conquistaram todo o norte da África, a maior parte do Oriente Médio e partes da Europa Ocidental. Foi só depois de o Império Islâmico começar a se estabilizar politicamente que as boas condições para a pesquisa matemática puderam ser encontradas.

É claro que durante esse período as pessoas ainda construíam, compravam, vendiam, cobravam impostos e mediam terras, de modo que a tradição subcientífica certamente persistiu e em todas essas áreas. Em muitos casos, temos pouca evidência textual sobre como a matemática era compreendida e transmitida. Os textos que temos sugerem que a matemática era prática, mas não profunda. O assunto ainda mantinha seu prestígio. Os filósofos ocidentais dizem coisas boas sobre a geometria, por exemplo. Porém, quando explicavam o que significava de fato a geometria, apresentavam uma miscelânea contendo um pouco de geometria grega, algum material tradicional sobre medidas (inclusive de terras) e muita especulação metafísica.

Durante esse período apagado na Europa e no norte da África, a tradição matemática na Índia cresceu e floresceu. Como já indicado, quando a matemática grega começava a se desenvolver já havia uma tradição matemática na Índia. É provável que essa tradição tenha recebido alguma influência dos astrônomos tardios da Babilônia, e é certo que os estudiosos da Índia conheciam alguns textos astronômicos gregos. De fato, a astronomia era uma das principais razões para o estudo da matemática na Índia. Muitos dos problemas estudados por seus matemáticos foram inspirados por questões astronômicas. Entretanto, após esse início na astronomia, despertou-se nos hindus o interesse pela matemática em si. Até mesmo um elemento recreativo aparece.

Como no caso da matemática grega, há um pequeno número de matemáticos cujos nomes sabemos e cujos textos podemos estudar. O mais antigo é Āryabhaṭa, que produziu seu trabalho matemático no começo do século VI d.C. No século VII, os mais importantes matemáticos são Brahmagupta e Bhāskara, que estão entre os primeiros a reconhecer – e trabalhar com – quantidades negativas. (Ver Esboço 5.) Provavelmente, o mais importante matemático da Índia medieval foi outro Bhāskara, que viveu no século XII (para distinguir entre eles, muitos historiadores falam em Bhāskara I e II). Em quase todos os casos, os textos matemáticos que temos são partes de livros mais extensos sobre astronomia.

A mais famosa invenção da matemática na Índia é seu sistema de numeração decimal. (Ver Esboço 1.) De um sistema anterior, eles conservaram nove símbolos, para os números de 1 a 9. Introduziram o valor por posição e criaram um símbolo, um ponto ou um pequeno círculo para denotar um lugar vazio. (Ver Esboço 3.) O resultado foi o sistema de numeração que usamos ainda hoje.

A história desse passo tão marcante é ainda obscura. Parece provável que tenha havido alguma influência da China, onde um ábaco decimal era usado. De qualquer forma, por volta do ano 600 os matemáticos da Índia estavam usando um sistema com valores posicionais baseado em potências de dez. Também tinham desenvolvido métodos para fazer aritmética com tais números. Todos os matemáticos indianos que mencionamos dedicaram uma parte de suas obras para explicar o sistema decimal e dar regras para cálculos. A conveniência do novo sistema parece ter sido um poderoso argumento a seu favor, e ele se espalhou rapidamente para outros países. Um manuscrito escrito na Síria em 622 menciona esse novo método de cálculo. Há evidência de que o sistema estava em uso no Camboja e na China algum tempo depois. Pelo nono século, o novo sistema de numeração era conhecido em Bagdá, e de lá foi transmitido para a Europa.

Da Índia veio também uma importante contribuição para a trigonometria. Os astrônomos gregos inventaram a trigonometria para ajudá-los a descrever os movimentos dos planetas e astros. Os astrônomos da Índia provavelmente aprenderam essa teoria de Hiparco, um predecessor de Ptolomeu. A trigonometria grega usava a noção de *corda* de um ângulo. A um ângulo central β em um círculo, ligava-se o segmento de reta determinado pelas interseções do ângulo com o círculo. (Ver Figura 2(a).) Este era chamado a corda de β, porém, em muitos casos o segmento certo a considerar não é a corda, mas, sim, a metade da corda do dobro do ângulo. Assim, os matemáticos da Índia deram a esse segmento um nome, "meia corda". Esse nome foi traduzido para o latim (passando pelo árabe) erroneamente como "*sinus*", dando origem ao nome *seno*. De fato, a Figura 2(b) mostra que:

$$\text{sen}\,(\alpha) = \frac{1}{2}\ \text{corda}\,(2\alpha)$$

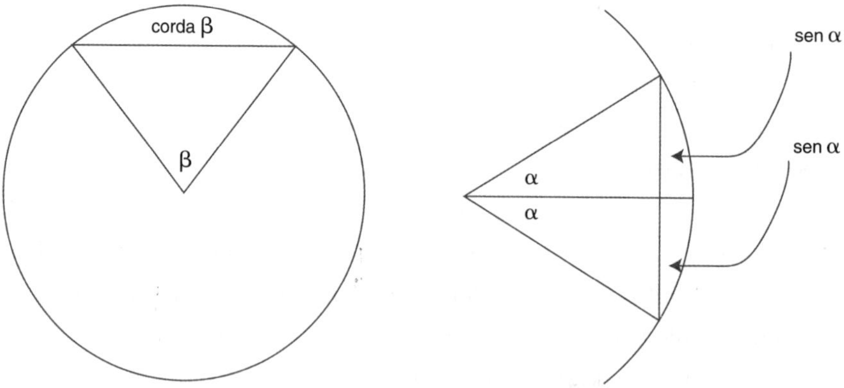

(a) A corda de um ângulo

(b) O seno é a metade da corda do dobro do ângulo

Figura 2 – A corda e o seno

A passagem de corda a seno tornou a trigonometria muito mais simples do que antes. (Ver Esboço 18 para mais detalhes.)

Porém, o seno era pensado como segmento de reta em um círculo particular, não como um número abstrato ou uma razão. Āryabhaṭa, por exemplo, trabalhou com um círculo de raio 3.438 para construir uma tabela de senos (por que 3.438? Porque ele queria que a circunferência do círculo estivesse tão perto quanto possível de 21.600 = 360 × 60. Isso faria uma unidade de comprimento no círculo corresponder a um minuto de arco). Para cada ângulo, a tabela dava o comprimento do seno desse ângulo, isto é, de certo segmento de reta relacionado com esse círculo. Assim, o seno de 90 graus era dado como 3.438. Para aplicar a tabela a um círculo com raio diferente, usava-se proporcionalidade para ajustar os valores.

Como é quase sempre impossível determinar exatamente o seno, construir uma tabela de senos requer técnicas de aproximação. Ptolomeu já tinha usado tais técnicas para construir sua tabela de cordas. Os matemáticos da Índia levaram as ideias de Ptolomeu mais longe, e métodos de aproximação se tornaram parte importante de sua matemática. Partindo de ideias simples, eles eventualmente desenvolveram fórmulas bastante sofisticadas para cálculos aproximados.

Os matemáticos da Índia também se interessavam por álgebra e alguns aspectos da combinatória. Tinham métodos para calcular raízes quadradas e cúbicas. Sabiam calcular a soma de uma progressão aritmética. Tratavam equações quadráticas usando essencialmente as mesmas fórmulas usadas hoje, só que expressas em palavras. Seus exemplos são frequentemente problemas postos na forma de brincadeira. Aqui está um exemplo de Bhāskara II:

> A oitava parte de um bando de macacos, ao quadrado, estava pulando num bosque e deliciada com sua brincadeira. Doze macacos restantes foram vistos na colina, divertindo-se em tagarelar uns com os outros. Quantos havia ao todo?[12]

Além de equações em uma variável, os matemáticos da Índia estudaram equações em várias variáveis. Tais equações em geral têm muitas soluções, de modo que, para tornar o problema interessante, devem-se acrescentar algumas condições, usualmente especificando que as soluções sejam de um tipo particular. Um exemplo típico seria procurar soluções envolvendo apenas números inteiros. Āryabhaṭa e Brahmagupta podiam resolver equações lineares da forma[13] $ax + by = c$, em que a, b e c são inteiros e as solu-

[12] De [80]; a tradução é de H. T. Colebrook.

[13] Damos a forma algébrica moderna. *Não* é a forma como foram expressos na época! Ver Esboço 8.

ções procuradas são aquelas nas quais x e y são também inteiros. Brahmagupta estudou também alguns problemas muito mais difíceis desse tipo, tais como achar inteiros x e y para os quais $92x^2 + 1 = y^2$. Mais tarde, Bhāskara II generalizou as ideias de Brahmagupta. Ele descreveu um método que encontra uma solução de $nx^2 + b = y^2$ com números inteiros sempre que tal solução existe. Problemas desse tipo são difíceis e as realizações dos matemáticos da Índia na área são bastante notáveis.

Entre os séculos VI e XII, os matemáticos da Índia produziram um amplo leque de matemática interessante. De nossa perspectiva, o ponto principal que falta em seus textos é qualquer explicação sobre como os métodos e resultados foram encontrados. Eles não davam demonstrações ou deduções. No entanto, não se pode simplesmente adivinhar tais resultados, então, de algum modo eles foram deduzidos. Uma conjetura é que eles consideravam tais deduções segredos do ofício, e por isso não as escreviam.

Pelos padrões de mil anos atrás, a Índia estava muito longe da Europa. Havia bem pouco contato e, assim, a matemática do Ocidente não aprendeu diretamente da matemática da Índia. Em vez disso, como veremos na próxima seção, muitos dos resultados da Índia chegaram ao Ocidente por meio de Bagdá e da tradição matemática árabe.

A história da matemática na Índia ainda é estudada intensamente. Isso significa que há muitas publicações sobre ela, mas poucos livros introdutórios confiáveis. Para aprender mais, pode-se começar por [78] para uma amigável visão geral, depois utilizar [64, Seção 1.12], [123] e [80, Capítulo 6] para mais detalhe. Todos contêm indicações para mais informação.

MATEMÁTICA ÁRABE

Em 750 d.C., o Império Islâmico se estendia do oeste da Índia a partes da Espanha. O período de expansão estava terminando. Uma nova dinastia, os Abássidas, acabava de chegar ao poder. Um de seus primeiros atos foi estabelecer uma nova capital imperial. Essa nova cidade, chamada Bagdá, rapidamente se tornou o centro cultural do Império. Sua localização, no Rio Tigre, onde é agora o Iraque central, tornava-a uma encruzilhada natural, o lugar em que o Ocidente e o Oriente podiam encontrar-se.

Os primeiros trabalhos científicos trazidos a Bagdá foram livros sobre astronomia, provavelmente da Índia. Porém, no começo do século IX, os califas abássidas decidiram adotar uma tática mais deliberada para o crescimento cultural e intelectual do império.

Fundaram a *Casa da Sabedoria*, uma espécie de academia de ciências, e começaram a reunir manuscritos eruditos em grego e sânscrito, e estudiosos que pudessem lê-los e entendê-los. Durante os anos seguintes, muitos importantes livros de matemática gregos e indianos foram traduzidos e estudados. Como resultado, teve início uma nova era de criatividade matemática e científica.

Um dos primeiros textos a ser traduzido foi, é claro, os *Elementos* de Euclides. Seu impacto foi enorme. Após terem aprendido e absorvido a abordagem euclidiana, os matemáticos árabes a adotaram completamente. Daí por diante, muitos deles formulavam teoremas com precisão e os demonstravam no estilo de Euclides.

Como a grega, a tradição matemática árabe é marcada pelo uso de uma linguagem comum. O árabe era a linguagem dos estudiosos no extenso império. Nem todos os grandes matemáticos que escreviam em árabe eram etnicamente árabes e nem todos eram muçulmanos. Sua língua comum permitia que construíssem sobre o trabalho dos outros, criando uma nova e viva tradição matemática, em atividade nos séculos IX ao XIV.

Muḥammad Ibn Mūsa Al-Khwārizmī foi um dos primeiros matemáticos árabes a ter seu nome consagrado. Seu nome indica que ele era de Khwārizm, uma cidade (hoje chamada Khiva) ao sul do mar de Aral, onde é atualmente o Uzbequistão. Al-Khwārizmī foi ativo nos meados do século IX e escreveu vários livros que foram enormemente influentes. Um era uma explicação do sistema decimal com valores posicionais para escrever números e fazer aritmética, que ele disse ter vindo da Índia. Trezentos anos depois, traduzido para o latim, esse livro tornou-se uma fonte importante para os europeus que queriam aprender o novo sistema de numeração. (Ver Esboço 1.)

Também de Al-Khwārizmī era o livro "al-jabr w'al-muqābala", que significa algo como "restauração e compensação". Esse livro começa com uma discussão de equações quadráticas, depois aborda a geometria prática, equações lineares simples e uma longa discussão sobre como aplicar a matemática para resolver problemas de herança. É a parte sobre equações quadráticas que ficou famosa. (Ver Esboço 10.) Al-Khwārizmī explica como resolver tais equações e justifica o método usando um processo geométrico ingênuo reminiscente da matemática mesopotâmica – o que não é surpreendente, já que Bagdá fica a apenas cerca de 50 milhas da antiga Babilônia. Quando mais tarde esse livro foi traduzido para o latim, e "al-jabr" passou a ser "álgebra".

Nesse e em outros livros, Al-Khwārizmī parece transmitir material que tinha aprendido de outras fontes. Ele aprendeu a numeração decimal da Índia. As fontes de seu livro de álgebra são pouco claras. Houve certa influência da Índia, alguma advinda da matemática hebraica e provavelmente algo da tradição mesopotâmica nativa. Boa parte do material pode ter sido da tradição subcientífica, prática. Se for assim, Al-Khwārizmī é um caso de matemática científica aprendida da tradição subcientífica.

Depois de Al-Khwārizmī, a álgebra tornou-se parte importante da matemática árabe. Alguns matemáticos trabalharam nos fundamentos do assunto, dando demonstrações no estilo de Euclides de que os métodos algébricos funcionavam. Outros estenderam os métodos. Matemáticos árabes aprenderam a manipular polinômios para resolver certas equações algébricas, e muito mais. Tudo isso sem usar os símbolos. A álgebra árabe era feita inteiramente em palavras. Por exemplo, para expressar uma equação como $3x^2 = 4x + 2$, eles diriam algo como "três propriedades[14] são iguais a quatro coisas mais dois *dirhens*". A solução também seria dada em palavras. (Ver Esboço 10 para mais detalhes.)

Um dos mais famosos matemáticos árabes foi 'Umar Al-Khāyammī, conhecido no Ocidente como Omar Khayyam. Viveu aproximadamente de 1048 a 1131. Hoje mais conhecido como poeta, em seu tempo ele era famoso também como matemático, cientista e filósofo.[15] Um dos objetivos do livro de álgebra de Al-Khāyammī era achar um modo de resolver equações de terceiro grau. Não foi capaz de encontrar uma solução algébrica, mas conseguiu uma maneira de resolver tais equações geometricamente. Sua solução era obtida indo além da régua e do compasso, usando parábolas e hipérboles para determinar pontos. No entanto, ele observa em seu livro que, se quisermos achar números que satisfaçam a equação, a solução geométrica não ajuda muito. O desafio que ele propôs com essas palavras foi retomado pelos algebristas italianos muitos séculos depois (Ver Esboço 11 para mais informação a esse respeito.)

Para os matemáticos árabes, só os números positivos faziam sentido. No entanto, tinham muito mais disposição que os gregos para considerar os comprimentos de segmentos como números. Em parte, isso se deve ao fato de que eles se interessavam muito por estender as ideias da trigonometria. Observaram que, escolhendo um segmento fixo como unidade, poderiam então definir os comprimentos de outros segmentos em termos de razão.

Além da álgebra, os matemáticos árabes fizeram trabalho significativo em geometria e trigonometria. Investigaram os fundamentos da geometria, focalizando, em particular, o quinto postulado de Euclides. (Ver Esboço 19.) Também fizeram investigações geo-

[14] Quadrados eram "propriedades" porque eram áreas.

[15] Alguns estudiosos dizem que Al-Khāyammī o poeta e Al-Khāyammī o filósofo/matemático eram na verdade duas pessoas diferentes, mas essa é uma posição minoritária.

métricas originais, estendendo a obra dos gregos. A trigonometria era uma preocupação importante, principalmente por causa de suas aplicações à astronomia. Seu trabalho sobre trigonometria levou, inevitavelmente, ao trabalho sobre aproximação de soluções de equações. Um exemplo particularmente notável disso é um método para aproximar a raiz n-ésima de um número, desenvolvido por Al-Kashi no século XIV.

Combinatória também aparece na tradição árabe. Conheciam pelo menos as primeiras linhas do que chamamos agora de "Triângulo de Pascal" e entendiam tanto a conexão com $(a + b)^n$ quanto a interpretação combinatória desses números. Estimulados pela tradução de Euclides e Diofante, também fizeram algum trabalho sobre teoria dos números. Quase não há parte da matemática em que não deixaram sua marca. (Ver Figura 3.)

1
1 1
1 2 1
1 3 3 1
1 4 6 4 1
1 5 10 10 5 1
1 6 15 20 15 6 1
⋮

Figura 3 – Triângulo de Pascal. Cada número dentro é a soma dos dois números diagonalmente acima dele.

Finalmente, é importante mencionar que a matemática prática também progredia. Um exemplo pode ser decorrência, ao menos em parte, da proibição islâmica contra imagens gravadas, o que incluía qualquer reprodução artística do corpo humano. Em consequência, uma arte de ornamentação complexa e sofisticada foi desenvolvida. Edifícios eram decorados pela repetição de um motivo básico simples. Essa espécie de decoração exige algum nível de reflexão anterior, porque nem todas as formas podem ser repetidas de modo a recobrir uma superfície plana. Decidir quais formas podem ser usadas dessa maneira é, na verdade, uma questão matemática, unindo tanto a questão de ladrilhagens planas quanto a teoria matemática da simetria. Porém, não há evidências de que os matemáticos árabes tenham ao menos percebido que aqui havia uma interessante matemática. Em vez disso, esses modelos foram desenvolvidos por artesãos, provavelmente por experimentação. Apenas nos séculos XIX e XX os matemáticos descobriram os conceitos matemáticos subjacentes.

A tradição árabe era intensamente criativa, escolhendo o melhor da matemática da Grécia e da Índia e levando-a adiante. Infelizmente, só uma pequena parte dela foi transmitida à Europa. Em consequência, muitos desses resultados tiveram que ser redescobertos, algumas vezes muitos séculos depois. Foi no século XIX que estudiosos europeus começaram a investigar textos matemáticos árabes. Desde então, os historiadores aprenderam muito sobre esse período. Ainda há muitos manuscritos a serem lidos e estudados, e novas descobertas estão sempre sendo feitas. Nosso quadro das realizações árabes ainda está incompleto.

Para ler mais sobre a matemática árabe, pode-se começar por [64, Seção 1.6], [80, Capítulo 7] e [123, p. 37-165]. Alguns dos artigos em [136, Parte V] oferecem exemplos específicos de trabalhos de matemáticos árabes. Um livro introdutório útil é [15]. Ver também [112, Volume 2].

EUROPA MEDIEVAL

Pelo décimo século, a vida social e política na Europa Ocidental começou a ser suficientemente estável para que as pessoas voltassem a olhar para a educação. Em muitos lugares, surgiram "escolas catedrais", dedicadas à preparação de futuros padres e clérigos. Elas se concentravam na antiga tradição do "*trivium*" introdutório (gramática, lógica e retórica). Os estudantes mais avançados iam para o "*quadrivium*" (aritmética, geometria, música e astronomia). É provável que bem poucos estudantes realmente estudassem os tópicos de matemática no *quadrivium*, mas sua presença no currículo ajudava a estimular o interesse por ela.

Uma vez que as pessoas se interessassem pela matemática, onde podiam ir para aprender mais? O óbvio era ir a lugares sob controle islâmico, dos quais o mais acessível era a Espanha. Gerbert D'Aurillac (945-1003), que mais tarde seria o papa Sylvester II, é um exemplo. Gerbert visitou a Espanha para aprender matemática, depois reorganizou a escola catedral em Reims, França. Reintroduziu o estudo de aritmética e geometria, ensinou os estudantes a usar o ábaco e usou até numerais arábicos (mas não, ao que parece, todo o sistema de valor por posição).

Nos séculos seguintes, muitos estudiosos europeus passaram tempos na Espanha traduzindo tratados arábicos sobre todas as espécies de assuntos. Enquanto bem poucos europeus sabiam o árabe, muitos estudiosos judeus que viviam na Espanha o conheciam, de modo que as traduções eram frequentemente feitas tendo um estudioso judeu traduzindo do árabe para alguma língua comum, depois traduzindo dessa língua para o latim. Um amplo conjunto de textos gregos antigos, de Aristóteles (que seria o mais influente) a Euclides, foi traduzido do árabe para ter seu impacto no Ocidente. Muitos dos textos árabes também foram traduzidos.[16]

[16] A tabela em [801, p. 291] dá uma boa visão desse empreendimento de tradução.

A Espanha fica muito longe de Bagdá, e não era realmente um centro de atividade cultural e intelectual. Assim, somente os textos mais antigos e mais fáceis de matemática seriam provavelmente achados em bibliotecas espanholas. Essa é a provável razão de as obras de Al-Khwārizmī serem tão proeminentes. Seu livro de álgebra foi traduzido por Robert de Chester em 1145 (foi essa tradução que latinizou "al-jabr" para "álgebra"). Seu livro sobre matemática com numerais indo-arábicos parece ter sido traduzido ou adaptado várias vezes. Muitas dessas versões começam com as palavras "dixit Algorismi" ("assim diz Al-Khwārizmī"), e é por causa dessa expressão que a palavra *algorismo* veio a significar o processo de calcular com numerais indo-arábicos. A palavra moderna de *algoritmo*, com o significado de "receita" para fazer alguma coisa, é uma variante moderna de *algorismo*, que era uma receita para fazer aritmética.

O sistema de escolas catedrais eventualmente levou ao estabelecimento, nos séculos XIII e XIV, das primeiras universidades em Bolonha, Oxford, Paris e outras cidades europeias. Em sua maioria, os estudiosos nas universidades não estavam interessados em matemática. A obra de Aristóteles teve, no entanto, grande impacto. Sua obra sobre a teoria do movimento levou alguns poucos estudiosos em Oxford e Paris a pensar em *cinemática*, o estudo de objetos em movimento. Talvez o maior desses tenha sido Nicole Oresme (1320-1382). Oresme trabalhou sobre a teoria das razões e sobre vários aspectos da cinemática, mas sua mais forte contribuição foi um método gráfico para representar quantidades variáveis, que é uma antecipação da ideia moderna de fazer o gráfico de uma função. Além disso, questões do movimento o levaram a considerar somas infinitas de termos cada vez menores. Obteve vários resultados significativos sobre tais somas, às vezes usando artifícios gráficos engenhosos.

O comércio era outra fonte de contato entre os europeus e o Império Islâmico. Leonardo de Pisa[17] (c. 1170-1240) era filho de um comerciante. Viajando com seu pai, aprendeu bastante sobre a matemática árabe. Em seus livros, Leonardo explicou e estendeu o que tinha aprendido. Seu primeiro livro foi *Liber Abbaci* ("Livro sobre cálculos"), publicado por volta de 1202 e revisto em 1228. Começa explicando a numeração indo-arábica e prossegue considerando uma vasta gama de problemas. Alguns eram práticos: conversão de moedas e cálculos de lucros, por exemplo. Outros se pareciam mais com os problemas em palavras de textos modernos de álgebra. O livro con-

[17] Leonardo é também chamado de "Fibonacci", uma referência ao nome de seu pai. Não há evidências, no entanto, de que Leonardo tenha jamais usado esse nome para si mesmo.

tém uma explicação geométrica das regras para resolver equações quadráticas e algumas poucas passagens teóricas, mas o foco está realmente sobre os problemas.

As outras obras de Leonardo também são importantes. Sua *Practica Geometriae* é um manual de "geometria prática", que parece ter sido pesadamente influenciado pela obra de Abraham bar Hiyya, que viveu na Espanha no século XII (Abraham bar Hiyya escrevia em hebraico, mas sua obra foi uma das muitas traduzidas para o latim durante aquele século). Leonardo escreveu também o *Liber Quadratorum*, o "livro dos quadrados". Nessa obra ele se revela um criativo e talentoso matemático. O livro discute como resolver vários tipos de equações envolvendo quadrados, com a restrição de que as soluções sejam números inteiros. Os problemas tipicamente envolvem mais de uma variável. O *Liber Quadratorum* antecipa e aponta em direção à obra de Fermat e Euler, 400 anos depois, ou mais.

A obra de Leonardo pode ter sido uma das fontes do que viria a se tornar uma tradição vivaz na Itália. À medida que os comerciantes italianos desenvolviam seus negócios, tinham cada vez mais necessidade de cálculos. Os "abacistas" italianos tentaram responder a essa necessidade escrevendo livros sobre aritmética e álgebra. Com frequência, escreviam em italiano comum, preferencialmente ao latim, que era a linguagem dos cientistas. O ápice dessa tradição foi o trabalho de Luca Pacioli (1445-1517), cuja *Summa de Aritmetica, Geometria, Proportione e Proportionalita* era um enorme compêndio de matemática prática, da aritmética do dia a dia até o método de partidas dobradas em contabilidade. A imprensa acabava de ser inventada na Alemanha e florescia na Itália. A *Summa* de Pacioli foi um dos primeiros livros a serem impressos. Isso lhe deu ampla circulação, e ele se tornou a base de diversos trabalhos posteriores sobre álgebra. (Ver Esboços 2 e 8 para detalhes sobre a notação de Pacioli.)

Não se escreveu muito especificamente sobre a história da matemática na Europa medieval, embora estejam disponíveis muitas traduções e edições de textos matemáticos. Há uma boa visão desse período em [80, Capítulo 8]; a parte 2 de [64] é um complemento útil. Uma das publicações mais interessantes sobre a matemática no começo do Renascimento é [135], que discute a relação entre o crescimento de uma cultura mercantil e a publicação dos primeiros livros de matemática na linguagem do povo. Ele contém uma tradução do *Treviso Arithmetic*, um dos mais antigos entre tais livros.

SÉCULOS XV E XVI

Pelo fim do século XIV, diversas culturas do mundo estavam produzindo uma interessante matemática. Na América Central, os maias tinham desenvolvido um sistema de representação de números com valores pela posição em base 20 (ver Esboço 1) e um calendário elaborado. Na China, matemáticos tinham desenvolvido métodos sofisticados para resolver muitas espécies de problemas. Por exemplo, eles podiam resolver sistemas de equações lineares usando um método muito semelhante ao que agora chamamos de "eliminação de Gauss", porque foi redescoberto por Gauss no século XIX.[18] A matemática hindu e árabe também continuaram a crescer.

Essas culturas eram um tanto isoladas umas das outras e da cultura europeia. Havia alguns contatos, especialmente comerciais, mas pouco conhecimento matemático parece ter sido trocado nesse tempo. Tudo isso iria mudar dramaticamente. Iniciando-se no século XV e se intensificando daí por diante, os europeus começaram a desenvolver a arte da navegação e passaram a viajar para continentes distantes, levando junto a cultura europeia. No fim do século XVI, as escolas dos jesuítas tinham sido estabelecidas em muitos lugares, da América do Sul à China. A rede cultural jesuítica se estendeu pelo mundo. Em consequência, a matemática europeia foi ensinada e estudada em toda parte e se tornou a forma dominante da matemática no planeta.

Conforme os marinheiros europeus começaram a viajar por outros continentes, a resolução de problemas técnicos de navegação se tornou cada vez mais importante. A navegação de longo curso depende da astronomia e do bom entendimento da geometria da esfera; isso ajudou a colocar a trigonometria no centro das atenções. A astrologia era também parte importante da cultura desse período, e fazer mapas dos astros também depende de se ter um bom conhecimento em trigonometria. Por isso, a trigonometria era um dos grandes temas na matemática dos séculos XV e XVI.

Paralelamente ao intenso estudo da navegação, astronomia e trigonometria, havia também um interesse crescente pela aritmética e pela álgebra. Com a ascensão da classe mercantil, mais pessoas acharam que precisavam ser capazes de fazer cálculos. Devido ao fato de que a álgebra era pensada como aritmética generalizada, era natural que os estudiosos passassem da aritmética à álgebra à medida que se aprofundavam em seus estudos. A álgebra continuou a constituir um interesse central dos matemáticos por um bom tempo no século XVII; discutiremos isso em detalhes na próxima seção.

É claro, a álgebra e a trigonometria estão relacionadas e exerceram influência entre si. A trigonometria é uma espécie de geometria algebrizada, e tanto a álgebra quanto a

[18] Esse método é também conhecido por "redução por linhas".

trigonometria são métodos para resolver problemas. Frequentemente, os mesmos estudiosos escreviam sobre os dois temas. Um exemplo significativo foi Johannes Müller (1436-1476), também conhecido como Regiomontanus (versão latinizada para "de Königsberg", referindo-se a seu lugar de nascimento). Além de traduzir muitos trabalhos gregos clássicos e de estudar os astros, ele escreveu *De Triangulis Omnimodis* ("Sobre toda espécie de triângulos"), um dos primeiros tratados dedicados unicamente à trigonometria.

Um grande número de ideias novas foi introduzido na trigonometria nessa época. A lista de funções trigonométricas (seno, cosseno, tangente, cotangente, secante, cosecante) se tornou padronizada. Novas fórmulas e novas explicações foram descobertas. No início, todo foco estava em triângulos esféricos, tanto na esfera celeste quanto na Terra. Então, pela primeira vez, também se começou a aplicar a trigonometria a triângulos planos. Por toda a parte, seno e cosseno continuaram a ser pensados como comprimentos de segmentos particulares. Ninguém pensava neles como razões ou comprimentos em um círculo unitário. Todas as tabelas de senos eram baseadas em um círculo de raio fixo e, nas aplicações, era necessário usar proporcionalidade para adaptar a informação ao raio considerado. (Ver Esboço 18 para mais detalhes sobre os primórdios da trigonometria.)

Um tanto relacionado com tudo isso foi o descobrimento da perspectiva pelos artistas italianos. Descobrir como desenhar uma figura que desse a impressão de tridimensionalidade era bastante difícil. As regras para fazê-lo têm real conteúdo matemático. Embora os artistas do Renascimento não submetessem essas regras a uma análise matemática completa, entendiam que o que estavam fazendo era uma forma de geometria. Alguns deles, como Albrecht Dürer, tinham compreensão bastante sofisticada da geometria envolvida. Na verdade, Dürer escreveu a primeira obra impressa tratando de curvas planas superiores, e sua investigação da perspectiva e da proporção estão refletidas tanto em suas pinturas quanto no trabalho artístico de seus contemporâneos. (Ver Esboço 20.)

Há boas exposições gerais sobre a matemática desse período em [80, Capítulos 9 e 10] e em [64, Parte 2]. Para os aspectos não europeus, veja [123]. Também é válido observar [56], que discute matemática e arte no Renascimento com atenção especial para a descoberta da perspectiva.

A ÁLGEBRA CHEGA À MAIORIDADE

No início dos tempos modernos, a matemática começa a se alargar e a se diversificar. Enquanto certas preocupações eram dominantes em alguns momentos, sempre existiram outros tópicos sendo estudados. Deste ponto em diante, nossa visão geral vai selecionar e seguir algumas linhas importantes em vez de tentar cobrir tudo. No século XVI e início do XVII, a álgebra ocupa o centro do palco.

É importante compreender como era a álgebra nesse tempo. O *Liber Abbaci* de Leonardo, assim como a álgebra árabe que o inspirou, era inteiramente retórico. Equações e operações eram expressas em palavras, escritas inteiras. Entre o tempo de Leonardo e o século XVI, foram desenvolvidas abreviações para muitas palavras, tal como usar o *p* (inicial de *plus* em inglês) para "mais". Porém, isso realmente não mudou a natureza do empreendimento e, em particular, não introduziu qualquer espécie de notação geral ou padronizada. Partia-se das regras da aritmética e tentava-se resolver equações. As equações tratadas eram, na maioria, de primeiro ou segundo grau, ou facilmente redutíveis a elas.

Os algebristas italianos usavam a palavra *cosa*, que significa "coisa", para a quantidade não conhecida em suas equações. Quando estudiosos de outros países se envolveram, eles usaram *coss*. Em consequência, eram chamados de "*cossistas*", e a álgebra, de "*cossic art*".[19] O inglês Robert Recorde (1510?-1558) é um bom exemplo dessa tradição. Em *The Grounde of Artes* (1544), ele explica a aritmética básica. Esse livro, escrito em inglês na forma de diálogo, foi tão popular que teve 29 edições. Seu livro seguinte, *The Whetstone of Witte* (1557), é uma espécie de continuação que ele descreve como tratando a "*cossike arte*", isto é, a álgebra. (O título é um trocadilho: *cos,* em latim, significa "pedra de amolar" – *whetstone.*) Isso era típico do início da tradição algébrica: era vista como uma espécie popular, prática, de matemática, um modo de aguçar a mente depois de assentadas as bases da aritmética.

The whetstone of witte,
whiche is the seconde parte of
Arithmetike: containyng the extraction of Rootes: The Cossike practise,
with the rule of Equation: and
the woorkes of Surde
Nombers.

[página de rosto do livro de Recorde]

Robert Recorde na Inglaterra é só um exemplo. De Pedro Nunes (1502-1578) em Portugal a Michael Stifel (1486-1567) na Alemanha, os cossistas estavam em toda parte da Europa. Eram especialmente bons na invenção de notações. Tinham diferentes símbolos para a incógnita, o quadrado da incógnita, e assim por diante. Alguns usavam

[19] A ortografia inglesa não era padronizada na época, de modo que *cossic* aparece também como *cossick* ou *cossike* em vários lugares.

notações especiais para operações algébricas e para a extração de raízes. Outros simplesmente abreviavam as palavras cruciais. Não usavam símbolos para outras quantidades além da incógnita; tais quantidades eram sempre numéricas. Desse modo, eles podiam escrever o equivalente de $x^2 + 10x = 39$, mas não podiam escrever algo como $ax^2 + bx = c$. Assim, embora certamente "soubessem" a fórmula quadrática, não podiam escrevê-la como uma fórmula, assim como nós fazemos. Em vez disso, dariam uma receita verbal e muitos exemplos. (Ver Esboços 2 e 8 sobre a evolução do simbolismo algébrico.)

Muitos algebristas desse período tentaram encontrar um método para resolver equações cúbicas. A passagem crucial foi feita na Itália, primeiro por Scipione del Ferro (1465-1526), e depois por Tartaglia[20] (1500-1557). Ambos descobriram como resolver certos tipos de equações cúbicas e mantiveram segredo sobre suas descobertas, porque nessa época os estudiosos em geral eram sustentados por patronos ricos e tinham que ganhar seus empregos derrotando outros estudiosos em competições públicas. Conhecer a maneira de resolver equações cúbicas lhes permitia desafiar os concorrentes com problemas que eles sabiam que os competidores não podiam resolver, de modo que as pessoas se inclinavam a calar sobre suas descobertas.

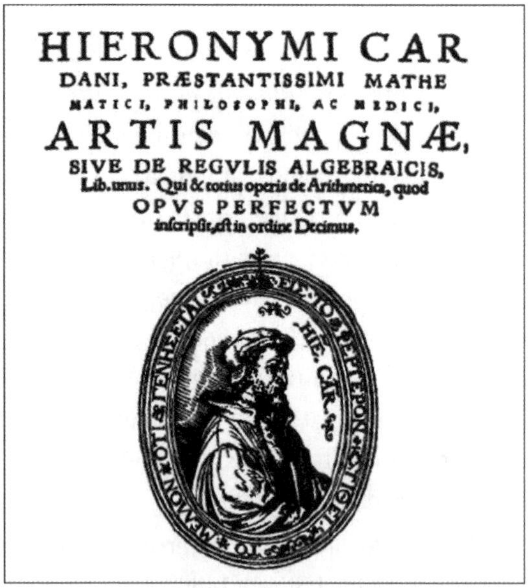
HIERONYMI CAR
DANI, PRÆSTANTISSIMI MATHE
MATICI, PHILOSOPHI, AC MEDICI,
ARTIS MAGNÆ,
SIVE DE REGVLIS ALGEBRAICIS,
Lib. unus. Qui & totius operis de Arithmetica, quod
OPVS PERFECTVM
inscripsit, est in ordine Decimus.

[página de rosto do livro de Cardano]

No caso da cúbica, esse padrão foi quebrado por Girolamo Cardano (1501-1576).

Prometendo nunca revelá-lo, Cardano convenceu Tartaglia a compartilhar o segredo da cúbica com ele. Depois de conhecer o método de Tartaglia para resolver algumas equações cúbicas, Cardano foi capaz de generalizá-lo para um modo de resolver qualquer equação cúbica. Sentindo que de fato tinha feito uma contribuição própria, Cardano decidiu que já não estava preso a sua promessa de segredo. Escreveu um livro chamado *Ars Magna* ("A grande arte"), tratado erudito (escrito em latim) que dava uma explicação

[20] Embora o nome real desse matemático fosse Niccolò Fontana, todos o conhecem por seu apelido Tartaglia, que significa "gago".

completa, com elaboradas demonstrações geométricas, sobre como resolver equações cúbicas. Incluía também uma solução para a equação geral de quarto grau que tinha sido descoberta por um estudante de Cardano, Lodovico Ferrari (1522-1565). Apesar de Cardano ter reconhecido sua contribuição, Tartaglia ficou furioso por ver quebrada a promessa de segredo. Ele protestou publicamente, mas não havia muito que pudesse fazer. De fato, a fórmula para a resolução de uma cúbica ainda é frequentemente chamada de "fórmula de Cardano". (Ver Esboço 11 para mais informação sobre essa história da natureza humana em ação.)

A notação de Cardano era ainda formulada na velha tradição. Ele teria escrito a equação $x^3 = 15x + 4$ mais ou menos assim:

cubus.aeq.15.cos.p.4,

o que devia ser lido como "um cubo é igual a 15 coisas mais 4". E forneceria, então, um procedimento para resolver a equação que era basicamente o mesmo que a fórmula que usamos hoje. Como os coeficientes de sua equação eram sempre números, ele descrevia o método em palavras e exemplificava sua aplicação.

Mas havia um problema sério. A aplicação do método de Cardano a essa equação resulta (em notação moderna) em:

$$x = \sqrt[3]{2 + \sqrt{-121}} + \sqrt[3]{2 - \sqrt{-121}}.$$

Em uma equação quadrática, o aparecimento de raiz quadrada de um número negativo é um sinal de que não há solução. Mas é fácil verificar que $x = 4$ é uma solução. A solução de Cardano resolvia a maior parte das cúbicas, mas o colocava em dificuldades em casos como esse. A sua solução para a questão foi varrê-la para debaixo do tapete. Equações assim mal são mencionadas nesse livro, e as poucas menções são enigmáticas e curtas. (Ver Esboço 17.) Seu método funcionava para todas as equações que ele discutiu em detalhes.

O passo que faltava foi fornecido por Rafael Bombelli (1526-1572). Em *Algebra*, Bombelli estendeu as ideias de Cardano em diversas direções. Em particular, ele desenvolveu um método para tratar das equações cúbicas que resultassem em expressões como a que mostramos nessa página, envolvendo raízes quadradas de números negativos. Poderíamos descrever o método de Bombelli como o início de uma teoria dos números complexos, embora não seja claro se realmente pensava neles como "números". Ele os descrevia como "ligados a radicais cúbicos de um tipo novo" e explicava como operar com eles de modo a obter uma solução. (Ver Esboço 17 para mais informação sobre o início dos números complexos.)

Outra ideia importante desenvolvida por Bombelli foi a de ligar a álgebra à geometria de modo mais direto. Cardano só podia conceber x^3 significando o volume de um cubo de lado desconhecido. Bombelli, entretanto, estava disposto a considerar diagramas contendo segmentos cujos comprimentos fossem, digamos, x^2, e a usar esses diagramas para explicar suas equações. Ao enfatizar a conexão entre a álgebra e a geometria, Bombelli estava antecipando a direção que logo a álgebra tomaria.

A *Algebra* de Bombelli tinha um outro aspecto importante. Enquanto trabalhava no livro, Bombelli soube que Regiomontanus tinha traduzido parte da *Aritmética* de Diofante. Ele a localizou e leu, e é claro que o velho livro grego teve enorme impacto sobre seu pensamento. Na verdade, uma grande porção do trabalho posterior de Bombelli contém problemas tirados de Diofante – usualmente, equações em várias variáveis que tinham muitas soluções, mas para as quais se deveria encontrar soluções que fossem números inteiros ou frações. Tais problemas requeriam um conjunto completamente diferente de técnicas algébricas. Bombelli não foi muito além do que Diofante já tinha feito mas também abriu caminho para desenvolvimentos futuros.

No fim do século XVI, a álgebra começou a se parecer mais com a de hoje, por meio de François Viète (1540-1603). Entre muitas outras coisas, Viète trabalhou para a corte francesa como criptógrafo, quebrador de códigos que decifrava mensagens secretas interceptadas. Isso pode tê-lo levado a uma de suas mais importantes inovações: a ideia de que poderia usar letras para representar números em equações. Viète usava as vogais A, E, I, O, U para indicar quantidades desconhecidas, e as consoantes para indicar números conhecidos. Foi o primeiro a poder escrever uma equação como $ax^2 + bx = c$, embora sua versão tivesse o aspecto de algo como:

$$B \text{ em } A \text{ quadrado} + C \text{ plano em } A \text{ ig. } D \text{ sólido.}$$

(Lembre-se de que a vogal A é uma incógnita, e as consoantes B, C e D representam parâmetros numéricos.)

A forma dessa equação ilustra uma das preocupações de Viète: ele sempre queria que as quantidades fossem equidimensionais. Como multiplicar B por A^2 daria uma quantidade "sólida" (isto é, tridimensional), ele especificava que C devia ser plana, de modo que CA fosse também sólida e que D devia ser sólida. Bombelli, como mencionado, não tinha tais preocupações. Mais tarde, Descartes convenceria todos de que o melhor era não se preocupar com dimensionalidade.

Talvez a coisa mais importante que Viète fez, no entanto, foi promover a álgebra como parte importante da matemática. Na álgebra, muitas vezes, começa-se supondo que, por exemplo, $ax^2 + bx$ é, de fato, igual a c, e depois se deduz a que x deva ser igual. Isso relembrou Viète do que o matemático grego do século IV, Pappus, chamava de *aná-*

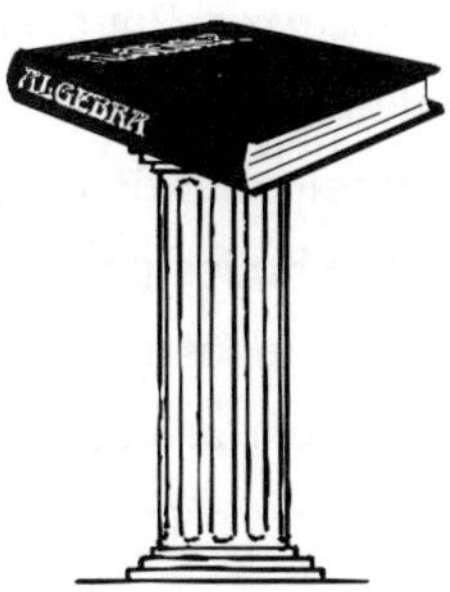

lise, em que se supõe que um problema foi resolvido e se vão deduzir coisas a partir dessa hipótese. Portanto, Viète arguia que a análise dos gregos era na verdade álgebra, que se supunha que os gregos conheciam e conservavam em segredo.[21] A esse tempo, a álgebra era considerada menos séria e menos importante que a geometria. Dando à álgebra uma origem grega, Viète tornou-a mais aceitável para um número maior de matemáticos. (Ver Esboço 8 para mais informação sobre as contribuições de Viète à álgebra.)

René Descartes (1596-1650) completou o processo de trazer a álgebra à maturidade. Em seu famoso livro *La Géométrie* (publicado como apêndice a seu *Discourse on Method*), Descartes propôs essencialmente a notação que usamos hoje. Ele propôs o uso de minúsculas do fim do alfabeto (como x, y e z) para quantidades desconhecidas, e minúsculas do começo do alfabeto (como a, b, c) para quantidades conhecidas. Também teve a ideia de usar expoentes sobre uma variável para indicar potências desta. Finalmente, fez notar que, uma vez que se fixe uma unidade de comprimento, qualquer número pode ser interpretado geometricamente como o comprimento de um segmento. Assim, x^2 pode justamente significar um segmento cujo comprimento é igual ao número x^2. Com isso, Descartes pôs fim às preocupações de Viète sobre a dimensionalidade. (Ver Esboço 8 para mais informação sobre como Descartes influenciou a notação algébrica.)

Três inovações desse período seriam extremamente importantes. Primeiro, o fato de ninguém poder imaginar como resolver a quíntica geral (quinto grau) levou os algebristas a levantar questões mais profundas. Lentamente, uma teoria sobre polinômios e suas raízes se desenvolveu. Segundo, Descartes e Pierre de Fermat (1601-1665) ligaram a álgebra à geometria, inventando o que hoje chamamos "geometria de coordenadas". Eles mostraram que, assim como podemos interpretar geometricamente equações algébricas, podemos também interpretar relações geométricas algebricamente. (Ver Esboço 16 para mais informação sobre a geometria de coordenadas.) Fermat e Descartes demonstraram o poder da álgebra para resolver questões geométricas, aplicando-a para solucionar problemas geométricos difíceis e famosos que tinham sido discutidos por Pappus. Terceiro, Fermat introduziu toda uma categoria nova de problemas algébricos, os quais se relacionam com a obra do matemático grego Diofante, mas iam muito adiante de seu trabalho. Especificamente, Fermat começou

[21] Ele estava enganado, mas isso, inventar uma origem grega para a álgebra, foi útil em uma época em que a cultura clássica era grandemente valorizada.

a levantar "perguntas sobre números", entendidos como números *inteiros*. Por exemplo, pode um quadrado ser igual a 1 mais um cubo? Isso equivale a $y^2 = x^3 + 1$, que Fermat queria resolver sob a restrição de que x e y deviam ser inteiros. Existe uma solução fácil, $x = 2$ e $y = 3$. Mas há outras? Fermat desenvolveu métodos para responder a tais questões. Ele também podia usar seus métodos para demonstrar o que chamava de "proposições negativas". Essas eram afirmações de que certas equações não *podem* ser resolvidas. Por exemplo, ele provou que a equação $x^4 + y^4 = z^2$ não tem soluções nos inteiros (não nulos).

Infelizmente, por muito tempo Fermat foi o único a achar interessantes tais questões. Além disso, ele não era um matemático profissional, mas um advogado servindo no tribunal de Toulouse, França. Em consequência, nunca publicou suas demonstrações. Em vez disso, escreveu cartas a seus amigos, explicando suas ideias e descobertas, mas sem os detalhes técnicos. Restou aos outros matemáticos, um século depois, redescobrir o assunto e achar as demonstrações todas outra vez. Voltaremos a isso quando discutirmos a obra de Euler e outros nos séculos XVIII e XIX.

A história do início da álgebra é tratada nos Capítulos 9 e 11 de [80]. Para um tratamento mais detalhado, pode-se ver [10]. Ver também [12], uma coleção de artigos para ensinar álgebra que inclui alguma história.

CÁLCULO DE MATEMÁTICA APLICADA

Enquanto os matemáticos do fim do século XVI e do começo do século XVII estavam desenvolvendo a álgebra, um outro grupo de pessoas começava a usar a matemática para tentar entender o universo. Na época, elas eram usualmente chamadas de "filósofos naturais". Talvez o mais famoso deles tenha sido Galileu Galilei (1564-1642), que viveu principalmente em Florença, Itália. Os estudos de Galileu incluíam astronomia e física de corpos em movimento. Ele unia observação e experimentação com análise matemática. De fato, insistia que era necessário usar a matemática para obter alguma possibilidade de entender o mundo.

E ele não era o único. Johannes Kepler (1571-1630), na Alemanha, estava usando a antiga geometria grega das seções cônicas para descrever o sistema solar. Os gregos tinham estudado a elipse por seu interesse matemático.

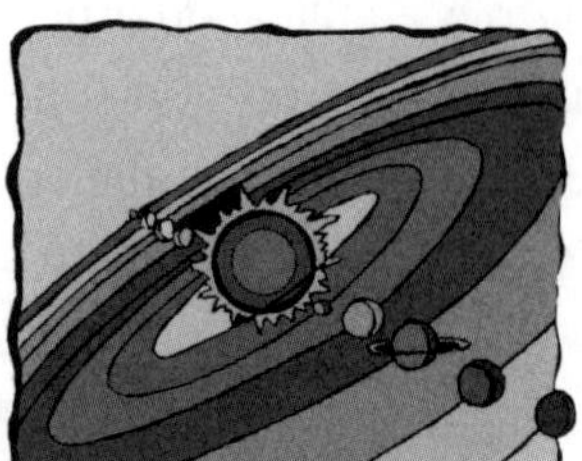

Kepler descobriu que os planetas se moviam em torno do Sol em órbitas elíticas e formulou as leis matemáticas que descreviam quão depressa cada planeta se movia. Na França, o padre Marin Mersenne[22] (1588-1648) tentava levar muitos estudiosos de diferentes áreas a se reunir, conversar e cooperar com o objetivo de entender o mundo. Na Inglaterra, Thomas Harriot (1560-1621) estava desenvolvendo a álgebra e aplicando a matemática à óptica, navegação e a outras questões. René Descartes, que tinha revolucionado tanto a álgebra quanto a geometria ao uni-las, também começou a tentar entender cometas, luz e outros fenômenos.

Todo esse trabalho trouxe à atenção de todos algumas questões matemáticas. Estudar o movimento inevitavelmente conduzia a questões difíceis relacionadas à infinita divisibilidade do espaço e do tempo. Quando um objeto está se movendo de tal modo que sua velocidade muda constantemente, como se pode sequer entender o que é sua velocidade? E como se descobre qual distância ele percorre em um dado intervalo de tempo?

Essas questões não eram novas, tinham sido estudadas e discutidas por estudiosos medievais, como Nicole Oresme e muitos outros desde então. Mas sua nova relevância tornava-as mais urgentes. Como também as questões relacionadas a encontrar tangentes a curvas e áreas de figuras curvas. Em consequência, muitos matemáticos começaram a trabalhar nelas. Um deles foi Bonaventura Cavalieri (1598-1647), jesuata[23] que fora estudante de Galileu e professor na Universidade de Bolonha. Para estudar áreas e volumes de figuras curvas, Cavalieri trabalhava com o "princípio dos indivisíveis". Trata-se da ideia de que uma região plana pode ser considerada como um conjunto infinito de segmentos de reta paralelos e um sólido pode ser considerado como um conjunto infinito de regiões planas paralelas. Por exemplo, um cilindro seria uma pilha infinita de círculos, todos do mesmo tamanho, e uma esfera seria uma pilha de círculos de tamanhos que variavam. Usando essa ideia, Cavalieri podia calcular diversas áreas e volumes que antes teriam sido muito difíceis de analisar. Trabalho semelhante foi feito por Fermat e Descartes na França e por muitos outros matemáticos europeus. Por volta de 1660 estava claro que problemas desse tipo podiam ser resolvidos quando necessário. Porém, o que não se tinha era um método geral.

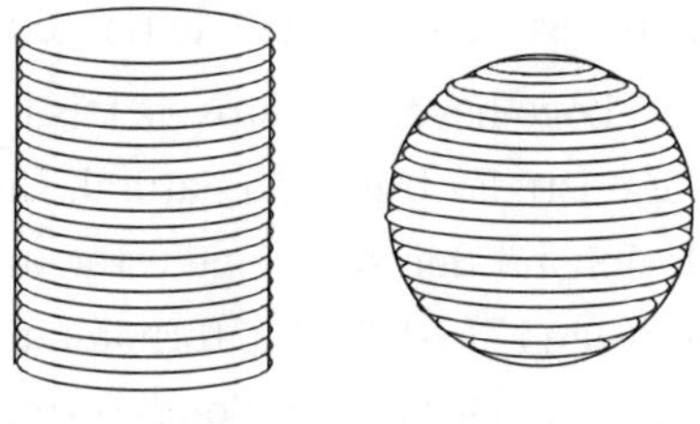

No fim dos anos 1660, Isaac Newton (1642-1727) e Gottfried Wilhelm Leibniz (1646-1716), independentemente, descobriram um tal método. Na verdade, descobriram dois métodos ligeiramente diferentes. A abordagem de Newton enfatizava o que ele

[22] Marin Mersenne era um frade franciscano, importante teórico musical e competente matemático amador.

[23] Não confundir jesuata com jesuíta. Os jesuatas foram uma congregação dentro da Igreja Católica de 1366 a 1668.

chamava de "quantidades fluentes" e suas taxas de fluxo, que ele chamava "fluxões". A de Leibniz usava a ideia de "infinitésimos" ou quantidades infinitamente pequenas. Se uma quantidade era representada por x, Leibniz definia sua "diferencial" dx como a quantidade pela qual ela variava em um tempo infinitamente pequeno. Tanto fluxões quanto diferenciais são basicamente o que hoje chamamos de *derivadas*.

A parte mais importante da descoberta pode ter sido a percepção de que era possível desenvolver uma espécie de receita para calcular essas coisas. Era um método para calcular, um "cálculo". Foi Leibniz que percebeu isso mais claramente. Em seu primeiro artigo sobre o assunto, ele enfatizou a importância de se ter a capacidade de resolver problemas sem realmente ter que *pensar* no que acontecia. Simplesmente, aplicavam-se as regras do cálculo.[24]

Dispondo de um método tão poderoso, muitos partiram para aplicá-lo ao mundo. Esse era o tema principal na matemática do século XVIII. O próprio Newton tinha preparado o caminho com seu *Principia*, uma análise matemática das leis do movimento e do funcionamento do sistema solar. Jakob Bernoulli (1654-1705), seu irmão Johann (1667-1748) e outros aprenderam a usar o cálculo. Johann desempenhou um papel especialmente importante. Como seu irmão era professor de matemática em sua cidade natal, Basel, na Suíça, ele precisou ir para outro lugar. Para ganhar dinheiro, combinou ensinar o novo cálculo a um nobre francês, o marquês de L'Hospital (1661-1704). Eles combinaram que Bernoulli escreveria cartas explicando o cálculo e o conteúdo delas pertenceria a L'Hospital. Em consequência, o primeiro livro-texto de cálculo, publicado em 1696, levava o nome de L'Hospital como autor – mas seu conteúdo era basicamente o que estava nas cartas de Bernoulli!

Logo haveria muitos de tais livros e muitos matemáticos estavam usando o cálculo para estudar o mundo natural. Entre estes estava Daniel Bernoulli (1700-1782), filho de Johann Bernoulli, que estudou mecânica e hidrodinâmica. Na Itália, Maria Gaetana Agnesi (1718-1799) se tornou uma das primeiras mulheres a ter um impacto na matemática moderna quando escreveu seu próprio livro-texto, um tratamento unificado de álgebra, geometria de coordenadas e cálculo. O livro de Agnesi era um tanto antiquado, mas se mostrou útil para muitas pessoas. A própria Agnesi ficou muito conhecida e foi até nomeada professora em uma universidade.

Na França, a difusão das novas ideias do cálculo estava ligada à das novas ideias de Newton sobre movimento e gravitação. Muitos estudiosos estavam envolvidos nesse

[24] Aqueles de nós que ensinam cálculo hoje merecem perdão por pensar que Leibniz fez o trabalho bem demais!

processo, e um dos mais importantes foi uma mulher, Emilie de Châtelet (1706-1749). Entre outros feitos, ela produziu uma tradução para o francês, ricamente anotada, dos *Principia* de Newton. Como os europeus tendiam a preferir a linguagem e a notação usadas por Leibniz, Châtelet também teve que traduzir a matemática. No processo, ela esclareceu várias questões significativas e ajudou a convencer as pessoas de que a nova física estava correta.

O maior matemático da época, no entanto, foi Leonhard Euler (1707-1783). Ele nasceu na Suíça e estudou com Johann Bernoulli (que, então, tinha substituído seu irmão mais velho como professor em Basel). Mas Euler passou a maior parte de sua vida em São Petersburgo (na Rússia) e Berlim (então, a capital da Prússia). Na época, as universidades tinham pouco interesse pela pesquisa científica. Em vez disso, vários reis europeus estabeleceram academias científicas reais onde cientistas podiam trabalhar e se comunicar. Havia até competição quanto a quem pegaria os melhores estudiosos. Durante quase toda a sua vida, Euler esteve associado à Academia de São Petersburgo. Em certo ponto ele foi atraído e passou vários anos na Academia de Berlim, mas acabou voltando para a Rússia.

Ao ler as obras de Euler, tem-se a impressão de uma mente com superabundância de ideias. Ele escreveu sobre todos os aspectos da matemática e da física e também tinha muito a dizer sobre astronomia, engenharia e filosofia. Na matemática, transformou o cálculo em um instrumento poderoso e o aplicou a toda espécie de problemas complicados, tanto na matemática pura como na física. Escreveu livros-texto explicando tudo isso. Em seu texto de "pré-cálculo", enfatizou a ideia de função. Muitas das convenções e notações que ainda usamos foram introduzidas em seus livros.

Euler, no entanto, continuou suas pesquisas. Ele redescobriu a teoria dos números de Fermat e a colocou em ordem. Encontrou demonstrações corretas para enunciados de Fermat e estabeleceu a teoria dos números como parte importante da matemática. Investigou a álgebra e os polinômios e chegou perto de demonstrar o Teorema Fundamental da Álgebra. Estudou a geometria do triângulo, descobriu um teorema básico sobre poliedros sólidos e começou a estudar a geometria das curvas e superfícies. Ele aplicou a matemática ao planejamento de navios e turbinas e outros problemas de engenharia. Até considerou loterias e o enigma sobre caminhar por um conjunto de sete pontes sem passar duas vezes pela mesma. Quando a matemática necessária para estudar algo estava disponível, ele a usava. Se não estava, ele a criava. As suas obras agora contam mais de

80 volumes impressos. Euler não esperava até ter a abordagem certa para analisar algo. Ele simplesmente entrava e se punha a trabalhar. Se mais tarde via um modo melhor ou mais simples, escrevia outro artigo. Ler seus artigos possibilita saber o que o interessava em cada problema e seguir o desenvolvimento de suas ideias.

A influência de Euler foi enorme. Ele foi o primeiro a sugerir que era melhor considerar o seno e o cosseno como funções do ângulo e defini-los em termos do círculo unitário. Foi o primeiro a expressar a lei do movimento de Newton em sua forma moderna. Popularizou o uso do π para a razão da circunferência para o diâmetro de um círculo e inventou e como nome do número que é a base dos logaritmos naturais. Seus livros-texto estabeleceram o estilo e a notação que foram usados por longo tempo. Em toda a matemática, encontramos ideias que têm seu nome.

Talvez se possa ver a culminação da matemática do século XVIII na obra de dois matemáticos, Pierre Simon Laplace (1749-1827) e Joseph-Louis Lagrange (1736-1813). Laplace era um matemático aplicado. Ele escreveu livros famosos sobre mecânica celeste e sobre probabilidade. Ambos são livros enormes e densos sobre matemática. Também ambos vêm acompanhados por versões mais populares: *O Sistema do Mundo,* para explicar como funciona o sistema solar, e um *Ensaio Filosófico sobre Probabilidades,* que explica as ideias básicas e argumenta sobre sua ampla aplicabilidade. (Ver Esboço 21 sobre o início da história da probabilidade.) Lagrange, por sua vez, trabalhava em todas as áreas da matemática, da álgebra ao cálculo. Um de seus livros mais importantes é um tratado de mecânica em que ele enuncia uma teoria matemática sobre como e por que as coisas se movem. Esse livro notável é importante na história da física, mas é também famoso porque nele não há nenhuma figura. Lagrange acreditava que suas fórmulas tinham captado a realidade física tão bem que já não eram necessários diagramas.

O século XVIII era uma época otimista. Laplace não hesitava em aplicar seu cálculo de probabilidades à atividade de juízes e júris. Leitores modernos frequentemente acham suas hipóteses muito estranhas.[25] Também sem hesitação, Lagrange fazia física sem diagramas. Os matemáticos sentiam que tinham nas mãos a chave para a realidade. E, na maior parte dos casos, parecia que a chave abria muitas portas.

Mas nem tudo estava bem. O mais famoso sinal de dificuldade foi um artigo de George Berkeley (1685-1753), filósofo irlandês e bispo anglicano de Cloyne. Berkeley

[25] Será realmente razoável, por exemplo, pensar em decisões humanas como análogas a tirar uma bola colorida de uma urna?

se ofendeu com o ateísmo público de um matemático que afirmava que a teologia era especulativa e incerta. Ele respondeu mostrando que os fundamentos do cálculo, que os matemáticos tanto apreciavam, eram tão pouco firmes quanto ela. Seu agressivo ensaio, *The Analyst*, mostrava que tanto as fluxões de Newton quantos os infinitésimos de Leibniz eram mal definidos e, de certa forma, contraditórios. As fluxões eram calculadas tomando o quociente de dois incrementos. Newton às vezes parecia dizer que ambos os incrementos eram nulos, e às vezes parecia dizer que não eram. Berkeley enfatizou diretamente essa contradição:

> E o que são essas fluxões? As velocidades de incrementos evanescentes. E o que são esses mesmos incrementos evanescentes? Não são nem quantidades finitas, nem quantidades infinitamente pequenas, nem nada. Podemos chamá-las de fantasmas de quantidades que partiram?

O ponto central é posto claramente nesse ensaio: "(...) aquele que pode digerir uma segunda ou terceira fluxão (...) não precisa, eu penso, ter preconceitos sobre qualquer ponto da Divindade".

Berkeley também arguia que Newton, por exemplo, nos seus escritos, passava por cima de dificuldades ou escolhia a melhor maneira de dizer alguma coisa de modo que certas questões ficassem obscurecidas. A crítica de Berkeley mostrava que os próprios fundamentos de cálculo estavam inseguros.

Para muitos matemáticos, a resposta era: "mas funciona!". Supõe-se que Jean le Rond d'Alembert (1717-1783), um matemático e filósofo francês que foi um dos editores da famosa *Encyclopédie*, tenha dito a um de seus estudantes: "persista, e a fé lhe virá". No entanto, vários matemáticos, inclusive o próprio d'Alembert, começaram a procurar melhores fundamentos. Os primeiros resultados dessa busca vieram no início do século XIX, embora a tarefa só tenha sido completada muito mais tarde.

O início da história do cálculo tem sido tema de muita investigação histórica. Os Capítulos 12 e 13 de [80] são um bom lugar para começar a leitura, e a primeira metade de [65] é uma boa fonte para mais informação. Ambos contêm indicações para leituras posteriores.

RIGOR E PROFISSIONALISMO

O século XIX viu uma enorme explosão de atividade matemática e mudanças significativas em onde e como os matemáticos faziam seu trabalho. Houve progresso em tantas direções diferentes que é difícil encontrar um tema principal que caracterize todo esse trabalho. Escolhemos enfatizar três aspectos importantes da matemática desse século. Primeiro, havia uma profunda preocupação com rigor, especialmente com relação ao cálculo. Segundo, problemas físicos tornaram a matemática cada vez mais sofisticada. Terceiro,os matemáticos se tornaram profissionais de um modo novo e diferente.

Os anos iniciais do século XIX foram marcados pelas sequelas da Revolução Francesa, que ocorreu em 1789 e afetou toda a Europa. Uma das mudanças que os revolucionários introduziram na França foi uma nova ênfase em ensino. Eles criaram escolas, como a École Polytechnique, em Paris, cuja missão principal era fornecer um ensino técnico para a classe média. O objetivo era criar uma classe de funcionários públicos bem treinados para conduzir a nova República Francesa. Um resultado foi que agora se esperava que os matemáticos ensinassem. E mais, seus estudantes deviam aprender com seu ensino. Isso pôs um novo valor em clareza, precisão e rigor. Afinal, se o professor não entende o que está sendo estudado, como pode o estudante entender? Mais ou menos ao mesmo tempo, a Academia Francesa de Ciências desenvolveu o *sistema métrico* como um sistema padronizado de medidas para uso da ciência e do comércio. Depois de ser oficialmente adotado pelo governo francês em 1795, esse sistema gradualmente se espalhou para outros países. Pelo fim do século XIX, tornara-se um padrão internacional reconhecido. (Ver Esboço 6.)

Quando se abria o século XIX, a figura matemática dominante era Carl Friedrich Gauss (1777-1855). Parece ter sido criança prodígio, capaz de fazer aritmética quando tinha 3 anos. Aos 17 ele já estava fazendo novas descobertas significativas, que registrava em seu diário matemático. Seu primeiro livro importante, publicado em 1801, chamava-se *Disquisitiones Arithmeticae* ("Investigações Aritméticas"). Tratava de números inteiros e suas propriedades, e era marcado pelo que veio a ser conhecido como o estilo gaussiano: seco, preciso, quase sem motivação ou explicação além das demonstrações técnicas.

A obra de Gauss cobria toda a matemática pura e aplicada. De fato, ele é tão famoso por seu trabalho em física e astronomia quanto por sua obra estritamente matemática. Também tinha um modo de combinar as duas coisas. Por exemplo, depois de fazer alguma medição de terreno, ele aplicava as ideias que tinha desenvolvido para essa tarefa ao estudo da geometria de superfícies. Essa interação entre matemática e aplicações era típica de trabalho dos grandes matemáticos desse século.

A outra grande figura do começo do século XIX foi Augustin Cauchy (1789-1857). Quando ainda muito jovem, Cauchy tornou-se professor na École Polytechnique em Paris.

Seu trabalho principal era ensinar cálculo, e ele claramente não estava satisfeito com o estado dos fundamentos do assunto. O resultado foi um dos mais famosos livros-texto da história da matemática. O título, *O Curso de Análise da École Polytechnique*, não indicava realmente quão revolucionário era o conteúdo. O objetivo de Cauchy era “fazer o cálculo direito”. Pela primeira vez havia *definições* de derivada e integral. Pela primeira vez, o Teorema Fundamental do Cálculo era salientado como de fato fundamental. E, muito como fazemos hoje, Cauchy enfatizava o lado algébrico do cálculo, preferindo cálculos a diagramas e fórmulas a intuições geométricas.

A obra de Cauchy cobriu muito da matemática e da física matemática. Ele escreveu sobre tudo. Na verdade, era tão prolífico que em certo momento os editores de uma importante revista francesa lhe impuseram uma quota. Em resposta, ele convenceu um editor (que por acaso era parente) a editar uma revista que só contivesse artigos de Cauchy! Em rigor, sua ênfase teve grande impacto sobre outros matemáticos. Há uma história de que Laplace uma vez o ouviu explicar a importância da *convergência* de séries infinitas. Alarmado, Laplace correu para casa para verificar a convergência das séries em seu maciço livro sobre mecânica celeste. A influência das novas ideias era profunda.

Muitos matemáticos continuaram o trabalho de Cauchy para tornar o cálculo preciso e rigoroso. Fazendo isso, encontraram falhas no trabalho de Cauchy, naturalmente, e tentaram melhorá-lo. O mais importante deles foi Karl Weierstrass (1815-1897), cujo nome, ainda hoje, é sinônimo de rigor e precisão. Weierstrass era também um professor. De fato, ele começou sua carreira como professor de escola secundária. Além da matemática, tinha que ensinar outros assuntos, de física e botânica a caligrafia e ginástica. Só depois de publicar vários artigos científicos é que ele foi reconhecido como matemático criativo. Tornou-se professor na Universidade de Berlim.

As aulas de Weierstrass em Berlim eram famosas. Ele não era um professor animado. Problemas de saúde o forçaram a ensinar sentado, enquanto um estudante escrevia fórmulas na lousa. Mas o conteúdo das aulas era inspirador e muitos de seus estudantes se tornaram grandes matemáticos. Uma realização dessas aulas foi uma completa transformação das bases do cálculo. Suas definições, claras e precisas, retiraram todo sinal de mistério ou intuição geométrica do cálculo, pondo tudo em fundamentação lógica que só dependia da álgebra e da aritmética. Porém, essa nova abordagem não era fácil, como ainda testemunharão os estudantes que tiveram que aprender sua abordagem “épsilon-delta” para os limites.

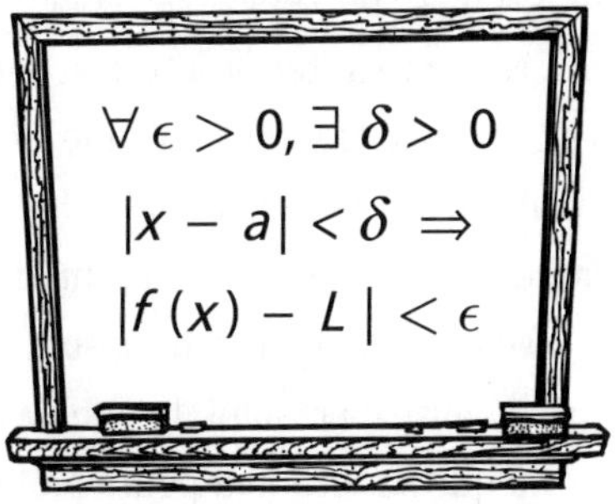

Tendo resolvido a questão de encontrar bases rigorosas para o cálculo, os matemáticos consideraram também outras partes da matemática. Richard Dedekind (1831-1916) e Giuseppe Peano (1858-1932) investigaram os fundamentos da aritmética, e Georg Cantor (1845-1918) inventou a noção de conjunto, que lhe permitiu fazer descobertas fundamentais sobre o infinito. A teoria dos conjuntos veio a ser vista como uma possível fundamentação para toda a matemática. (Ver Esboço 25.)

A álgebra e a geometria também estavam mudando de modo fundamental no século XIX. Fórmulas algébricas para a resolução de equações de terceiro e quarto grau tinham sido achadas no século XVI, mas ninguém tinha sido capaz de resolver a equação de grau 5. Aos poucos, os matemáticos começaram a se voltar para, em vez de buscar solução, entender por que não conseguiam alcançá-la. No século XVIII, Joseph-Louis Lagrange observou que era possível entender todas as soluções existentes analisando o efeito de permutar as raízes de uma equação em várias expressões polinomiais. Isso mostrou aos matemáticos como pensar mais rigorosamente sobre o que uma "fórmula" para resolver uma equação realmente é. Junto com a descoberta da conexão entre fórmulas e permutações, isso eventualmente levou às descobertas algébricas fundamentais do século XIX.

O primeiro achado veio de Niels Henrik Abel (1802-1829), um matemático norueguês cuja carreira brilhante foi cortada por uma morte prematura. Abel conseguiu demonstrar, em 1822, que na verdade *não há nenhuma fórmula* para a resolução da equação de grau 5. Esse foi um desenvolvimento notável, mas a real revolução na álgebra veio da obra de Évariste Galois (1811-1832). Galois era brilhante e temperamental, apaixonado tanto pela matemática quanto pela política. Passou boa parte de sua curta vida sendo jogado fora de escolas e para dentro de cadeias. Apesar dessas frequentes confusões, dedicou muito de seu tempo à matemática, mas seus escritos não foram notados. Em 1832, pouco antes de seu vigésimo primeiro aniversário, Galois se envolveu em um duelo que lhe custou a vida.

Na noite anterior à "questão de honra", ele escreveu uma carta rápida a um amigo, resumindo as descobertas que tinha feito em vários artigos matemáticos, entre os quais a maior parte ficou sem publicação. Ele concluía a carta pedindo a seu amigo que a mandasse para os melhores matemáticos da época, exprimindo a esperança de que houvesse "pessoas que achem vantajoso decifrar esta confusão". Ele tinha razão. "Esta confusão" era a análise da resolubilidade de equações algébricas por meio de teoria de grupos, uma teoria que se tornou a pedra angular da álgebra moderna e da geometria.

Galois também introduziu uma mudança fundamental de perspectiva. Ele argumentou que era necessário deixar de considerar transformações particulares de equações e passar a considerar ao mesmo tempo todas as possíveis transformações. Essa passagem a uma perspectiva mais abstrata foi captada por outros matemáticos à medida que o século avançava e levou ao que se chama de "álgebra abstrata".

Na geometria também era um tempo da revolução. Por séculos, pessoas tinham pensado no postulado das paralelas de Euclides e seu papel na geometria plana. Os trabalhos de Gauss, János Bólyai (1802-1860), Nicolai Lobachevsky (1793-1856) e Bernhard Riemann (1826-1866) finalmente resolveram a questão, levando à descoberta de geometrias não euclidianas. (Ver Esboço 19.) Mais uma vez, o movimento era na direção de abstração e rigor: em vez de tentar ver o que era a "geometria do mundo real", esses matemáticos mostraram que havia vários modos alternativos de fazer geometria, cada um consistente dentro dele mesmo, cada um interessante, cada um correto. Deve ter parecido, na época, um sonho belo, mas inútil, um movimento para longe da aplicabilidade. Contudo, as coisas não se passaram assim. Quando Albert Eisntein, na década de 1910, estava procurando um modo de expressar sua percepção sobre a gravitação, ele encontrou a linguagem certa na abordagem de Riemann à geometria. É possível que vivamos em um universo não euclidiano!

A conexão entre a matemática e a física teórica permaneceu forte. A matemática aplicada era uma fonte de problemas interessantes e difíceis. Para resolvê-los, uma importante matemática teve que ser criada. Para estudar como o calor se espalha através de objetos, Joseph Fourier (1768-1830) inventou o que agora se chama de "séries de Fourier", as quais se mostraram muito úteis em matemática aplicada, para estudar luz, som e outros fenômenos periódicos ondulatórios. Também se mostraram objetos matemáticos interessantes, e descobrir suas propriedades exigiu todo o poder da abordagem rigorosa do cálculo que fora recentemente desenvolvida. Muitas outras áreas da física foram também estudadas. A eletricidade e o magnetismo trouxeram interessantes problemas que conduziram a uma importante matemática. Entender as máquinas, o escoamento de líquidos, o movimento dos planetas, a estabilidade de estruturas, as marés, o comportamento de materiais elásticos, tudo isso teve a atenção de muitos matemáticos.

Um exemplo é Sophie Germain (1776-1831), uma contemporânea de Gauss, Cauchy e Fourier. Apesar de crescer no período chamado "Esclarecimento", Germain enfrentou real resistência ao seu desejo de ser uma matemática. As mulheres não podiam estudar na *Polytechnique*, de modo que Germain emprestava as notas de estudantes homens para poder aprender matemática superior. A superação do preconceito contra intelectuais mulheres fez dela uma das melhores estudiosas da matemática na França.

Além de produzir trabalho significativo em teoria dos números (ver Esboço 13 para mais informação), Germain obteve importantes resultados na teoria matemática de superfícies elásticas. Muitos matemáticos fundamentaram-se em seu trabalho para aperfeiçoar a teoria da elasticidade, que era crucial na construção da Torre Eiffel, mais tarde no século. (No entanto, o nome de Sophie Germain *não* está inscrito na base da torre entre os 72 estudiosos cujo trabalho tornou possível sua construção!)

O problema de entender fenômenos eletromagnéticos fascinou muitos matemáticos, como Bernhard Riemann. O gênio de Riemann o levou a fazer muitas contribuições em todas as áreas em que trabalhou. Das descobertas geométricas mencionadas anteriormente a seu trabalho em eletromagnetismo, tudo que ele fez era inspirado. Às vezes, ele estava tão inspirado que deixava de fora muitos detalhes, legando o trabalho de completar suas demonstrações a seus sucessores. Em seu trabalho em aplicações, Riemann estava perfeitamente disposto a usar argumentos da física quando não tinha demonstrações matemáticas. Isso também deixou questões interessantes para que seus colegas resolvessem. Em um de seus artigos, ele diz algo assim: "é razoável supor que (...)". A asserção que Riemann achava razoável é agora conhecida como a *Hipótese de Riemann,* e ainda está para ser demonstrada.

Pelo fim do século XIX, Felix Klein (1849-1925) mostrou que as novas geometrias não euclidianas e as novas teorias algébricas estavam ligadas. Poder-se-ia entender as diferentes geometrias analisando a álgebra das transformações admitidas por elas. Isso confirmou para os matemáticos que o rigor e a abstração eram as chaves para o progresso na matemática. Também mostrou que esse ponto de vista permitia unificar diferentes ramos da matemática. Em uma disciplina que estava crescendo aos saltos, era muito importante encontrar ideias unificadoras, que permitissem às pessoas entender áreas mais amplas da matemática.

A tendência à unificação da matemática foi personificada por Henri Poincaré (1854-1912). Sua memória quase sobre-humana e seus poderes de compreensão lógica lhe permitiam produzir contribuições valiosas à aritmética, álgebra, geometria, análise, astronomia e física matemática. Também escreveu popularizações da matemática e estava ativamente interessado na psicologia da criatividade. Entre muitas outras coisas, o trabalho de Poincaré leva a pontos de vista completamente novos em dinâmica, particularmente na dinâmica do sistema solar. Foi nesse contexto que Poincaré encontrou os primeiros exemplos do que agora chamamos de "caos determinísticos".

À medida que o século chegava ao fim, a matemática se tornava mais e mais uma profissão. Em sua maior parte, os matemáticos trabalhavam em universidades, onde ensinavam e faziam pesquisas. Seminários de pesquisa se tornaram um aspecto comum da vida universitária, e o doutorado se tornou o ponto de entrada padrão para a carreira acadêmica. A linha de separação entre matemática pura, aplicada e física teórica ficou mais clara. Sociedades profissionais e revistas foram criadas. Começaram a ser realizados congressos e reuniões regularmente. Em 1897, aconteceu em Zurich o Primeiro Congresso Internacional de Matemáticos (cuja sigla em inglês é ICM). O seguinte foi em Paris, em 1900, e daí por diante um ICM tem sido realizado a cada quatro anos (com interrupções devidas a guerra), reunindo matemáticos de todo o mundo.

A matemática do século XIX é muito técnica, e assim é também a maior parte dos estudos históricos sobre o período. As melhores fontes para a história geral são [80] e [66]. Para tópicos específicos, os artigos em [64] são um bom lugar para começar um estudo.

ABSTRAÇÃO, COMPUTADORES E NOVAS APLICAÇÕES

O fim do século XIX foi marcado por um evento importante. Em 1900, os organizadores do Congresso Internacional de Matemática convidaram David Hilbert (1862-1943), então o mais eminente matemático alemão, para fazer uma conferência. O discurso de Hilbert focalizou o papel de problemas não resolvidos na condução da pesquisa matemática. Ele esboçou 23 problemas que achava que seriam importantes no novo século. Na maior parte, adivinhou corretamente. A investigação desses problemas levou, diretamente ou indiretamente, a muitos avanços na matemática. A solução de apenas uma parte de um problema de Hilbert trazia reconhecimento internacional para quem o resolvesse.

Mas mesmo Hilbert não podia prever como a matemática cresceria no século XX. Havia cada vez mais matemáticos, revistas e sociedades profissionais. O crescimento fenomenal que tinha começado nos anos 1800 continuava, e o conhecimento matemático dobrava a cada 20 anos mais ou menos. Mais matemática original foi produzida *depois* que os astronautas caminharam pela primeira vez na Lua do que em todos os séculos anteriores. Na verdade, calcula-se que 95% da matemática conhecida hoje tenha sido produzida a partir de 1900. Centenas de periódicos publicados no mundo todo dedicam a maior parte de seu espaço à matemática. A cada ano, a revista de resumos *Mathematical Reviews* publica milhares de páginas de sinopses de artigos recentes contendo novos resultados. O século XX (e talvez o novo século também) é justificadamente chamado de "idade de ouro da matemática".

A quantidade, porém, não é a chave para a posição única que a era corrente ocupa na história da matemática. Sob essa assombrosa proliferação de conhecimento, há uma tendência fundamental em direção à unidade sendo a sua base a abstração. Tal unidade conceitual levou a duas direções. De um lado, novos e mais abstratos subcampos da matemática emergiram para se tornar áreas estabelecidas de pesquisa de direito próprio. De outro, pesquisadores trabalhando em problemas clássicos verdadeiramente grandes, como o Último Teorema de Fermat ou os 23 problemas de Hilbert, se tornaram cada vez mais hábeis na utilização de técnicas novas de uma área da matemática para responder a questões antigas de outra. Em consequência, o século XX é uma época em que muitas questões antigas foram finalmente respondidas e muitas questões novas apareceram.

O aumento na simples quantidade de matemática e no nível de abstração inevitavelmente levou ao aumento da especialização. Hoje em dia, a maior parte dos matemáticos conhece bem sua área de pesquisa; em menor grau, os tópicos circundantes; e muito pouco sobre partes distantes do tema. O poder unificador do ponto de vista abstrato compensa isso um pouco, mas só realmente os melhores matemáticos têm uma visão completa a respeito do assunto. Dado tudo isso, não podemos fornecer mais do que uma breve e muito incompleta descrição da matemática do século XX. Escolhemos salientar o debate sobre os fundamentos da matemática, o papel da abstração, a invenção do computador e o amplo espectro de novas aplicações.

Nas primeiras décadas do século XX, os matemáticos e filósofos investigaram os fundamentos do assunto. O que *é* um número? O conhecimento matemático é certo? Podemos *demonstrar* que é impossível para a matemática se contradizer? Houve intenso debate sobre essas questões. De um lado estavam os "formalistas", achando que podiam entender a matemática em termos de manipulação formal de símbolos. A ideia era de que, assim, eles podiam evitar difíceis questões filosóficas sobre a existência de objetos matemáticos. Uma parte crucial de seu programa era mostrar que tal manipulação formal nunca poderia levar a uma contradição. De outro lado estavam os "intuicionistas", que argumentavam que muitas ideias matemáticas, na verdade, *não* eram bem fundamentadas. Queriam reformar todo o assunto, eliminando a maior parte dos apelos a conjuntos infinitos e rejeitando a "lei do meio excluído" (o princípio aristotélico que dizia que, se é possível demonstrar que a negação de A é falsa, então A deve ser verdadeira).

Nenhuma das correntes perdurou. As propostas dos intuicionistas eram radicais demais para a maioria dos matemáticos. As ideias dos formalistas eram mais próximas de serem aceitáveis, mas seu programa perdeu muito de sua atração depois dos anos 1930. O motivo foi que Kurt Gödel (1906-1978) encontrou um modo de *demonstrar* que era *impossível* encontrar uma demonstração de que não surgiriam contradições. O trabalho de Gödel estabeleceu pela primeira vez que algumas coisas não podiam ser demonstradas.

Isso teve um efeito curioso. Para os matemáticos trabalhando em fundamentos, era um golpe real, e que teria que ser absorvido de alguma forma. Porém, para outros matemáticos, significava basicamente que o trabalho em fundamentos não lhes poderia dar muito auxílio na resolução de grandes problemas. Assim, eles continuaram o trabalho de tentar demonstrar teoremas e resolver problemas.

Quando se deu o debate fundamental, o movimento em direção à abstração se tornou o tema dominante da matemática no começo do século. Não era só porque estava na moda (embora, com certeza, isso fosse parte da questão). Era também porque o método abstrato era *poderoso*. Usando-o, velhos problemas foram resolvidos ou observados a partir de novas perspectivas. Logo a matemática foi dominada pelos analistas abstratos, pela topologia, teoria da medida, análise funcional e outras áreas afins. Essencialmente, eram generalizações do material desenvolvido no século XIX, tomando um ponto de vista abstrato, que revelou quais ideias eram importantes e quais não eram. Os resultados foram, frequentemente, novas descobertas.

Em nenhum lugar a mudança era tão visível quanto na álgebra. O tema tornou-se mais geral do que jamais tinha sido. A percepção de Galois de que se deve considerar classes inteiras de operações algébricas de uma só vez foi tomada e estendida por Emmy Noether (1882-1935) e Emil Artin (1898-1962). Nas mãos deles, a estrutura e a linguagem da álgebra abstrata tornaram-se um instrumento poderoso.

No fim dos anos 1930, um grupo de jovens matemáticos franceses se reuniu com a intenção de revolucionar o assunto. Eles achavam que as novas ideias não tinham sido suficientemente internalizadas pela comunidade matemática, especialmente na França. Era hora de derrubar a "velha guarda". Seu plano era fazer duas coisas. Primeiro, coletivamente, escreveriam um livro-texto em muitos volumes, um compêndio de toda a matemática fundamental. Com um aceno a Euclides, eles o chamaram de *Elementos de Matemática*. Como escreviam coletivamente, adotaram um pseudônimo: o autor do novo *Elementos* era Nicolas Bourbaki.[26]

[26] Sugere-se que o nome "Bourbaki" foi inspirado por uma estátua em Nancy, França, do general Charles D. S. Bourbaki da Guerra Franco-Prussiana. A motivação para "Nicolas" não é clara, mas sua escolha tornou as iniciais, N. B., um bônus atrativo.

Os membros do grupo Bourbaki divertiam-se muito com sua *persona* coletiva. Criaram uma biografia para Nicolas Bourbaki, deram-lhe uma posição universitária e até, em certa ocasião, enviaram convites para o casamento de sua filha. Quando a *Enciclopédia Britânica* disse que Bourbaki era um pseudônimo coletivo e que, portanto, não existia tal pessoa, eles receberam uma carta zangada do "próprio Bourbaki", questionando a existência do autor da afirmação na enciclopédia! Os fundadores de Bourbaki acreditavam que a matemática criativa é primariamente um esporte para jovens, de modo que concordaram em se retirar do grupo antes dos 50 anos e eleger colegas mais jovens para substituí-los.[27] Assim, Bourbaki se tornou uma renomada, mas misteriosa, presença internacional, sempre no auge de sua produtividade profissional, fornecendo ao mundo científico uma série contínua de exposições modernas, claras e corretas em todas as áreas da matemática contemporânea.

Havia uma segunda parte na estratégia do grupo Bourbaki. Eles decidiram manter um seminário regular – que se tornou conhecido como o "Seminário Bourbaki" – sobre o que se passava na matemática. Agora realizado em Paris três vezes por ano, é ainda um dos mais importantes seminários sobre progressos recentes na área, e no qual os melhores estudiosos discutem novas ideias importantes e teoremas ante uma audiência repleta de matemáticos de todo o mundo.

A influência de Bourbaki foi sentida sobretudo por meio dos *Elementos*. Como levaram muitos anos para serem escritos, seu impacto ocorreu por volta de meados do século ou depois. Esses livros assumem um ponto de vista abstrato, sem compromissos. No entanto, dão uma exposição precisa e confiável de cada um dos campos que cobrem. Muitos censuram Bourbaki por ter conduzido professores de matemática a adotar uma abordagem formal e abstrata. Mas a verdade é que os *Elementos de Matemática* nunca foram pensados como modelo de pedagogia matemática. Em vez disso, esses volumes tinham a intenção de reunir, formalizar e tornar precisos grandes pedaços da matemática, e isso foi feito com sucesso (na maior parte).

Nas últimas décadas do século, Bourbaki pareceu ter perdido parte da energia original que "ele" tinha. O *Seminário* ainda continua com força, mas a taxa de publicação dos *Elementos* se reduziu, arrastando-se. Em parte, isso se deve ao sucesso do programa de Bourbaki, mas também reflete uma mudança na disposição dos matemáticos, um movimento afastando-se da abstração e aproximando-se das aplicações.

[27] Diz-se que alguns dos fundadores originais lamentaram ter feito essa regra quando chegou o momento de saírem.

A segunda metade do século XX é marcada também pela invenção e pelo desenvolvimento dos computadores. (Ver Esboços 23 e 24.) No início, os matemáticos estavam profundamente envolvidos nesse processo. Eles analisaram as possibilidades das novas máquinas, inventaram a noção de "programa de computador", ajudaram a construir os primeiros esquemas e forneceram problemas difíceis para testá-los. Logo, porém, a ciência da computação seguiu seu próprio caminho e se concentrou em seus próprios problemas.

É como instrumentos que os computadores tiveram seu maior impacto na matemática. Os computadores mudaram a matemática pelo menos de três modos. Primeiro, permitiram que os matemáticos testassem conjeturas e descobrissem novos resultados. Suponha que se está tentando descobrir se existem infinitos primos na forma $n^2 + 1$, um problema ainda não resolvido. Pode-se testar se isso é provável ou não usando o computador para conferir vários milhões de valores de n e testando o número resultante para primalidade. Se encontrarmos muitos primos, podemos ficar persuadidos de que, de fato, existirão infinitos deles. Observe que isso não decide a questão. Ainda está para ser feito o trabalho duro de achar uma demonstração. Mas isso pode oferecer pistas e nos deixar mais ou menos confiantes de que o que estamos tentando demonstrar é verdadeiro.

A segunda modificação está ligada a simulação e visualização. Os computadores podem fazer figuras a partir de dados, figuras que frequentemente são muito mais esclarecedoras do que os dados numéricos por si sós. Além disso, podemos usar cálculos numéricos para soluções aproximadas de equações. Assim, podemos usá-las para entender situações cuja descrição precisa é complicada demais para uma análise matemática completa. Isso, é claro, revolucionou a matemática aplicada. Hoje, soluções aproximadas de equações diferenciais complicadas são parte central do trabalho. Contudo, também teve impacto na matemática pura. Um bom exemplo desse efeito é a descoberta dos fractais. Tais estruturas altamente complexas tinham sido consideradas antes, no começo do século XX, mas então só pareciam horrendamente complicadas e impossíveis de serem tratadas. Porém, depois que aprendemos a usar computadores para traçar suas figuras, descobrimos que os fractais podem ser belos, e todo um novo campo da matemática nasceu.

A terceira mudança se relaciona com o que é conhecido como *sistemas de computação algébrica*. São programas de computador que podem "fazer álgebra". Podem trabalhar com polinômios, funções trigonométricas exponenciais e muito mais. Podem somar, multiplicar, fatorar, encontrar derivadas e integrais e calcular aproximações de séries. Em outras palavras, podem fazer muito do que costumava ser o conteúdo computacional

da matemática escolar e universitária. Como esses sistemas tornaram-se amplamente disponíveis, há cada vez menos razão para ensinar os estudantes a fazer cálculos elaborados manualmente. Em consequência, os matemáticos agora estão repensando o que deveria ser ensinado e como.

O século XX viu também uma grande ampliação quanto a aplicações da matemática. No final do século XIX, "matemática aplicada" era quase sinônimo de "física matemática". Isso rapidamente mudou. Provavelmente, a primeira mudança foi o desenvolvimento da estatística, na maior parte visando a aplicações em biologia. O valor da estatística como instrumento para analisar dados logo se tornou evidente para os estudiosos em toda parte, e outras aplicações seguiram-se rapidamente. (Ver Esboço 22 para a história do começo da estatística.)

Viu-se a utilidade de mais e mais ideias matemáticas. A física matemática começou a usar probabilidade e estatística, geometria riemanniana, espaços de Hilbert e teoria dos grupos. Os químicos descobriram que a cristalografia tinha um grande componente matemático. Ideias topológicas se mostraram relevantes para o estudo da forma de moléculas. Biólogos usaram equações diferenciais para modelar a disseminação de doenças e o crescimento de populações de animais.

Começando na Primeira Guerra Mundial, governos descobriram que pensar matematicamente os problemas levava a resultados úteis, e nasceu a "pesquisa operacional". Na Segunda Grande Guerra, matemáticos tiveram um papel crucial de muitos modos, com mais fama ao desenvolver a ciência da criptografia e quebrar o código alemão Enigma. Redes de telefonia e, mais tarde, a internet foram estudadas matematicamente. A "programação linear" foi desenvolvida para lidar com o fato de determinar o "melhor modo" de fazer coisas em toda espécie de áreas, desde a indústria, passando pela governamental, até a área militar. Modelagem por computador permite toda espécie de novas aplicações à biologia, da dinâmica de populações ao estudo da circulação do sangue, dos neurônios, e de como os animais se movem. Finalmente, no término do século, a matemática e a física se uniram outra vez para produzir novas e sofisticadas teorias físicas.

Os historiadores apenas começaram a observar mais cuidadosamente o conjunto da história da matemática no século XX. Duas boas visões gerais são [67] e [141] – ambas usam os problemas de Hilbert como guia para o período. O livro de Gray focaliza mais a matemática, enquanto Yandell está mais interessado nos matemáticos. Veja também [3] e [4], que contêm interessantes perfis de matemáticos do século XX.

MATEMÁTICA HOJE

A matemática hoje envolve um enorme número de pessoas fazendo muitas coisas diferentes. Em universidades e institutos de pesquisa, pesquisas altamente poderosas continuam a ampliar os limites de nosso conhecimento. Fora dos meios acadêmicos, muitas pessoas usam e desenvolvem técnicas matemáticas todo dia. Ao passo que muitas dessas pessoas não se descrevem como "matemáticos", suas atividades ajudam a impulsionar a matemática e suas aplicações. E todos esses indivíduos são apoiados por uma vasta rede de professores e educadores de todos os níveis.

Quase todos os assuntos discutidos são ainda áreas de pesquisa ativa, e novos grandes avanços acontecem todo o tempo. O Clay Mathematics Institute[28] ofereceu prêmios de um milhão de dólares para as soluções de sete problemas matemáticos. Os sete "problemas do milênio" cobrem todo o espectro da mais pura matemática a questões matemáticas relacionadas com o escoamento de fluidos, física de partículas e teoria da computação.

Os desenvolvimentos mais excitantes, porém, são talvez os ligados a outros campos. Avanços recentes da física matemática trouxeram novas e profundas questões matemáticas. A biologia matemática começa a oferecer visões interessantes e significativas. Os computadores criaram muitas questões interessantes relacionadas com codificação, criptografia e algoritmos.

Tanto trabalho em tantas áreas diferentes dá a impressão de fragmentação. Pesquisadores em matemática são usualmente especialistas em uma área ou outra e sua pesquisa, em geral, está muito além do alcance de amadores interessados, mesmo com graduação em matemática. Hoje, qualquer teorema novo em revistas de pesquisa provavelmente será incompreensível para a maioria dos matemáticos cuja especialidade não cubra seu tópico.

Vemos ainda mais diversidades se ampliarmos nossa visão para incluir os usuários e produtores de matemática que estejam fora das instituições acadêmicas usuais. Muitas das mais interessantes e potencialmente úteis questões que se apresentam aos matemáticos hoje são "questões cruzadas" envolvendo conexões entre matemática e química ou medicina ou alguma outra ciência. Progressos tecnológicos em muitas áreas de negócio ou comércio são também cada vez mais dependentes de ideias matemáticas sofisticadas. A matemática está no cerne – ou perto do cerne – de inovações em muitas das indústrias de milhões de dólares. Desenho de aeronaves, pesquisa genética, sistema de defesa contra mísseis, toca-CDs, controle de epidemias, satélites GPS e estações espaciais,

[28] Veja <http://www.claymath.org>.

redes de telefones celulares, marketing e pesquisa de opinião política, computadores pessoais e calculadoras, *morphing* e outros efeitos visuais especiais usados em cinema e videogames, os instrumentos de hardware e software eletrônicos que cuidam dos negócios diários de qualquer empresa de todos os tamanhos – tudo isso e muitas outras coisas dependem de ideias matemáticas e exigem conhecedores para pôr em prática tais ideias.

Há ampla diversidade, mas há alguma unidade subjacente. A matemática sempre tratou de grandes ideias, e estas estão no centro do campo, embora não sejam aparentes ao primeiro olhar. As grandes ideias unificadoras são abstratas e nada fáceis de aprender. Algumas delas são ressaltadas em [9], um artigo que tenta resumir os desenvolvimentos recentes mais importantes. Você pode também observar tanto a diversidade quanto a unidade em dois livros, [5] e [41], que tentam dar uma visão geral do estado da disciplina na aurora do novo século.

A matemática hoje, vista "de dentro", é ao mesmo tempo diversa e mais unificada do que jamais foi. É mais abstrata, no entanto tem mais ampla aplicabilidade a áreas da vida moderna do que em qualquer tempo anterior. Por causa disso, a "vista de fora" é compreensivelmente confusa. De um lado, a matemática é vista como muito esotérica, amedrontadora, um assunto sobre o qual até mesmo pessoas bastante instruídas confessam ignorância sem se envergonhar. De outro, é tida como parte essencial da prosperidade, segurança e conforto modernos, de modo que os hábeis em matemática são tomados como recursos humanos valiosos.

Essa ambivalência criou um dilema para os que ensinam a matemática. Permitirão eles que as exigências internas do assunto determinem um treinamento cada vez mais rigoroso nas áreas tradicionais da álgebra, geometria, cálculo e afins, de modo que a próxima geração de peritos tenha um fundamento firme para sua pesquisa? Ou permitirão que as necessidades externas da sociedade determinem um ensino mais amplo e menos intensivo em ideias matemáticas que possibilite que todos sejam cidadãos matematicamente educados capazes de interagir inteligentemente com os peritos? Esse conflito aparente de objetivos cria tensão e agitação no ensino de matemática de hoje, mas a esperança é que seja agitação construtiva, criativa, em que os educadores achem meios de realizar ambas as coisas. É fundamentalmente importante que o façam; o mundo de amanhã não aceitará menos.

PROJETOS

1. Para este projeto, seu professor escolherá e designará um matemático para a sua pesquisa. Chamaremos essa pessoa de *Seu Matemático* (SM).
   a. SM é mencionado neste livro?
   b. Procure SM no *Dictionary of Scientific Biography* ([62] nas referências) e em uma enciclopédia. Leia os artigos e tome notas. Observe quaisquer discrepâncias entre essas fontes. Como você decide qual é a mais confiável?
   c. Tente encontrar informações sobre SM na internet. Leia as informações e compare com o que você já sabe. Como você decide se o que você encontra na internet é confiável?
   d. Visite sua biblioteca e observe os livros de história da matemática. SM é mencionado? Há livros de ou sobre SM? As obras reunidas de SM foram publicadas? Em caso afirmativo, sua biblioteca tem uma cópia?
   e. Em que línguas SM lia ou escrevia? Como você sabe? Qual língua ele usava quando escrevia sobre matemática?
   f. Escreva uma biografia curta de SM.
2. Escolha um acontecimento matemático ou uma pessoa mencionados nesta visão geral e escreva um artigo descrevendo o que acontecia no mundo nessa época da história. Não se limite à região da pessoa ou do evento que você escolher; considere todas as partes do mundo. Também considere todos os principais aspectos históricos da época – mudanças políticas, tendências sociais, grandes descobertas científicas, movimentos religiosos, literatura, arte etc. Então discuta como (se isso ocorreu) a matemática de sua pessoa ou evento influenciou e/ou foi influenciada pela situação histórica que você descreveu. Você pode apresentar sua própria opinião, mas ela deve ser acompanhada por argumentos de suporte com base em evidência histórica.
3. Atualmente, com frequência se vê um forte contraste entre a "matemática pura" e a "matemática aplicada". Isso foi verdade em outras épocas da história? O que os gregos pensariam sobre a questão? Os matemáticos do século XVIII teriam distinguido esses dois estilos?
4. Sem consultar o papiro de Rhind, construa uma tabela de duplos de partes. Use a notação $\overline{n}$ para designar a n-ésima parte. Na tabela ao lado está o começo:

n	duas n-ésimas partes
3	$\overline{2}\ \overline{6}$
4	$\overline{2}$
5	$\overline{3}\ \overline{15}$

5. Compare e contraste (o que se sabe sobre) a tradição matemática no Egito Antigo e na Antiga Mesopotâmia (você talvez precise fazer alguma pesquisa adicional para ter informação suficiente).

6. "Etnomatemática" só é mencionada brevemente nesta seção. Faça alguma pesquisa e escreva uma pequena introdução ao assunto.
7. Descubra mais sobre a história da matemática na China e escreva um breve relato.
8. Descubra mais sobre a história da matemática na Índia e escreva um breve relato.
9. O Livro II dos *Elementos* de Euclides frequentemente é descrito como tratando de "álgebra geométrica", mas os estudiosos modernos são um tanto céticos quanto a essa descrição, arguindo que ela diz mais sobre nossa tendência em ver a matemática em termos de álgebra do que sobre o que de fato está em Euclides. Leia o Livro II e apresente sua própria teoria quanto ao que ele aborda (você pode também querer ler algo sobre o debate acadêmico a respeito do assunto).
10. Os matemáticos gostam de citar a afirmação de que a "Geometria é a ciência de raciocínio correto sobre figuras incorretas". Diagramas parecem ter papel crucial na matemática grega. Mesmo uma olhada rápida pelos *Elementos* ou pelas obras de Arquimedes mostrará quantos diagramas existem. Quão importantes são os diagramas para o argumento? As demonstrações funcionariam sem os diagramas?
11. Um professor e um aluno tiveram uma discussão que se deu mais ou menos assim:

    Aluno: Acho que 1 + 1 = 2 e nunca poderia ser de outro modo.

    Professor: Mas 1 + 1 = 2 é tão judeu-cristão!

    É mesmo? Analise a história da matemática para determinar se e a que ponto a tradição matemática ocidental foi influenciada pelo judaísmo e/ou cristianismo.
12. Descubra mais sobre as conexões entre a matemática e a navegação. Que espécie de matemática os navegantes do século XVI precisavam saber? Como eles a usavam?
13. A família Bernoulli é famosa por ter produzido muitos matemáticos e cientistas importantes. Descubra mais sobre eles e prepare uma árvore genealógica que inclua os Bernoulli mais importantes com biografias breves e outras informações.
14. Além do *Analista*, o bispo Berkeley também escreveu sobre álgebra. Descubra qual era sua atitude em relação ao assunto.
15. Em 2000, o Clay Mathematics Institute anunciou que tinha estabelecido prêmios de 1 milhão de dólares para a solução de cada um dos sete problemas matemáticos. Quais são os sete "Problemas do Milênio"? Algum deles já foi resolvido?
16. Bertrand Russel, um famoso matemático e filósofo britânico do começo do século XX, uma vez chamou a matemática de "o assunto em que nunca sabemos do que estamos falando nem se o que estamos dizendo é verdade".[29] Explique essa afirmação no contexto dos desenvolvimentos matemáticos de sua época.

[29] *International Monthly*, v. 4, 1901.

17. Albert Einstein uma vez disse: "No que as leis da matemática se referem à realidade, elas não são seguras, e no que são seguras, elas não se referem à realidade". Explique como essa afirmação se relaciona com a visão do século XX sobre a natureza da matemática.

18. Em seu artigo "Literacy in the Language of Mathematics" (*American Mathematical Monthly*, out. 1994), James O. Bullock diz:

> A matemática é compreensível precisamente *porque* é abstrata. Não dependemos de observação para saber que retas são completamente retilíneas e que paralelas nunca se encontram. É possível fazer essas afirmações com confiança porque a matemática não é descoberta, ela é inventada.

O que significa "abstrata" nesse contexto? Euclides concordaria com a afirmação de Bullock? Hilbert concordaria? Como essa informação reflete uma mudança histórica no modo como os matemáticos veem sua matéria?

19. A maioria das mulheres vê a matemática de modo diferente da maioria dos homens? Se sim, como? (Aqui se solicita sua *opinião*; ainda não há pesquisa psicológica definitiva sobre a questão.) Se sua resposta à primeira pergunta foi *não*, então este projeto não é para você. Se sua resposta foi *sim*, continue a ler. Supondo que sua resposta é correta, de que modo a matemática poderia ter-se desenvolvido diferentemente se tivesse sido originada primariamente por mulheres? Forneça exemplos específicos, se puder.

20. A vida e a obra de Ramanujan formam um dos episódios mais fascinantes da matemática do século XX. Escreva uma breve biografia dele, incluindo sua opinião, apoiada em argumentos, de sua influência (caso tenha existido) sobre a matemática moderna.[30]

21. O primeiro afro-americano a receber um Ph.D. em matemática de uma universidade norte-americana foi Elbert F. Cox, que recebeu seu doutorado na Cornell University em 1925. Descubra mais sobre Elbert Cox e sobre pelo menos dois outros afro-americanos que obtiveram doutorados em matemática. Escreva os resultados de sua pesquisa como uma série de breves (1 página) esboços biográficos. Se desejar, termine seu artigo com alguns comentários gerais sobre as contribuições dos matemáticos afro-americanos à matemática do século XX. Não deixe de identificar as fontes que usar ao coletar sua informação.

22. Escreva um artigo mais detalhado sobre o ensino na Idade Média. Inclua discussões cuidadosas do *trivium* e do *quadrivium*.

[30] Uma boa biografia de Ramanujan é *The Man who Knew Infinity* ("O homem que conhecia o infinito"), de Robert Kanigel. Nova York: Charles Scribner's Sons, 1991.

23. Por muitos anos os *Elementos* de Euclides tiveram papel importante nos currículos universitários da Europa e dos Estados Unidos. Pesquise a história dos currículos de matemática para determinar exatamente como Euclides era usado. Por que era incluído no currículo? Que partes do livro eram efetivamente usadas? Como reagiam os estudantes a isso? Por que Euclides, e não, digamos, Arquimedes? Usando seu conhecimento da matemática grega e sua experiência em aprender matemática, avalie a sensatez de dar a Euclides um papel tão significativo no currículo.

24. (Para estudantes de faculdade.) Quando foi fundada sua faculdade? Que espécie de matemática era ensinada então? Pode descobrir algo sobre os livros-texto e métodos de instrução usados?

25. Há várias sociedades profissionais diferentes para os matemáticos e professores de matemática nos Estados Unidos, inclusive a American Mathematical Society, a Mathematical Association of America, o National Council of Teachers of Mathematics, e a Society for Industrial and Applied Mathematics. Quais são as diferenças entre esses grupos; como e quando foram criados? Como eles afetaram a matemática e o ensino de matemática nos Estados Unidos?

26. O primeiro Congresso Internacional de Matemáticos (ICM) foi realizado no século XIX e é um evento regular. Descubra mais sobre a história do ICM e prepare um relato breve. Seu relato deve incluir alguma informação sobre o próximo ICM.

27. Que papel as competições desempenharam na história da matemática? Que papel desempenham no mundo matemático hoje?

MANTENDO A CONTA

Esboço 1 — *Escrevendo Números Inteiros*

O problema de como escrever números de modo eficiente esteve com a humanidade desde que existiram carneiros para serem contados ou coisas para negociar. O modo mais simples, mais primitivo, de fazer isso era (e ainda é) registrando – fazendo uma única marca, em geral | ou outra igualmente simples, para cada coisa contada. Assim, *um*, *dois*, *três*, *quatro*, *cinco*... eram escritos ou entalhados como

| || ||| |||| |||||

e assim por diante. Isso ainda é usado para marcar pontos em jogos simples, eleições em classes e coisas semelhantes, às vezes agrupando-se tais marcas por conjuntos de cinco.

A simplicidade do sistema é sua grande fraqueza. Utiliza só um símbolo, de modo que são necessárias cadeias *muito* longas de tais símbolos para escrever até mesmo números moderadamente grandes. À medida que a civilização avançava, várias culturas aperfeiçoaram esse método, inventando mais símbolos para números e combinando-os de diferentes modos para representar números cada vez maiores. O exame de alguns desses sistemas pode ilustrar o poder e a conveniência de nosso atual sistema para escrever números.

Durante os séculos de antes de 3000 a.C. a cerca de 1000 a.C., a antiga civilização egípcia melhorou o sistema de marcação escolhendo mais alguns símbolos para os números e enfileirando-os até que os valores somados resultassem no número desejado. Os números eram "hieroglíficos"; isto é, eram pequenos desenhos de coisas comuns (ou não tão comuns). As pinturas básicas do sistema de numeração egípcio e seus valores numéricos aparecem na Figura 1.

Nesse sistema, o número *cento e treze*, por exemplo, seria escrito como 𓍢∩||| ou como |∩|𓍢| ou como ||𓍢|∩. A ordem dos símbolos não importava, desde que a soma fosse o valor certo. Naturalmente, os desenhos com os maiores valores possíveis em cada caso eram usados para que a escrita fosse mais eficiente. Mesmo assim, os números maiores exigiam cadeias de símbolos bastante longas. Por exemplo, o número que escreveríamos como 1.213.546 é

𓁨𓆐𓆐𓂭𓆼𓆼𓆼𓍢𓍢𓍢𓍢𓍢𓎆𓎆𓎆𓎆||||||

no sistema egípcio. Um dos mais antigos objetos que mostra o uso desse sistema é um bastão real datando de cerca de 3000 a.C., que agora está em um museu em Oxford, Inglaterra. É um relato de uma campanha militar bem-sucedida, adornada com números nas centenas de milhares ou mesmo milhões.

Símbolo	Interpretação	Número representado
𓏺	traço	1
𓎆	osso do calcanhar	10
𓍢	corda enrolada	100
𓆼	flor de lótus	1.000
𓂭	dedo indicador	10.000
𓆐	girino	100.000
𓁨	homem atônito	1.000.000

Figura 1 – Numerais egípcios hieroglíficos

Muito do nosso conhecimento dos numerais egípcios foi alcançado por meio de inscrições esculpidas em monumentos e outros objetos duráveis. Ao que parece, símbolos hieroglíficos foram usados para tais fins durante todos os 2000 anos, ou perto disso, da antiga civilização egípcia. Quando começaram a escrever em papiros, os egípcios também desenvolveram métodos mais eficientes para escrever numerais. O novo sistema usava símbolos básicos diferentes para cada valor unitário de 1 a 9, para cada múltiplo de dez de 10 a 90, para cada múltiplo de cem de 100 a 900 e para cada múltiplo de mil de 1.000 a 9.000. Isso permitia expressões mais compactas, ao custo de mais esforço para as memórias do leitor e de quem escrevia.

Dos vales do Tigre e do Eufrates, a região conhecida como Mesopotâmia (agora parte do Iraque), do período entre 2000 e 200 a.C., surgiu o sistema babilônio de numeração. Era baseado em dois símbolos em forma de cunha ("cuneiformes"), 𒁹 e 𒌋. Esses símbolos básicos eram rápida e facilmente formados em tábuas de barro macio com um instrumento de escrita simples. Os babilônios escreviam nessas tábuas, que eram, então, cozidas para ficar duras e formar um registro permanente. Muitas delas sobrevivem.

Os povos da Mesopotâmia também tinham vários sistemas diferentes de numeração, mas os escribas desenvolveram um sistema particularmente interessante, que usavam em seus cálculos. Era um sistema posicional (ou "de valor por posição"), isto é, usava a posição dos símbolos para determinar o valor de uma combinação destes. Os escribas multiplicavam grupos sucessivos de símbolos por potências crescentes de 60, muito como nós multiplicamos os dígitos sucessivos por potências crescentes de 10. Assim, seu sistema é chamado de *sexagesimal*, como o nosso é chamado de *decimal*. Os números de 1 a 59 são representados por combinações de dois símbolos básicos, usados aditivamente, com cada 𒁹 representando *um* e cada 𒌋 representando *dez*. Por exemplo, *vinte e três* era escrito como 𒌋𒌋𒁹𒁹𒁹.

Os números de 60 a 3.599 eram representados por dois grupos de símbolos, o segundo colocado à esquerda do primeiro e separado dele por um espaço. O valor todo era encontrado somando os valores dos símbolos em cada grupo, depois multiplicando o valor do grupo da esquerda por 60 e somando isso ao valor do grupo da direita. Por exemplo, 𒌋𒁹𒁹 𒌋𒌋𒌋𒁹 representava:

$$(10 + 1 + 1) \cdot 60 + (10 + 10 + 10 + 1) = 12 \cdot 60 + 31 = 751.$$

Escreviam números maiores ou iguais a 3.600 (= 60^2) usando mais combinações das duas formas básicas de cunha, colocadas mais à esquerda, cada uma separada da outra por espaços. O valor de cada combinação era multiplicado pela potência apropriada de 60 – o da combinação mais à direita por $60^0(= 1)$; o da segunda a partir da direita, por 60^1; a da terceira a partir da direita, por 60^2; e assim por diante. Por exemplo, 7.883 era pensado como $2 \cdot 3.600 + 11 \cdot 60 + 23$ e escrito

𒁹𒁹 𒌋𒁹 𒌋𒌋𒁹𒁹𒁹.

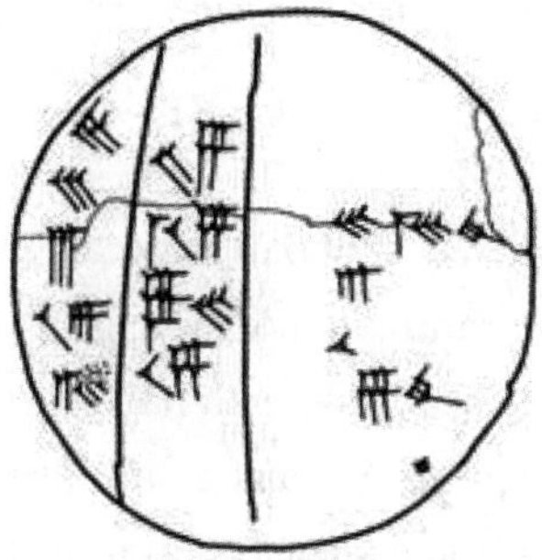

Uma tábua manual[1]

Uma grande dificuldade do sistema babilônio era a ambiguidade do espaçamento entre grupos de símbolos. Por exemplo, não é claro como se deve interpretar 𒁹 𒌋. Pode ser

$$1 \cdot 60^2 + 10, \text{ ou } 1 \cdot 60^3 + 10 \cdot 60^2, \text{ ou } 1 \cdot 60 + 10, \text{ ou...}$$

A civilização maia, da América Central, provavelmente em algum tempo, cerca de 300 a.C. ou perto, tinha um sistema de numeração semelhante ao babilônio, mas livre dessa dificuldade de espaçamento. Como os babilônios, os maias tinham dois símbolos básicos, um ponto "·" para o número um e uma barra "—" para o número cinco. Os números de um a dezenove eram escritos assim:

[1] Este é um desenho da Tábua 236 (reverso), escavação Ur, por Eleanor Robson; ver [115], figura A.5.10. Usada com permissão.

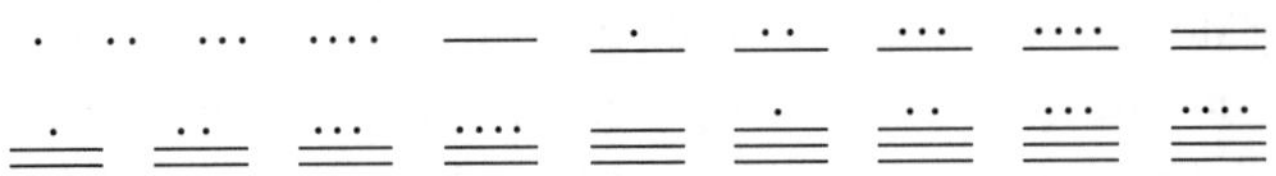

Os maias também usavam agrupamentos dos símbolos básicos para representar números grandes. Esses grupos eram dispostos verticalmente, e não horizontalmente, e eram calculados somando-se o valor por posição de cada grupo. O grupo mais embaixo representava unidades; o valor do segundo grupo era multiplicado por 20, o valor do terceiro por $18 \cdot 20$, o do quarto por $18 \cdot 20^2$, o do quinto por $18 \cdot 20^3$ e assim por diante. Desse modo, o sistema dos maias era essencialmente baseado em vinte, exceto pelo uso peculiar de 18.

A dificuldade de espaçamento do sistema babilônio era contornada pela invenção de um símbolo para o zero, "⊖", para mostrar quando uma posição de agrupamento era saltada. Por exemplo, 52.572 era escrito deste modo:

$$(5+1+1) \cdot (18 \cdot 20^2) = 50.400$$
$$(5+1) \cdot (18 \cdot 20) = 2.160$$
$$0 \cdot 20 = 0$$
$$5+5+1+1 = +\ 12$$
$$52.572$$

O símbolo dos maias era melhor que o ambíguo *espaçamento* dos babilônios. No entanto, como sua cultura não foi conhecida pelos europeus senão muitos séculos depois, seu sistema não teve influência no desenvolvimento da numeração na cultura ocidental. As raízes da cultura da Europa Ocidental remontam principalmente a Grécia e Roma antigas. De muitos modos, tanto o sistema grego quanto o romano eram mais primitivos que o relativamente simples e eficiente sistema babilônio. O principal sistema de numeração grego usava as 25 letras do seu alfabeto e mais dois símbolos – nove símbolos para as unidades, nove para as dezenas e nove para as centenas. Números maiores que mil tinham uma marca especial para indicar que o numeral mostrado devia ser multiplicado por 1.000.

O domínio da Europa civilizada pelo Império Romano desde cerca do primeiro século a.C. até o quinto século d.C. tornou a numeração romana a aceita comumente no modo europeu de escrever números por muitos séculos depois, mesmo até o Renascimento. Como o sistema egípcio, a numeração romana é aditiva, não posicional (com uma pequena exceção). Seus símbolos básicos e os valores correspondentes estão listados na Figura 2. Os valores dos símbolos básicos eram somados para determinar o valor de todo o numeral, por exemplo, CLXXII = 100 + 50 + 10 + 10 + 1 + 1 = 172. Números maiores eram escritos colocando-se uma barra sobre um conjunto de símbolos para indicar multiplicação por 1.000. Assim, $\overline{\text{V}}$ = 5.000, $\overline{\overline{\text{L}}}$ = 50.000.000 e:

$\overline{\text{VII}}$CLXV = 7.000 + 100 + 50 + 10 + 5 = 7.165.

Símbolo	Valor
I	1
V	5
X	10
L	50
C	100
D	500
M	1.000

Figura 2 – Numerais romanos

Um aspecto peculiar do sistema romano é um artifício subtrativo introduzido mais tarde, para mais eficiência. Os valores de algumas combinações de símbolos eram encontrados por subtração: se um numeral básico tinha valor menor que o do imediatamente à sua direita, então o valor menor era subtraído do maior para resultar o valor do par. Por exemplo:

IV = 5 – 1 = 4.

Evitava-se ambiguidade exigindo que só símbolos representando potências de dez pudessem ser subtraídos, e eles só podiam ser postos emparelhados com os dois valores maiores seguintes.

I pode ser emparelhado com V e X, mas não com L, C, D ou M.

X pode ser emparelhado com L e C, mas não com D ou M.

C pode ser emparelhado só com D e M.

Por exemplo:

MCMXCIV = 1.000 + 900 + 90 + 4 = 1.994.

Por esse método, não mais de três cópias adjacentes do mesmo numeral básico são necessárias em qualquer numeral.

Nosso modo atual de escrever números é chamado de indo-arábico. Inventado na Índia em algum tempo antes de 600 d.C. e refinado nos séculos seguintes, ele foi adotado pelos árabes durante a expansão do Islã sobre a Índia nos séculos VII e VIII. Os europeus, por sua vez, aprenderam-no dos árabes. Usa valor por posição e é baseado em potências de dez. Seus símbolos básicos – 0, 1, 2, 3, 4, 5, 6, 7, 8, 9 – são chamados *algarismos* e representam os números de zero a nove.

Ninguém sabe bem por que o número dez foi originalmente escolhido como base para esse sistema. A conjetura usual é mais biológica do que lógica. A pesquisa indica que esse sistema de numeração, como muitos outros, emergiu da contagem nos dedos, de modo que é natural que o número-base correspondesse ao número de dedos que nós, seres humanos, temos. A própria palavra que usamos para os numerais básicos (*digit,* em inglês) reflete esse fato: *digitus* é a palavra latina para *dedo.*

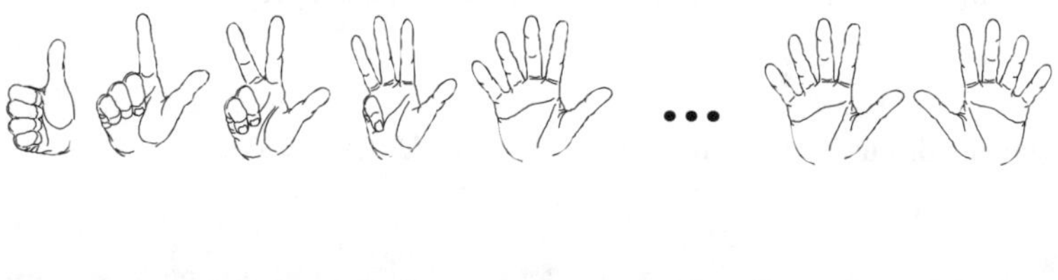

Apesar de sua simplicidade e eficiência, o método indo-arábico de escrever números não tomou o lugar do uso de numerais romanos na Europa por vários séculos. Velhos hábitos custam a desaparecer. Havia também razões práticas. Por exemplo, as pessoas se preocupavam com a facilidade com que um "2" pode ser transformado em um "20" no sistema indo-arábico. Por causa disso, foram criadas leis dizendo que os números em documentos legais deviam ser escritos em palavras. Ainda fazemos isso quando escrevemos cheques.

O sistema romano de numeração não é muito bom para cálculos (tente multiplicar MCMXLVII por CDXXXIV sem traduzir para numerais indo-arábicos; depois tente outra vez em nosso sistema). Quando estava em uso, cálculos eram feitos em uma tábua de calcular ou ábaco, em vez de no papel. Uma das mudanças resultantes do sistema indo-arábico é o fato de se poder calcular diretamente com os números como são escritos. A disponibilidade de papel barato ajudou para que os novos números fossem adotados. O advento de calculadoras, de certo modo, nos trouxe de volta a ter dois sistemas: um para anotar os números, outro, eletrônico, para efetivamente efetuar os cálculos.

É claro que não é impossível calcular com numerais romanos. É só complicado. O lógico Martin Davis nos diz:[2]

> Em 1953 eu tinha um emprego de verão no Bell Labs em New Jersey (agora Lucent), e meu supervisor era Claude Shannon [um pioneiro em computadores e criador da teoria matemática da comunicação]. Sobre sua mesa ficava uma calculadora mecânica que trabalhava com numerais romanos. Shannon a tinha projetado e construído na pequena oficina que o Bell Labs havia colocado à sua disposição. Em uma placa para nome podia-se ler que a máquina devia ser chamada "Volta ao passado I".

Embora ainda usemos numerais romanos para fins ornamentais, não há possibilidade de que abandonemos o compacto, conveniente e útil sistema indo-arábico. O poder desse sistema resulta de sua estrutura posicional, que tem base em potências de dez. É por isso que o chamamos *sistema decimal a valor por posição*.

■ Para um olhar mais atento

Para mais informação sobre escrever números, ver Esboços 3 e 4. Há discussões mais detalhadas em histórias-padrão, e também em [114] e [20]. Para um tratamento em um livro todo, ver [96]. Denise Schmandt-Besserat, que fez importante trabalho acadêmico nessa área, escreveu [122], um livro ilustrado para crianças sobre contagem e enumeração. É fácil de ler e bem ilustrado.

■

[2] Em um grupo de discussão eletrônica sobre *Historia Mathematica*.

QUESTÕES

1. Copie a tabela a seguir e a preencha de modo que em cada linha todos os numerais representem o mesmo número.

Egípcio	Babilônio	Maia	Romano	Indo-arábico

		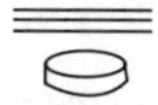		
				620
			MCCCXX	

Quando tiver completado a tabela, ponha os cinco sistemas em ordem, do "mais fácil de usar" para "o mais difícil de usar", *com base em suas próprias opiniões*: explique brevemente as razões para sua classificação.

2. Pessoas das culturas mais antigas usavam o ábaco ou tábua de contar para a aritmética de todo dia porque seus sistemas de numeração não eram adequados para cálculos. Para ver como fazer isso, some cada um dos seguintes pares de números *sem converter ao sistema indo-arábico de numerais*. Explique brevemente seu trabalho; depois converta-os ao indo-arábico para conferir.

a. 

b. 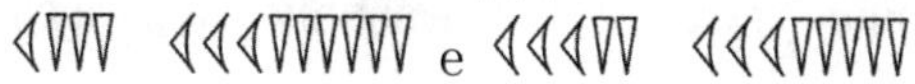

c.  e 

d. MCXLVII e MMCDLXXXIV

3. Coloque os eventos seguintes em ordem cronológica:

a. Fundada a República Romana.

b. Os egípcios começaram a usar numerais hieroglíficos.

c. Roma caiu diante de Odoacer, findando o Império Romano.

d. Os babilônios começaram a usar numerais cuneiformes.

e. Colombo descobriu a América.

f. As primeiras universidades foram fundadas na Europa.

g. Alexandre, o Grande, conquistou muito do antigo Oriente Próximo.

h. Carlos Magno governou o Império Franco na Europa.

i. A primeira impressora europeia foi desenvolvida.

j. Os árabes formaram o sistema de numeração indo-arábico.

PROJETOS

1. Este esboço focaliza modos de registrar números *por escrito*. Vários modos *não escritos* de registrar e comunicar números também têm sido usados; alguns exemplos são tábua de contar, ábaco, quipu inca e gestos com a mão. Pesquise alguns desses métodos e explique como funcionam. Comente também quão úteis você os considera, e em quais situações. Cite quaisquer fontes que você use e exprima todas as ideias em suas próprias palavras.
2. Uma das desvantagens do sistema de marcas um a um é que o espaço de que se necessita para registrar um número cresce muito depressa. Representar cem exige cem marcas. No sistema decimal, cem exige três algarismos, e nos sistemas grego e romano, só é preciso um símbolo. Considere cada um dos sistemas discutidos neste esboço e discuta a relação entre o tamanho do número e o espaço necessário para representá-lo.
3. Este esboço se refere brevemente ao sistema alfabético grego. Pesquise esse sistema e escreva um texto explicando como funciona. Cite quaisquer fontes que use e expresse todas as ideias em suas próprias palavras. Inclua respostas a estas questões:
   a. Qual era a estrutura simbólica básica desse sistema? Como ele funcionava? Forneça alguns exemplos esclarecedores.
   b. Em quais sentidos era um sistema posicional (valor por posição)? Em quais não era?
   c. Em linguagem atual, o que significa *miríade*? O que significava para os gregos? Qual era seu papel em seu sistema?
   d. Compare o sistema grego com o romano.

LENDO E ESCREVENDO ARITMÉTICA

Esboço 2 *De Onde Vieram os Símbolos*

Como você escreveria a afirmação: "Quando 7 é subtraído da soma de 5 e 6 o resultado é 4" usando símbolos aritméticos? Você escreveria $(5 + 6) - 7 = 4$? Provavelmente. Se você o fizesse, sua expressão teria várias vantagens sobre a sentença que representa: é mais eficiente para escrever, mais clara e menos ambígua para leitura e compreensível para quase todo mundo que estudou aritmética elementar, não importa em qual país esteja ou qual língua fale.

Os símbolos da aritmética se tornaram universais. São muito mais comumente entendidos que as letras de qualquer alfabeto ou as abreviações de qualquer língua. Mas isso nem sempre foi assim. Os gregos antigos e seus sucessores árabes não usavam quaisquer símbolos para operações ou relações aritméticas; eles escreviam seus problemas e soluções em palavras. Na verdade, afirmações de álgebra e aritmética foram escritas somente em palavras pela maioria das pessoas durante muitos e muitos séculos, passando pela Idade Média.

Símbolos aritméticos surgiram como abreviações da escrita nos anos iniciais do Renascimento, com bem pouca consistência de uma pessoa para outra, ou de um país para outro. Com a invenção da imprensa com tipos móveis no século XV, livros impressos começaram a exibir um pouco mais de consistência. No entanto, passou-se muito tempo antes que os símbolos de hoje se tornassem parte comum da aritmética escrita.

Aqui estão alguns modos de como $(5 + 6) - 7 = 4$ apareceria durante os séculos desde o Renascimento até agora. Na maioria dos casos, a data dada é o ano em que um livro em particular foi publicado; pense nisso como uma aproximação da época em que essa notação foi de fato bastante comum, ao menos para os matemáticos de uma região em particular.

Anos **1470:** Regiomontanus na Alemanha teria escrito:

$$5 \; et \; 6 \; \widehat{\iota \wp} \; 7 — 4$$

(A palavra *et* significa "e" em latim.)

1494: na *Summa de Aritmetica* de Luca Pacioli, amplamente usada na Itália e outras partes da Europa, isso apareceria como

$$5\,\tilde{p}\,6\,\tilde{m}\,7 — 4$$

O agrupamento da primeira soma provavelmente seria ignorado, supondo que é evidente que deve ser feito em primeiro lugar. Essa notação para mais e para menos ficou muito comum em boa parte da Europa.

1489: pelo mesmo tempo na Alemanha, nossos agora familiares "mais" e "menos" apareceriam impressos pela primeira vez no livro de aritmética comercial de Johann Widman. Widman não tinha símbolo para igualdade, de modo que sua versão para a afirmação provavelmente seria algo como:

$$5 + 6 - 7 \text{ das ist } 4.$$

(A frase em alemão "das ist" significa "isto é".) Também usava + como abreviação para "e" em um sentido não numérico e – como marca geral de separação. A ideia de que esses símbolos tinham significados matemáticos primários não era ainda clara.

1557: o primeiro uso de + e – em um livro inglês ocorreu no texto de álgebra de Robert Recorde, *The Whetstone of Witte*. Nesse livro, Recorde também introduz $=\!=$ como um símbolo para igualdade. Ele o justifica dizendo que "duas coisas não podem ser mais iguais" (do que segmentos paralelos de mesmo comprimento). Seus outros sinais são alongados também. Ele poderia escrever

$$5 -\!\!\!+\!\!- 6 —\!\!— 7 =\!\!= 4.$$

A notação de Recorde não se tornou imediatamente popular. Muitos autores europeus preferiam usar $\tilde{p}$ e $\tilde{m}$ para mais e menos, especialmente na Itália, França e Espanha. Seu sinal de igualdade não tornou a aparecer impresso por mais de meio século. Enquanto isso, o sinal = era usado para outras coisas por alguns autores influentes. Por exemplo, em uma edição de 1646 das obras reunidas de François Viète, é usado para subtração entre duas quantidades algébricas quando não era claro qual era maior.[1]

1629: Albert Girard, da França, teria apresentado o lado esquerdo de nossa equação como $(5 + 6) - 7$ ou como $(5 + 6) \div 7$; para ele, essas notações significavam a mesma coisa! De fato, ÷ era amplamente usado para subtração durante os séculos XVII e XVIII e até mesmo no século XIX, particularmente na Alemanha.

1631: na Inglaterra, William Oughtred publicou um livro muito influente, chamado *Clavis Mathematicae*, enfatizando a importância de usar símbolos matemáticos. Seu uso de +, – e = para adição, subtração e igualdade contribuiu para a adoção desses sím-

1 Em outras palavras, era usado para o valor absoluto da diferença.

bolos como notação padrão. Porém, se Oughtred quisesse enfatizar o agrupamento dos dois primeiros termos de nossa expressão, ele usaria dois pontos. Assim, ele poderia ter escrito:

$$: 5 + 6 : - 7 = 4.$$

Nesse mesmo ano, o longo sinal de igualdade de Recorde apareceu no influente livro de Thomas Harriot, com a notação de Harriot de > e < para "maior que" e para "menor que", respectivamente.

1637: *La Géométrie* de René Descartes, o livro que simplificou e regularizou muito da notação algébrica que usamos hoje, também foi responsável por atrasar a aceitação universal de = para igualdade.[2] Nesse livro, Descartes usava um traço partido (um hífen duplo) para subtração, de modo que sua versão para nossa equação seria:

$$5 + 6 \,\text{-}\,\text{-}\, 7 \propto 4.$$

A notação algébrica de Descartes se espalhou rapidamente pela comunidade matemática europeia, frequentemente levando consigo o estranho símbolo novo para igualdade. Seu uso persistiu em alguns lugares, particularmente na França e Holanda, até o início do século XVIII.

Começo dos 1700: parênteses gradualmente substituíram outras notações para agrupamentos, em grande parte graças aos influentes escritos de Leibniz, dos Bernoullis e de Euler. Assim, na época em que as colônias norte-americanas estavam se preparando para se separar do domínio inglês, o modo mais comum de escrever nossa simples equação era o que usamos hoje:

$$(5 + 6) - 7 = 4.$$

Você se surpreende com o fato de que houvesse tantos modos diferentes de simbolizar adição, subtração e igualdade? Você acha estranho que as pessoas aceitassem tal ambiguidade? Isso não é de fato muito diferente de algumas coisas que fazemos rotineiramente hoje em dia. Por exemplo, ainda temos pelo menos quatro notações diferentes para a multiplicação:

- 3(4 + 5) significa 3 vezes (4 + 5). Escrever a multiplicação por justaposição (simplesmente colocando as quantidades a serem multiplicadas lado a lado) remonta a manuscritos europeus do século XV.
- O símbolo × para multiplicação aparece pela primeira vez em textos europeus na primeira metade do século X, mais notavelmente na *Clavis Mathematicae*.

[2] Cajori ([23], p. 30) é de opinião que este é o sinal astronômico para Taurus, girado um quarto de volta para a esquerda.

Uma versão aumentada desse símbolo aparece também em *Géométrie*, um famoso texto de Legendre, publicado em 1794.

- Em 1698, Leibniz, incomodado pela possível confusão entre × e x, introduziu o ponto levantado como símbolo alternativo para multiplicação. Tornou-se de uso generalizado na Europa no século XVIII, e ainda é um modo comum de simbolizar a multiplicação. Mesmo hoje, $2 \cdot 6$ significa 2 vezes 6.
- As calculadoras modernas e alguns programas de computadores usam um asterisco para multiplicação: 2 vezes 6 é inserido como $2 * 6$. Essa notação muito moderna foi usada por breve tempo na Alemanha no século XVII;[3] depois desapareceu da aritmética até esta era eletrônica.

Sinais para divisão são também muito diversos. Escrevemos 5 dividido por 8 como $5 \div 8$, ou 5/8, ou $\frac{5}{8}$, ou mesmo como a razão 5:8. O uso de ÷ para divisão, e não para subtração, deve-se principalmente a um livro de álgebra suíço do século XVII, *Teutsche Algebra* de Johann Rahn. Esse livro não foi muito popular na Europa continental, mas em 1668 uma tradução para o inglês foi bem recebida na Inglaterra. Alguns importantes matemáticos ingleses começaram a usar sua notação para a divisão. Dessa maneira, o símbolo se tornou o preferido para denotar divisão na Grã-Bretanha, nos Estados Unidos e em outros países em que o inglês era a língua dominante, mas não na maior parte da Europa. Os autores europeus em geral seguiram a orientação de Leibniz, que (em 1684) adotou o sinal de dois pontos para indicar divisão. Essa diferença persistiu até o século XX. Em 1923, a Mathematical Association of America recomendou que ambas as notações fossem abandonadas em favor da notação fracional, mas a recomendação pouco fez para eliminar da aritmética qualquer uma das duas. Ainda escrevemos expressões como $6 \div 2 = 3$ e 3:4::6:8. (Para a história da notação fracional, ver Esboço 4.)

Neste breve esboço, passamos por cima de muitos símbolos que foram usados de tempos em tempos em aritmética escrita ou impressa, mas que agora estão virtualmente (e felizmente) esquecidos. Notação clara e sem ambiguidade tem sido há tempos reconhecida como um ingrediente valioso no progresso de ideias matemáticas. Nas palavras de William Oughtred em 1647, a apresentação simbólica da matemática "nem cansa a memória com multiplicidade de palavras, nem carrega a fantasia ao comparar e pôr as coisas juntas, mas apresenta claramente todo o curso e processo de cada operação".[4]

■

[3] Ver [23], p. 266.

[4] De William Oughtred, *The Key of Mathematics* (Londres, 1647), como citado em [Ca.], p. 199, ajustado para a ortografia moderna.

■ Para um olhar mais atento

A informação para este esboço foi tirada primariamente de [23], que é ainda a melhor referência para a história da notação matemática. Veja também o site sobre *Earliest use of various mathematical symbols*, <htpp://members.aol.com/jeff570/mathsym.html>, mantido por Jeff Miller.

QUESTÕES

1. Cada uma das expressões que se seguem está escrita na notação da pessoa citada. Traduza em notação moderna e diga o país em que a pessoa atuava.

a. Regiomontanus (1470s): 9 $\widehat{\iota\varphi}$ 3 —— 4 *et* 2
b. Pacioli (1494): 9 $\tilde{p}$ 6 $\tilde{p}$ 3 —— 20$\tilde{m}$ 2
c. Widman (1489): 31 – 20 *das ist* 10 + 1.
d. Recorde (1557): 2 —+— 3 —+— 4 ═══ 10 —— 1
e. Girard (1629): (8 ÷ 2) + 7 *esgale á* 13
f. Oughtred (1631): :7 – 2 : + 3 = 5 + : 4 – 1 :
g. Descartes (1637): 5 + 4 ∞ 2 + 10 - - 3

2. Escreva "quando cinco a menos do que uma dúzia é somado a três, o resultado é dez" em notação moderna e depois em cada uma das sete notações listadas na Questão 1.

3. Um modo de evitar demasiados símbolos de agrupamentos (como os dois pontos de Oughtred ou os parênteses modernos) é concordar sobre *regras de precedência*, que dizem que certas operações acontecem antes, a não ser que apareça um símbolo explícito de agrupamento. Assim, por exemplo, 5 + 3 × 4 significa 5 + (3 × 4), e não (5 + 3) × 4, porque a multiplicação sempre tem precedência sobre a adição.

a. Quais são as regras-padrão de precedência para as operações usuais da aritmética?
b. Calculadoras são tipicamente muito rígidas em como implementam as regras de precedência. Verificando em seu manual ou fazendo algumas experiências, determine qual precedência sua calculadora associa às seguintes operações: mudança de sinal, adição, subtração, multiplicação, divisão e elevação a potências.

4. Se você tivesse o poder de escolher um único símbolo de multiplicação para que o mundo inteiro usasse, qual escolheria? Se você tivesse que escolher um único símbolo de divisão, qual escolheria? Dê razões pelas quais você acha que suas escolhas são as melhores.

5. Conforme os símbolos de igualdade foram evoluindo de um traço não específico, passando por frases como "isto é" até os segmentos gêmeos de Recorde, muitas pessoas começaram a tratar "igual" e "o mesmo" como sinônimos. Mas se você alguma vez perdeu pontos por não reduzir $\frac{6}{8}$ a $\frac{3}{4}$, sabe bem que em matemática, ao menos, há uma diferença.

a. Dê pelo menos dois ou três exemplos de situações matemáticas em que duas coisas são iguais, mas não a mesma. Em cada caso, comente sobre o que significa a igualdade naquela situação e também mostre alguns modos significativos em que duas coisas são diferentes.

b. A matemática contemporânea usa vários símbolos comuns que obviamente derivaram do sinal =, incluindo $\equiv$, $\approx$ e $\cong$. Especifique ao menos um significado para cada símbolo e explique como esse significado difere da igualdade comum. Dê exemplos para ilustrar suas explicações. Você pode pensar em outros símbolos além desses?

6. Para cada matemático citado na Questão 1, escolha da lista a seguir um evento artístico ou literário da mesma época, realizado por alguém do mesmo país.

a. Leonardo da Vinci pintou *A última ceia.*

b. O poeta John Donne morreu, e o poeta John Dryden nasceu.

c. O artista/gravador/geômetra Albrecht Dürer nasceu.

d. O artista Nicolas Poussin pintou *O rapto das sabinas.*

e. O artista Martin Schongauer produziu gravuras finamente detalhadas, tais como a *Tentação de Santo Antônio.*

f. Nasceu o músico/compositor Thomas Morley.

g. O dramaturgo Pierre Corneille, autor de *Le Cid* e de 31 outras peças, escreveu sua primeira peça, *Melite.*

PROJETOS

1. O primeiro livro de aritmética impresso nas Américas foi o *Sumario Compendioso,* do irmão Juan Diaz. Descubra mais sobre esse livro. Quando foi publicado? Onde? Que espécie de notações aritméticas usava?

2. Todos os exemplos deste esboço tratam de matemática europeia. Pesquise os símbolos aritméticos usados pelos matemáticos da China e da Índia e escreva um breve ensaio explicando-os.

3. Este esboço tem foco em como escrevemos "sentenças" aritméticas simples, mas também usamos símbolos para exprimir o processo de cálculo propriamente dito. Assim, poderíamos escrever algo como o cálculo mostrado aqui. Quando foi introduzido esse método de subtração? Você conhece outros modos de subtrair?

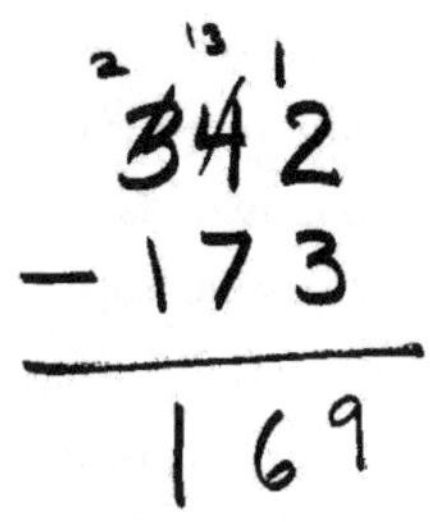

NADA PASSA A SER UM NÚMERO

Esboço 3

A História do Zero

A maioria das pessoas pensa em zero como "nada". O fato de que ele *não* é nada está na base de pelo menos dois (alguns dizem três) importantes avanços da matemática. A história começa na Mesopotâmia, o "berço da civilização", em algum momento antes de 1600 a.C. Nessa época, os babilônios tinham desenvolvido um sistema de valor por posição para escrever os números. Era baseado em agrupamento de 60, de modo bem parecido como nós contamos 60 segundos em um minuto e 60 minutos (3.600 segundos) em uma hora. Os dois símbolos básicos em forma de cunha – 𒁹 para "um" e 𒌋 para "dez" – eram repetidos em combinação para representar qualquer número de contagem de 1 a 59. Por exemplo, eles escreviam 72 como:

com um pequeno espaço separando a posição dos 60s da posição dos 1s.[1]

Mas havia um problema com esse sistema. O número 3.612 era escrito:

(um 3.600 = 60^2 e doze uns) com um pequeno espaço extra para mostrar que o lugar dos 60s estava vazio. Como essas marcas eram feitas rapidamente apertando um instrumento em forma de cunha em tábuas de barro macio, o espaçamento não era sempre consistente. Saber o valor real muitas vezes dependia de entender o contexto do que estava sendo descrito. Em algum momento entre 700 e 300 a.C., os babilônios começaram a usar seu símbolo para indicar fim de sentença (usaremos um ponto) para mostrar que um lugar estava sendo saltado, de modo que 72 e 3.612 se tornaram

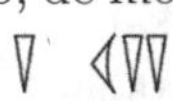 e 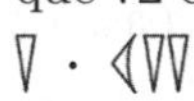

respectivamente. Assim, o zero começou sua vida como "ocupante de lugar", um símbolo para indicar que algo foi saltado.

[1] Ver Esboço 1 para mais detalhes sobre o sistema babilônio de numeração.

O crédito para o desenvolvimento do sistema de valor pela posição que usamos agora pertence aos hindus, em algum momento antes de 600 d.C. Eles usavam um pequeno círculo como símbolo de ocupante de lugar. Os árabes aprenderam esse sistema no século IX, e sua influência gradualmente se espalhou pela Europa nos dois ou três séculos seguintes. Os símbolos para cada dígito mudaram um pouco, mas os princípios permaneceram os mesmos (os árabes usaram o símbolo círculo para representar "cinco"; usaram um ponto como ocupante de lugar). A palavra hindu para ausência de quantidade, *sanya*, tornou-se no árabe *sifr*, depois no latim *zephirum* (junto com a palavra ligeiramente latinizada *cifra*), e essas palavras, por sua vez, evoluíram para as palavras *zero* e *cifra* em português. Hoje em dia, o zero, usualmente como um círculo ou um oval, ainda indica que alguma potência de dez não está sendo usada.

Mas isso é só o começo da história. No século IX d.C., os hindus tinham dado um salto conceitual que é um dos mais importantes eventos matemáticos de todos os tempos. Estavam começando a reconhecer *sunya*, a ausência de quantidade, como uma quantidade de direito próprio! Isto é, tinham começado a tratar o zero como um número. Por exemplo, o matemático Mahāvīra (c. 850) escreveu que um número multiplicado por zero dá zero, e que zero subtraído de qualquer número deixa o número inalterado. Ele também afirmava que um número dividido por zero fica inalterado. Bhāskara (c. 1100) declarou que um número dividido por zero dá uma quantidade infinita.

O ponto principal aqui não é qual matemático da Índia teve as respostas certas quando calculando com zero, mas o fato de eles colocarem tais questões em primeiro lugar. Para calcular com zero, é preciso primeiro reconhecê-lo como *alguma coisa*, uma abstração como *um, dois, três* etc. Ou seja, é preciso passar de contar uma cabra, ou duas vacas, ou três carneiros para pensar em 1, 2 e 3 por eles mesmos, como coisas que podem ser manipuladas sem pensar em quais espécies de objetos estão sendo contados. Então você tem que dar mais um passo, pensar em 1, 2, 3... como ideias que existem *mesmo que não estejam contando nada*. Então, e só então, faz sentido tratar o 0 como um número. Os gregos antigos nunca deram esse passo extra em abstração; isso estava fundamentalmente em oposição a sua ideia de que um número era uma propriedade quantitativa *de coisas*.

O reconhecimento, pelos hindus, do zero como um número foi uma chave para destrancar a porta da álgebra. O zero, como símbolo e conceito, encontrou seu caminho para o Ocidente, principalmente pelos escritos do estudioso árabe do século IX, Muḥammad Ibn Mūsa Al-Khwārizmī. Ele escreveu dois livros, um de aritmética e o outro sobre a resolução de equações, que foram traduzidos para o latim no século XII e circularam pela Europa.

Para Al-Khwārizmī, o zero ainda não é pensado como um número; é apenas um ocupante de lugar. Na verdade, ele descreve o sistema de numeração usando "nove símbolos" significando de 1 a 9. Em uma das traduções latinas, o papel do zero é descrito assim:

> Mas quando [dez] foi posto no lugar de um, e foi feito na segunda posição, e sua forma era a forma de um, eles precisavam de uma forma para o dez devido ao fato de que era semelhante ao um, de modo que pudessem saber por meio dela que era [dez]. Assim, puseram um espaço em frente a ele e puseram um pequeno círculo como a letra o, para que dessa maneira eles pudessem saber que o lugar das unidades estava vazio e que nenhum número estava ali, exceto o pequeno círculo...[2]

As traduções latinas frequentemente começavam com as palavras "Dixit Algorizmi", significando "Al-Khwārizmī disse". Muitos europeus aprenderam o sistema posicional decimal e o papel essencial do zero por meio dessas traduções. A popularidade desse livro como texto de aritmética gradualmente fez com que seu título fosse identificado com seus métodos, dando-nos a palavra "algoritmo".

Conforme o novo sistema se difundia e as pessoas aprendiam a calcular com os novos números, tornou-se necessário explicar como somar e multiplicar quando um dos dígitos era zero. Isso ajudou a fazê-lo parecer mais semelhante a um número. No entanto, a ideia dos hindus de que se deveria tratar o zero como um número de direito próprio levou muito tempo para se estabelecer na Europa. Mesmo alguns dos matemáticos mais proeminentes dos séculos XVI e XVII não queriam aceitar o zero como raiz (solução) de equações.

Contudo, dois desses matemáticos usaram o zero de um modo que transformou a teoria das equações. No começo do século XVII, Thomas Harriot (1560-1621), que era também um geógrafo e o primeiro medidor de terras da colônia Virgínia, propôs uma técnica simples e poderosa para resolver equações algébricas:

> Passe todos os termos da equação para um lado do sinal de igual, de modo que a equação tome a forma:
>
> [algum polinômio] = 0.

[2] De [31]. O texto real tem o numeral romano "X" valendo dez.

Esse procedimento, que um autor chama de Princípio de Harriot,[3] foi popularizado por Descartes em seu livro sobre geometria analítica e às vezes atribuído a ele. É uma parte tão comum da álgebra elementar hoje que o tomamos como certo, mas que realmente foi um passo revolucionário à frente de seu tempo. Aqui está um exemplo simples de como funciona:

Para encontrar um número x para o qual $x^2 + 2 = 3x$ seja verdadeiro (uma *raiz* da equação), reescreva-a como:

$$x^2 - 3x + 2 = 0.$$

O lado esquerdo pode ser fatorado como $(x-1) \cdot (x-2)$. Agora, para que o produto de dois números seja igual a zero, é preciso que ao menos um deles seja zero (esta é uma outra propriedade especial do zero que o torna único entre os números). Portanto, as raízes podem ser encontradas resolvendo-se duas equações muito mais fáceis:

$$x - 1 = 0 \quad \text{e} \quad x - 2 = 0.$$

Isto é, as duas raízes da equação original são 1 e 2.

É claro que escolhemos esse exemplo porque é fácil encontrar seus fatores, mas muito era conhecido sobre a fatoração de polinômios, mesmo na época de Harriot, de modo que esse princípio foi um grande avanço na teoria das equações.

Quando ligado com a geometria de coordenadas de Descartes,[4] o Princípio de Harriot se torna ainda mais poderoso. Vamos usar a terminologia moderna para explicar o motivo. Para resolver qualquer equação com uma variável numérica real x, reescreva-a como $f(x) = 0$, em que $f(x)$ é alguma função de x. Agora, trace o gráfico de $f(x)$. As raízes (soluções) da equação original ocorrem quando esse gráfico cruza o eixo x. Assim, mesmo que a equação não possa ser resolvida exatamente, um bom gráfico dela lhe fornecerá uma boa aproximação de suas soluções.

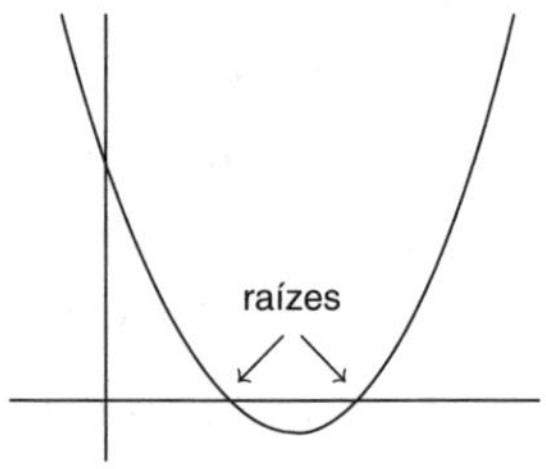

Então, por volta do século XVIII, o *status* do zero tinha crescido de ocupante de lugar para número para ferramenta algébrica. Há mais um passo na reivindicação desse número pela proeminência matemática. Conforme os matemáticos do século XIX, generalizou-se a estrutura dos sistemas numéricos para formar os anéis e os corpos da álgebra moderna, e o zero se tornou o protótipo de um elemento especial. Os fatos de

[3] Ver [33], p. 301.

[4] Ver Esboço 16 para mais informações sobre a geometria de coordenadas.

que 0 mais um número deixa aquele número invariante e de que 0 vezes um número resulta em 0 se tornam as propriedades que definem o elemento "identidade da soma" desses sistemas abstratos, em geral chamado simplesmente de *zero* do anel ou corpo. E a força dominante por trás do Princípio de Harriot – se o produto de números for 0, então um deles deve ser 0 – caracterizou um tipo particularmente importante de sistema chamado um *domínio de integridade*. Nada mal para uma cifra, você não acha?

Para um olhar mais atento

Muitos livros discutem a história do zero. O material em [33] e em [104] é particularmente interessante. Também é digno de nota o recente livro [79].

QUESTÕES

1. A ausência de um símbolo para o zero no sistema de numeração da antiga Babilônia era um convite à ambiguidade, como mostrado nos seguintes exemplos:

a. Interprete 𒌋 𒐖 pelo menos de quatro maneiras diferentes. Em cada caso, use o símbolo posterior babilônio do ponto para reescrever o numeral, se apropriado, e então use os nossos numerais indo-arábicos usuais para escrever o número.

b. De quantas maneiras distintas você pode interpretar 𒁹 𒁹 𒁹? Explique e interprete-o de pelo menos quatro maneiras diferentes, usando o símbolo posterior babilônio do ponto, quando apropriado, e usando nossos numerais usuais.

2. Os numerais no quadrante superior esquerdo da tábua manual babilônia, reproduzida na página 67, são traduzidos como:

5 dez combinados com 3 dez é 2 dez mais 5;

esta resposta combinada com 3 (uns) é 1 e 1 dez mais 5.

(As respostas estão à direita da linha vertical.) Para qual(is) operação(ões) e valores pela posição o cálculo é correto? Explique. A seguir, explique como o símbolo zero ajudaria a esclarecer esse cálculo.

3. Você poderia utilizar os algoritmos usuais para adição e subtração sem tratar o zero como um número? Explique.

4. Para tratar o zero como um número, as operações da aritmética elementar (as quais simbolizaremos por +, −, ×, e ÷) devem ser estendidas para funcionar com o zero. Algumas dessas extensões foram propostas por vários matemáticos hindus. Nos itens seguintes, considere n como representando um número natural (de contagem).

a. Explique por que faz sentido declarar tanto $n + 0$ como $0 + n$ como igual a n.

b. No século IX, Mahāvīra afirmou que $n - 0$ era igual a n. Explique por que isso faz sentido. Por que ele não poderia ter considerado $0 - n$?

c. Mahāvīra também afirmou que $n \times 0$ era igual a 0. Se ele tivesse dito que $n \times 0$ era igual a n, o que daria errado?

d. Mahāvīra também afirmou que $n \div 0$ era igual a n. Podemos usar isso como uma regra da aritmética? Se não, o que está errado? Se fosse assim, o que resultaria de $0 \div n$?

e. No início do século XII, Bhāskara afirmou que $n \div 0$ resultaria em uma quantidade infinita. Por que isso pode ser uma conjectura razoável? Isso pode ser uma regra da aritmética? Se não, o que daria errado?

f. Podemos dizer que $0 + 0$, $0 - 0$, 0×0 e $0 \div 0$ são todos iguais a 0? Explique.

5. Coloque os eventos a seguir em ordem cronológica e atribua a cada um deles um ano ou um período de tempo aproximado.

a. Os hindus desenvolveram o sistema de valor pela posição de base dez.

b. Os babilônios começaram a usar o símbolo de ocupante de lugar.

c. Hammurabi, rei da Babilônia, desenvolveu seu famoso código de leis.

d. Mahāvīra tratou o zero como número.

e. Os normandos derrotaram os saxões na batalha de Hastings.

f. Júlio César foi assassinado em Roma.

g. Os escritos de Al-Khwārizmī, incluindo seu tratamento do zero, foram traduzidos para o latim e começaram a se espalhar pela Europa.

h. As Grandes Pirâmides foram construídas em Gizé, Egito.

i. Thomas Harriot propôs sua técnica para resolver equações.

j. Carlos Magno foi coroado imperador do Sacro Império Romano.

k. Colombo descobriu a América.

l. Começou a Revolução Norte-americana.

m. A Guerra Civil foi deflagrada nos Estados Unidos.

n. Galois, Abel e outros começaram a generalizar o sistema de números para formar as estruturas da álgebra abstrata.

PROJETOS

1. Muitas pessoas usam as palavras "zero" e "nada" de forma permutável. Em algumas situações isso é aceitável, em outras, não. Escreva um pequeno texto explicando cada caso. Ou seja, em quais circunstâncias zero significa simplesmente a ausência de coisas e em quais circunstâncias ele de fato representa alguma coisa (possivelmente abstrata)?
2. Mesmo depois que o zero foi aceito como um número, ele manteve parte do seu mistério e de sua força metafórica. A palavra "cifra" costumava significar zero, mas agora significa algo misterioso e difícil de entender, um enigma (pense sobre o significado de "decifrar"). Nós usamos zero metaforicamente também, quando descrevemos alguém como "um zero". Encontre alguns exemplos literários desse tipo de uso metafórico do zero.
3. No final de 1999 existia muita discussão se o dia 31 de dezembro de 1999 era o último dia do milênio. Matemáticos e outros preciosistas argumentavam que o último dia do milênio era de fato 31 de dezembro de 2000. Na época, a explicação popular para esse fato era que "não existia um ano zero". Faça uma pesquisa para decidir quando o milênio realmente começou; a resposta tem relação com o "ano zero"? Por que sim ou por que não?

NÚMEROS QUEBRADOS

Esboço 4 — *Escrevendo Frações*

As frações fazem parte da matemática há 4 mil anos ou mais, porém a maneira como nós as escrevemos e como pensamos sobre elas é um desenvolvimento muito mais recente. Em épocas anteriores, quando as pessoas precisavam considerar partes de objetos, eles eram quebrados – algumas vezes literalmente – em pedaços menores, e então os pedaços eram contados (mesmo nossa palavra "fração", com a mesma raiz de "fratura" e "fragmento", sugere a quebra de algo). Isso evoluiu em sistemas primitivos de pesos e medidas, os quais consideravam unidades básicas de medida menores quando uma maior precisão era desejada. Em termos modernos, diríamos que poderiam ser contados onças em lugar de libras, polegadas em lugar de pés, centavos em vez de dólares etc. Naturalmente, essas unidades particulares não eram usadas em épocas mais antigas, mas seus predecessores eram. Alguns sistemas de medida ainda em uso refletem o desejo de contar unidades menores, em lugar de lidar com partes fracionárias. Por exemplo, na lista a seguir de medidas familiares para líquidos, cada unidade é a metade de sua predecessora: galão, meio galão, quarto, quartilho, xícara, meia xícara (de fato, cada uma dessas unidades pode ser expressa em termos de uma outra ainda menor, a *onça fluida*. Meia xícara equivale a 4 onças fluidas).

Portanto, em suas primeiras formas, o conceito de fração estava limitado principalmente a *partes*, o que nós hoje chamaríamos de *frações unitárias*, ou frações com numerador 1. Partes fracionárias mais gerais podem ser tratadas combinando frações unitárias; o que chamaríamos de *três quintos* era imaginado como "a metade e um décimo."[1] Essa limitação tornou fácil a escrita das frações. Já que o numerador era

[1] Ver p. 30-32 de [28] para uma boa explicação do conceito de "partes" no Egito Antigo, e [59] para uma discussão abrangente.

sempre 1, bastava especificar o denominador e marcá-lo de alguma forma para mostrar que representava a parte, em vez de um número inteiro de coisas. Os egípcios fizeram isso colocando um ponto ou uma elipse sobre o numeral.[2] Por exemplo:

dez: $\cap$ um décimo: $\dot{\cap}$ doze: $\cap||$ um duodécimo: $\overset{\frown}{\cap||}$

Embora escrever "partes" fosse fácil, trabalhar com elas não era tanto. Suponha que tomemos "um quinto" e o dobremos. Diríamos que temos agora dois quintos. Mas no sistema de "partes", "dois quintos" não é válido; a resposta deve ser expressa como a soma de partes; isto é, o dobro de "um quinto" é "um terço e um quinze avos" (certo?). Os egípcios produziram tabelas extensas listando o dobro de várias partes.

Os escribas da Mesopotâmia, como sempre, seguiram seu próprio caminho. Eles estenderam o sistema sexagesimal (base 60) descrito no Esboço 1 para tratar também frações, exatamente como fazemos para o nosso sistema decimal. Assim, da mesma maneira como eles escreveriam 72 (nos seus símbolos) como "1,12" – significando $1 \times 60 + 12$, escreveriam $72\frac{1}{2}$ como "1,12;30"– significando $1 \times 60 + 12 + 30 \times \frac{1}{60}$. Esse era um sistema bastante prático. Na forma como era usado na antiga Babilônia, entretanto, tinha um grande problema: os babilônios não utilizavam um símbolo (como esse ponto e vírgula) para indicar onde a parte fracionária começava. Por exemplo, "30" na tabela cuneiforme poderia significar "30" ou poderia significar "$\frac{30}{60} = \frac{1}{2}$". Para decidir qual o real significado, seria preciso basear-se no contexto.

Tanto o sistema egípcio quanto o babilônio foram passados para o povo da Grécia e dele para as culturas do Mediterrâneo. Astrônomos gregos aprenderam sobre as frações sexagesimais dos babilônios e usaram-nas em suas medidas – daí os graus, minutos e segundos. Isso permaneceu comum no trabalho técnico. Mesmo quando o sistema decimal foi adotado para os números inteiros, o sistema sexagesimal continuou sendo usado para frações.

Na vida diária, entretanto, o povo da Grécia utilizava um sistema muito similar ao sistema egípcio de "partes". De fato, a prática de tratar valores fracionários como somas ou produtos de frações unitárias dominou a aritmética de frações nos tempos da Grécia e de Roma e permaneceu até o começo da Idade Média (a exceção é Diofante, de próximo ao século III d.C., embora os acadêmicos discordem de como exatamente Diofante pensava as frações). O *Liber Abbaci* de Fibonacci, um texto bastante influente na matemática europeia do século XIII, fez uso extensivo das frações unitárias e descreveu várias maneiras de converter outras frações em soma de frações unitárias.

[2] Ver Esboço 1 para uma descrição dos numerais egípcios. Os egípcios também tinham símbolos especiais para a metade, dois terços e três quartos.

Existia um outro sistema em uso desde a Antiguidade, também baseado na noção de partes, mas multiplicativo. Nesse sistema, o processo exigia que se tomasse uma parte *de* uma parte (de uma parte de...). Por exemplo, nesse sistema poderíamos pensar em 2/15 como "duas quintas partes de uma terça parte". Havia ainda construções como "o terço de duas quintas partes e o terço", o que pretendia significar que:

$$\left(\frac{1}{3}\times\frac{2}{5}\right)+\frac{1}{3}=\frac{7}{15}.$$

Mais recentemente, no século XVII, manuscritos russos sobre levantamento topográfico se referiam a um nonagésimo sexto de uma medida particular como "meio-meio-meio-meio-meio-terço",[3] esperando que o leitor pensasse em termos de subdivisões sucessivas:

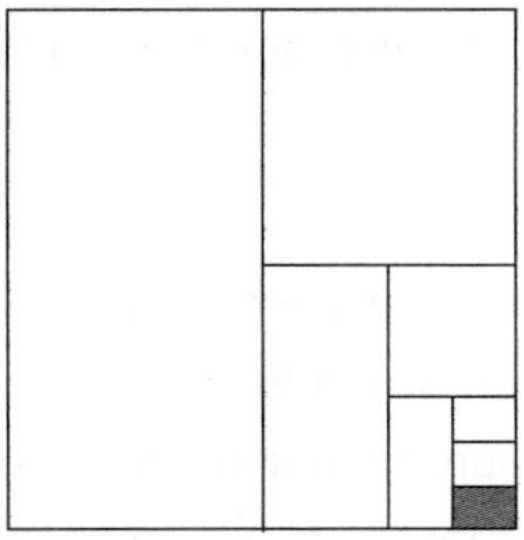

$$\frac{1}{3}\text{ de }\frac{1}{2}\text{ de }\frac{1}{2}\text{ de }\frac{1}{2}\text{ de }\frac{1}{2}\text{ de }\frac{1}{2}=\frac{1}{96}.$$

Em contraste com essa abordagem por frações unitárias, nossa abordagem atual das frações é baseada na ideia de medir contando cópias de uma única parte suficientemente pequena. Em vez de medir um quartilho e uma xícara de leite para a receita, é mais fácil medir três xícaras. Isto é, em vez de representar uma quantidade fracionária identificando a maior parte única dentro dela e então exaurindo o resto por partes sucessivamente menores, simplesmente procuramos por uma pequena parte que possa ser contada um número suficiente de vezes para produzir exatamente a quantidade que queremos. Dois números iriam então especificar a quantia total: o tamanho da parte unitária e o número de vezes que a contamos.

Essa também era a maneira como os matemáticos chineses pensavam sobre frações. *Nine Chapters on the Mathematical Art*, que remonta a cerca de 100 a.C., contém uma notação para frações que é muito parecida com a nossa. A única diferença é que os chineses evitavam usar "frações impróprias" como $\frac{7}{3}$; eles escreveriam $2\,\frac{1}{3}$ em vez disso. Todas as regras usuais para operar com frações apareciam em *Nine Chapters*: como reduzir uma fração que não está simplificada, como somar frações e como multiplicá-las. Por exemplo, a regra para a soma (traduzida para a nossa terminologia) se parecia com isso:

> Cada numerador é multiplicado pelos denominadores das outras frações. Some-os como o dividendo, multiplique os denominadores como o divisor. Divida; se existir um resto, tome-o como numerador e tome o divisor como denominador.[4]

[3] Ver [77], p. 33, [129], v. 2, p. 213.

[4] [124], p. 70.

É quase o que ainda fazemos!

Para multiplicar e dividir, o método explicado no *Nine Chapters* também envolve um tipo de redução a um "denominador" comum. Isso torna o processo de divisão natural e óbvio. Por exemplo, para dividir $\frac{2}{3}$ por $\frac{4}{5}$, eles inicialmente multiplicariam o numerador e o denominador de cada fração pelo denominador da outra, de modo que:

$$\frac{2}{3} \div \frac{4}{5} \text{ se torna } \frac{2 \cdot 5}{3 \cdot 5} \div \frac{3 \cdot 4}{3 \cdot 5}\text{; isto é, } \frac{10}{15} \div \frac{12}{15}.$$

Agora que ambas as frações estão escritas na mesma "unidade de medida" (denominador), a questão está reduzida a um problema de divisão de números inteiros: dividir o numerador da primeira fração pelo numerador da segunda. Nesse caso, então:

$$\frac{2}{3} \div \frac{4}{5} = \frac{2 \cdot 5}{3 \cdot 5} \div \frac{3 \cdot 4}{3 \cdot 5} = \frac{10}{15} \div \frac{12}{15} = 10 \div 12 = \frac{5}{6}.$$

Uma abordagem parecida (talvez aprendida com os chineses) aparece em manuscritos hindus tão antigos quanto do século VII d.C. Eles escreviam os dois números um sobre o outro, com o tamanho da parte abaixo do número de vezes que ela devia ser contada. Nenhuma linha ou marca separava um número do outro. Por exemplo (usando os nossos numerais modernos), a quinta parte da unidade básica tomada três vezes seria escrita como $\substack{3\\5}$. O costume hindu de escrever frações como um número sobre o outro se tornou comum na Europa alguns séculos mais tarde. Os escritores da Idade Média que escreviam em latim foram os primeiros a usar os termos *numerador* ("contador" – quantos) e *denominador* ("nomeador" – de que tamanho) como uma maneira conveniente de distinguir o número de cima da fração do número de baixo. A barra horizontal entre os números de cima e de baixo foi inserida pelos árabes em algum momento do século XII. Ela apareceu na maioria dos manuscritos em latim a partir de então, exceto no início da imprensa (final do século XV e início do século XVI), quando provavelmente foi omitida por causa dos problemas de impressão. Ela gradualmente voltou a ser usada nos séculos XVI e XVII. Curiosamente, embora 3/4 seja mais fácil de imprimir que $\frac{3}{4}$, essa notação com a barra inclinada não apareceu até cerca de 1850.

$$\frac{2}{3} \div \frac{5}{7} = \frac{2}{3} \times \frac{7}{5} = \frac{14}{15}$$

A forma como as frações eram escritas afetou a aritmética que se desenvolvia. Por exemplo, a regra "inverter e multiplicar" para dividir frações foi usada pelo matemático hindu Mahāvīra cerca de 850 d.C. Entretanto, ela não era parte da aritmética ocidental (europeia) até o século XVI, provavelmente porque não fazia sentido a menos que as frações, incluindo as frações maiores que 1, fossem rotineiramente escritas como um número sobre outro.

O termo *por cento* ("para toda centena") como o nome para frações com denominador 100 começou com a aritmética comercial dos séculos XV e XVI, quando era comum citar taxas de juros em centésimos. Tais costumes persistiram nos negócios, reforçados nos Estados Unidos por um sistema monetário baseado em dólares e *centavos* (centésimos de dólares). Isso garantiu a continuação do uso das porcentagens como um ramo especial da aritmética decimal. O símbolo de porcentagem evoluiu ao longo de diversos séculos, começando como uma abreviação à mão para "por 100" em cerca de 1425, e gradualmente sendo transformado em "por $\frac{0}{0}$" em cerca de 1650, a seguir simplesmente para "$\frac{0}{0}$" e finalmente para o sinal "%", que usamos atualmente.[5]

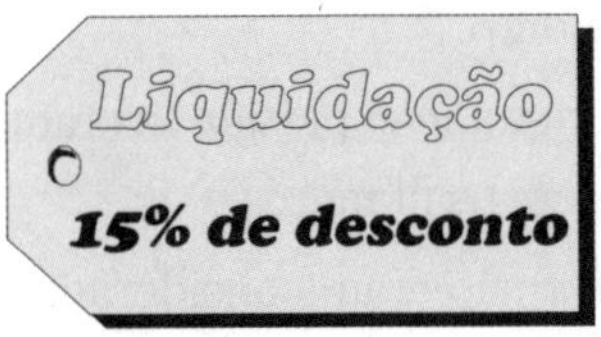

Embora as frações decimais tenham ocorrido bastante cedo na matemática chinesa e na matemática arábica, essas ideias não parecem ter migrado para o Ocidente. Na Europa, o primeiro uso de decimais como uma ferramenta computacional para frações ocorreu no século XVI. Eles foram popularizados pelo livro de Simon Stevin de 1585, *The Thenth*. Stevin, um matemático e engenheiro flamengo, mostrou em seu livro que escrever frações como decimais permite que operações com frações sejam efetuadas pelos algoritmos muito mais simples da aritmética de números inteiros. Ele evitou a questão de infinitos decimais. Afinal de contas, era um homem prático escrevendo um livro prático. Para ele, 0,333 estava tão próximo de $\frac{1}{3}$ quanto se pudesse querer.

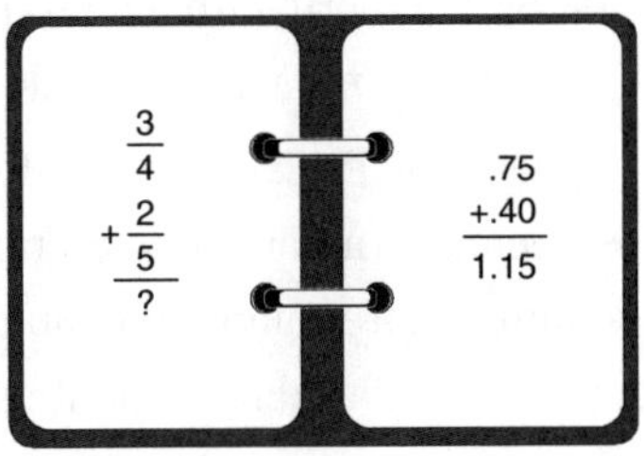

Após uma geração, o uso de frações decimais por cientistas como Johannes Kepler e John Napier abriram caminho para a aceitação geral da aritmética decimal. Entretanto, o uso de um ponto como o *ponto decimal* não foi uniformemente adotado por muitos anos depois disso.[6] Por algum tempo, muitos símbolos diferentes – incluindo um apóstrofo, uma pequena cunha, um parêntese à esquerda, uma vírgula, um ponto elevado e diversos outros recursos de notação – foram usados para separar as partes inteira e fracionária de um número. Em 1729, o primeiro livro de aritmética impresso na América usou uma vírgula para esse propósito, mas livros posteriores tenderam a favorecer o uso de um ponto. O uso na Europa e em outras partes do mundo continua a ser variado. Em muitos países, a vírgula continua a ser usada em vez do ponto como símbolo de separação escolhido. A maioria dos países de língua inglesa usa o ponto, mas a maioria

[5] Ver [23], p. 312.

[6] N.T. Aliás, ainda hoje não há uniformidade, visto que usamos vírgula, e não ponto.

das outras nações europeias prefere a vírgula. As agências e publicações internacionais em geral aceitam tanto a vírgula quanto o ponto. Sistemas computacionais modernos permitem que o usuário escolha, como um ajuste de regionalização e linguagem, se a separação decimal deve ser escrita como uma vírgula ou um ponto.

A inovação de Stevin e a sua aplicação na ciência e na computação prática tiveram um efeito importante sobre a maneira de as pessoas entenderem os números.

Até a época de Stevin, coisas como $\sqrt{2}$ ou (ainda pior) π não eram consideradas exatamente como números. Elas eram razões que correspondiam a certas quantidades geométricas, mas, quando se tratava de pensar nelas como números, as pessoas se sentiam constrangidas. A invenção dos decimais permitiu que elas pensassem em $\sqrt{2}$ como 1,414, e no π como 3,1416 e, de repente, para parafrasear Tony Gardiner,[7] "todos os números pareciam igualmente enfadonhos". Não é nenhuma coincidência que tenha sido Stevin o primeiro a pensar nos números reais como uma reta numérica e a declarar que todos os números reais deveriam ter *status* igual.

Quando as calculadoras foram introduzidas em meados do século XX, parecia que os decimais tinham vencido permanentemente. Mas o velho sistema de numeradores e denominadores ainda tem muitas vantagens, tanto computacionais quanto teóricas, e se mostrou extraordinariamente resiliente. Agora temos calculadoras e programas computacionais capazes de trabalhar com frações comuns. Porcentagens são usadas no comércio, frações comuns e números mistos aparecem em receitas, e decimais aparecem em medidas científicas. Essas representações múltiplas são uma questão de conveniência e também um lembrete da rica história por trás das ideias que usamos todos os dias.

Para um olhar mais atento

Para mais informação sobre este tópico, veja a seção 1.17 de [64], que contém referências a mais literatura histórica. Também vale a pena consultar as páginas 309 a 335 de [23] e as páginas 208 a 250 de [129], as quais contêm uma riqueza de material sobre o desenvolvimento histórico dos números racionais e suas várias formas de notação. Uma apresentação particularmente boa da inovação de Stevin e seus problemas pode ser encontrada em [57] e [58].

QUESTÕES

1. Expresse os primeiros onze múltiplos de parte egípcia "duodécimo" como uma única parte ou como uma soma de partes diferentes (não repetidas). Use tão poucas

[7] Antigo presidente da Associação Matemática (inglesa), citado em [125].

partes quanto você puder e torne os denominadores tão pequenos quanto puder. Escreva seus resultados tanto nos símbolos egípcios quanto nos modernos. (Ignore o fato de existirem símbolos especiais para $\frac{1}{2}$, $\frac{2}{3}$ e $\frac{3}{4}$.)

2. Siga as instruções da Questão 1 para os primeiros nove múltiplos de $\dot{\cap}$.
3. Os símbolos hieroglíficos para $\frac{1}{2}$, $\frac{2}{3}$ e $\frac{3}{4}$ eram ,  e , respectivamente. Como a disponibilidade desses símbolos muda as respostas das Questões 1 e 2?
4. Escreva as seguintes quantidades em notação sexagesimal expandida. A seguir, traduza suas respostas para a notação babilônia. (Ver Esboço 1 para o sistema de símbolos babilônios.)

   Exemplo: $71\frac{1}{4} = 1 \times 60 + 11 + 15 \times \frac{1}{60}$   

   (a) $\frac{1}{3}$ (b) $\frac{1}{100}$ (c) $12\frac{1}{5}$ (d) 81,23

   Que convenção(ões) de notação você acrescentaria ao sistema babilônio para tornar tais numerais fáceis de decifrar?
5. Explique como a divisão de frações pelo método chinês dos denominadores comuns descrita no *Nine Chapters* se relaciona com a regra "inverter e multiplicar" ensinada nas escolas de hoje. Ilustre sua explicação com um exemplo. Cite uma vantagem de cada método.
6. O predomínio de computadores e calculadoras eletrônicas levou ao uso cada vez mais comum dos decimais para expressar partes fracionárias.
   a. Descreva duas vantagens de escrever frações na forma decimal.
   b. Descreva duas desvantagens de escrever frações na forma decimal.
7. O comprimento da expressão decimal de uma fração depende da relação entre seu denominador e a base do sistema por posição.
   a. Quais frações podem ser expressas como decimais com não mais do que três posições (depois do ponto decimal)? Quais podem ser expressas como decimais com não mais do que cinco posições? Explique.
   b. Quais frações podem ser expressas exatamente como decimais com um número finito de posições? Explique.
   c. Dê três exemplos de frações que não podem ser expressas exatamente por decimais finitos. Justifique suas respostas.
   d. Existem frações que podem ser expressas em um número finito de posições no sistema sexagesimal babilônio, mas não em nosso sistema decimal? Se a resposta for afirmativa, dê três exemplos (com justificativa). Caso contrário, por que não?

e. Existem frações que podem ser expressas em um número finito de posições em nosso sistema decimal, mas não no sistema sexagesimal babilônio? Se a resposta for afirmativa, dê três exemplos (com justificativa). Caso contrário, por que não?

8. Em alguns textos babilônios, encontramos sentenças como "sete não tem um inverso". O que você acha que eles queriam dizer?

9. Quem foram John Napier e Johannes Kepler? O que em seu trabalho e outros interesses poderia tê-los inclinado a usar a representação decimal para frações?

PROJETOS

1. Nós nos acostumamos tanto com frações escritas como decimais que de fato não precisamos mais pensar sobre o que tais representações significam. O ponto desse problema é fazer com que você se preocupe com isso. Lembre que frações sempre correspondem a decimais que se repetem. Assim, os decimais

$$1{,}22222222222\ldots \text{ e } 0{,}818181818181\ldots$$

representam frações. Portanto, seu produto também deve representar uma fração e, desse modo, deve ser um decimal que se repete. Você pode encontrar, *sem converter de volta para frações*, a representação decimal de

$$1{,}22222222222\ldots \times 0{,}818181818181\ldots?$$

2. Em *Liber Abacci*, de Leonardo de Pisa, encontra-se ainda uma outra maneira de representar frações e números mistos. Leonardo escrevia $\frac{1\ 5}{11\ 6}\,244$ para representar 244 unidades mais cinco sextos mais um onze avos *de um sexto*. Em símbolos modernos:

$$\frac{1\ \ 5}{11\ \ 6}\,244 = 244 + \frac{5}{6} + \frac{1}{11} \times \frac{1}{6}.$$

a. Por que você acha que ele fazia isso?

b. Existe uma forma única de escrever um dado número misto dessa forma?

c. Em um dos problemas de Leonardo, ele explica como multiplicar $\frac{3}{5}$ de $\frac{4}{7}\,29$ por $\frac{6}{11}$ de $\frac{2}{3}\,38$. Ele diz que a resposta é $\frac{2\ 2\ 2}{5\ 7\ 11}\,374$. Verifique essa afirmação convertendo tudo para a notação moderna e, então, tente descobrir um método para fazer isso diretamente usando a notação de Leonardo.

3. Como queremos que as frações sejam números, é natural desejar saber como dividir duas frações. Mas isso tem alguma aplicabilidade real? Descubra uma situação prática ou um problema de uma história que leve ao cálculo $\frac{3}{2} \div \frac{1}{2} = 3$.

ALGO MENOR DO QUE NADA?

Esboço 5 — *Números Negativos*

Você sabia que os números negativos não eram aceitos de modo geral nem mesmo pelos matemáticos até uns poucos séculos atrás? Colombo descobriu a América mais de dois séculos antes de os negativos serem incorporados à sociedade dos números. Eles não se tornaram cidadãos de primeira classe até meados do século XIX, por volta da mesma época da Guerra Civil dos Estados Unidos.

Os números apareceram da contagem e medida de coisas: 5 cabras, 37 carneiros, 100 moedas, 15 polegadas, 25 metros quadrados etc. As frações eram apenas uma forma refinada de contar, usando unidades menores: $\frac{5}{8}$ polegada é cinco *oitavos* de uma polegada, $\frac{3}{10}$ milha é três *décimos* de uma milha, e assim por diante. E se você estiver contando ou medindo, a menor quantidade possível deve ser o zero, certo? Afinal de contas, como uma quantidade pode ser menor do que nada? Logo, não é de se surpreender que a ideia de números negativos – um número menor do que zero – tenha sido um conceito difícil.

"Então", você poderia perguntar, "de onde veio essa ideia tão estranha? Como alguém pensou em tais números?". Os números negativos apareceram pela primeira vez no cenário da matemática quando as pessoas começaram a resolver equações (ou problemas que podiam ser expressos como equações), como:

> "Eu tenho 7 anos de idade e minha irmã 2. Quando eu terei exatamente o dobro da idade de minha irmã?"

Isso se traduz na resolução da equação $7 + x = 2(2 + x)$, em que x é o número de anos a partir do momento no qual isso ocorrerá. Como você pode ver, nesse caso a resposta é 3 (anos a partir de agora). Mas o mesmo tipo de questão poderia ser formulado para diversas idades. Isto é, podemos do mesmo modo pedir a solução de $18 + x = 2(11 + x)$. Nesse caso, entretanto, a solução é negativa: $x = -4$.

Os escribas do Egito e da Mesopotâmia podiam resolver tais equações mais de três mil anos atrás, mas nunca consideraram a possibilidade de soluções negativas. Os matemáticos chineses, porém, parecem ter sido capazes de tratar números negativos nos passos intermediários na resolução de equações. Entretanto, nossa matemática, como muito de nossa cultura ocidental, tem suas raízes principalmente no trabalho dos estudiosos gregos antigos. Apesar da profundidade e sutileza de sua matemática e filosofia, os gregos ignoraram os números negativos completamente. A maioria dos matemáticos gregos pensava em "números" como sendo inteiros positivos, e pensavam em segmentos de retas, áreas e volumes como tipos diferentes de tamanhos (e, portanto, *não* como números). Mesmo Diofante, que escreveu um livro sobre a resolução de equações, nunca considerou nada além de números racionais positivos. Por exemplo, o Problema 2 do Livro V de sua *Arithmetica* o levou à equação[1] $4x + 20 = 4$. "Isso é absurdo", ele diz, "pois 4 é menor do que 20". Para Diofante, $4x + 20$ significa adicionar alguma coisa a 20 e, portanto, não poderia nunca ser igual a 4.

Um proeminente matemático indiano, Brahmagupta, reconheceu e trabalhou até certo ponto com quantidades negativas já no século VII. Ele considerou os números positivos como posses e os números negativos como dívidas, e também enunciou regras para somar, subtrair, multiplicar e dividir números negativos. Matemáticos indianos posteriores continuaram com essa tradição, explicando como usar e operar tanto com os números negativos quanto com os positivos. Entretanto, eles encararam as quantidades negativas com suspeita por muito tempo. Cinco séculos mais tarde, Bhāskara, depois de afirmar que as duas raízes da equação $x^2 - 45x = 250$ são 50 e –5, diz (possivelmente citando uma regra bem conhecida): "Aqui, a segunda [resposta] não deve ser tomada por causa de sua inaplicabilidade. Pois as pessoas não têm um entendimento claro no caso de uma quantidade negativa".[2]

A compreensão europeia inicial dos números negativos não foi diretamente influenciada por esse trabalho. A matemática indiana chegou inicialmente à Europa por intermédio da tradição matemática árabe. Dois livros escritos por Muḥammad Ibn Mūsa Al-Khwārizmī no século IX foram especialmente influentes. Contudo, os matemáticos árabes não usavam números negativos. Talvez isso se deva parcialmente ao fato de que o simbolismo algébrico como conhecemos hoje em dia não existisse naquela época. (Ver Esboço 8.) Problemas que resolvemos com equações algébricas eram resolvidos completamente com palavras, em geral com interpretações geométricas de todos os dados numéricos como segmentos de retas ou áreas. Al-Khwārizmī, por exemplo, reconheceu que uma equação quadrática pode ter duas raízes, mas apenas quando ambas forem

[1] É claro que não foi dessa forma que ele escreveu isso; ver Esboço 8.

[2] De Bījagaṇita, de Bhāskara; tradução de Kim Plofker.

positivas. Isso pode ter resultado do fato de que a abordagem da resolução de tais equações dependia de interpretá-las em termos de áreas e comprimentos de lados de retângulos, um contexto no qual quantidades negativas não têm sentido. (Ver Esboço 10.)

Algo que os árabes (e também Diofante) entendiam era como expandir produtos da forma:

$$(x + a)(x - b).$$

Eles sabiam que nessa situação negativo vezes negativo resulta em positivo, e negativo vezes positivo, em negativo. Mas aplicavam isso apenas a problemas envolvendo subtrações cujas respostas fossem positivas. Assim, essas "leis dos sinais" eram conhecidas, mas não eram entendidas como regras sobre como operar com coisas independentes chamadas "números negativos".

Portanto, os matemáticos europeus aprenderam de seus predecessores um tipo de matemática que lidava apenas com números positivos. Exceto pela pista sobre multiplicação de números negativos oferecida pela lei distributiva, eles se encontraram na situação de descobrir como lidar com números negativos por si mesmos e prosseguiram muito mais devagar que seus correspondentes na Índia e na China.

Os matemáticos europeus deram um tremendo salto depois do Renascimento, motivados pela astronomia, navegação, ciências físicas, indústria da guerra, comércio e outras aplicações. A despeito desse progresso e talvez por causa do seu foco utilitário, continuava a haver resistência aos números negativos. No século XVI, mesmo matemáticos tão proeminentes quanto Cardano na Itália, Viète na França e Stifel na Alemanha rejeitaram os números negativos, considerando-os como "fictícios" ou "absurdos". Quando os negativos apareciam como soluções de equações, eles as chamavam "soluções fictícias" ou "raízes falsas". Mas no início do século XVII a maré estava começando a mudar. À medida que a utilidade dos números negativos se tornava óbvia demais para ser ignorada, alguns matemáticos europeus passaram a usar os números negativos em seu trabalho.

Porém, o mau entendimento e o ceticismo sobre quantidades negativas persistiram. Conforme os métodos para resolver equações se tornaram mais sofisticados e algorítmicos nos séculos XVI e XVII, mais uma complicação se somou à confusão. Se os negativos fossem aceitos como números, então as regras para resolver equações poderiam levar diretamente a raízes quadradas de negativos. Por exemplo, a forma quadrática aplicada à equação $x^2 + 2 = 2x$ fornece as soluções $1 + \sqrt{-1}$ e $1 - \sqrt{-1}$ (era ainda pior com a fórmula para equações cúbicas; ver Esboço 11). Mas, se os números negativos fizessem algum sentido, então as regras necessárias para a sua aritmética exigiam que quadrados de negativos fossem positivos. Como quadrados de números positivos também devem ser positivos, isso significa que $\sqrt{-1}$, um número cujo quadrado é –1, não pode ser nem positivo nem negativo!

Confrontados com esse aparente absurdo, era tentador para os matemáticos considerar os números negativos como personagens suspeitos no mundo da aritmética. No início do século XVII, Descartes chamou as soluções negativas (raízes) de "falsas" e as soluções envolvendo raízes quadradas negativas de "imaginárias". Nas palavras de Descartes, a equação $x^4 = 1$, por exemplo, tem uma raiz verdadeira (+1), uma raiz falsa (–1) e duas raízes imaginárias ($\sqrt{-1}$ e $-\sqrt{-1}$). (Ver Esboço 17 para a história dos números imaginários e complexos.) Além disso, o uso de coordenadas para o plano por Descartes não utilizava números negativos da mesma forma que o familiar sistema de coordenadas cartesiano (assim chamado para homenageá-lo) faz agora. Suas construções e seus cálculos diziam respeito principalmente aos números positivos, particularmente aos comprimentos de segmentos de reta; a ideia de um eixo x ou y negativo simplesmente não aparecia. (Ver Esboço 16 para mais informação sobre isso.)

De fato, mesmo aqueles matemáticos do século XVII que aceitaram os números negativos não tinham certeza de onde posicioná-los com relação aos números positivos. Antoine Arnauld (1612-1694) argumentou que, se –1 for menor do que 1, então a proporção –1 : 1 = 1 : –1, que diz que um número menor está para um número maior assim como o número maior está para o menor, é absurda. John Wallis afirmou que os números negativos eram maiores do que infinito. Na *Arithmetica Infinitorum* (1655), ele argumentou que uma razão como 3/0 é infinita, de modo que, quando o denominador é trocado para um negativo (digamos, –1), o resultado deve ser ainda maior, implicando nesse caso que 3/–1, isto é, –3 deve ser maior do que infinito.

Observe que nenhum desses estudiosos tinha qualquer dificuldade em como operar com os números negativos. Podiam somar, subtrair, multiplicar e dividir com eles sem problemas. Suas dificuldades estavam no próprio conceito.

Isaac Newton, em seu livro-texto de álgebra de 1707, *Universal Arithmetick*, não ajudou. Ele disse que: "As quantidades são ou afirmativas, ou maior do que nada, ou negativas, ou menor do que nada".[3] Como isso trazia a autoridade do grande Isaac, essa definição foi levada de fato muito seriamente. Mas, como qualquer *quantidade* poderia ser menor do que nada?

A despeito disso tudo, em meados do século XVIII, os negativos se tornaram aceitáveis como números, mais ou menos, em uma aliança difícil com os já familiares números inteiros e racionais positivos, os

[3] Da tradução inglesa de 1728, citada em [111], p. 192; para o original em latim, ver [139], v. V, p. 58.

muito pesquisados irracionais e os altamente irregulares números complexos. Mesmo assim, muitos pesquisadores respeitados ainda tinham desconfianças sobre eles. Por volta da época das Revoluções Norte-americana e Francesa, a famosa *Encyclopédie ou Dictionnaire Raisonné des Sciences, des Arts, et des Métiers* francesa (de onde os "enciclopedistas" herdaram o seu nome) disse, de modo um tanto quanto relutante, que:

> as regras algébricas de operação com números negativos são em geral admitidas por todos e reconhecidas como exatas, seja lá qual for a ideia que possamos ter sobre essas quantidades.[4]

Leonhard Euler (1707-1783) parecia confortável com quantidades negativas. Em *Elements of Algebra*, publicado em 1770, ele diz:

> Como os números negativos podem ser considerados como débitos, já que os números positivos representam posses reais, podemos dizer que os números negativos são menos do que nada. Assim, quando um homem não tem nada seu e deve 50 coroas, é certo que ele tem 50 coroas menos do que nada; pois se qualquer um lhe desse um presente de 50 coroas para pagar o seu débito, ele estaria ainda no ponto nada, embora estivesse realmente mais rico do que antes.[5]

No entanto, quando ele teve que explicar por que o produto de dois números negativos é positivo, abandonou a interpretação de números negativos como débitos e argumentou de uma maneira formal dizendo que $-a$ vezes $-b$ deveria ser o oposto de a vezes $-b$.

Entretanto, meio século mais tarde, ainda havia céticos mesmo nos postos mais altos da comunidade matemática, particularmente na Inglaterra. Em 1831, na alvorada da idade das locomotivas a vapor, o grande lógico britânico Augustus De Morgan escreveu:

> A expressão imaginária $\sqrt{-a}$ e a expressão negativa $-b$ têm esta semelhança, que se qualquer uma delas ocorrer como solução de um problema, indica alguma inconsistência ou absurdo. No que diz respeito ao significado real, ambas são igualmente imaginárias, uma vez que $0 - a$ é tão inconcebível quanto $\sqrt{-a}$.[6]

[4] Jean le Rond d'Alembert, artigo "Negative Numbers", citado em [85], p. 597.

[5] [43], p. 4-5.

[6] Citado em [85], p. 593, do livro de De Morgan, *On the Study and Difficulties of Mathematics*.

Isso representa o último suspiro de uma tradição em declínio diante da emergência de uma abordagem muito mais abstrata da álgebra e da estrutura dos sistemas numéricos. Com o trabalho de Gauss, Galois, Abel e outros no início do século XIX, o estudo das equações algébricas evoluiu para o estudo dos sistemas algébricos – isto é, sistemas com operações como as aritméticas. Nesse ambiente mais abstrato, o significado “real” dos números se tornou menos importante do que suas relações operacionais uns com os outros. Em tal ambiente, os números negativos – números que eram os opostos aditivos da sua contraparte positiva – se tornaram componentes criticamente importantes do sistema numérico, e as dúvidas sobre a sua legitimidade simplesmente desapareceram.

Ironicamente, esse movimento para a abstração pavimentou o caminho para uma aceitação verdadeira da utilidade dos números negativos em diversos ambientes do mundo real. De fato, os números negativos são ensinados rotineiramente como uma parte fundamental da aritmética da escola elementar. Estamos tão acostumados com eles que algumas vezes é difícil entender as brigas dos estudantes quanto ao que eles são e como manipulá-los. Talvez seja necessária certa tolerância; alguns dos melhores matemáticos da história compartilharam dessas mesmas brigas e frustrações.

Para um olhar mais atento

A maioria das histórias completas da matemática inclui uma discussão da história dos números negativos. Para uma discussão da extensão de um livro sobre o debate acerca dos números negativos na Inglaterra entre os séculos XVI e XVIII, ver [111].

QUESTÕES

1. Quais condições sobre os números (positivos) a, b, c e d garantirão que todas as diferenças em todos os passos da expansão $(a - b)(c - d)$ resultem em números positivos? Justifique sua resposta.

2. Leonhard Euler abordou os números negativos descrevendo como eles “deveriam” comportar-se aritmeticamente em relação ao comportamento conhecido e aceito dos números positivos.

   a. Justifique a afirmação de Euler de que $-a$ vezes $-b$ deveria ser o oposto de a vezes $-b$. O que “oposto” significa nesse contexto?

   b. Como a parte (a) implica que o produto de dois números negativos deve ser positivo?

   c. Qual deve ser a relação entre a vezes $-b$ e $-a$ vezes b? Por quê?

3. Se os números negativos forem legítimos, então as regras da aritmética devem ser estendidas para incluí-los. Aqui está uma peculiaridade enigmática relacionada com a preocupação de Arnauld com as razões:

- A multiplicação é uma extensão da ideia de adições repetidas.
- Para quaisquer números a e b, $a < b$ implica que $(-5) + a < (-5) + b$, mas $(-5) \cdot a > (-5) \cdot b$.

Como você resolve essa aparente inconsistência?

4. John Wallis e outros matemáticos do século XVII estavam brigando em relação a como ajustar números negativos à aritmética sem introduzir inconsistências.

a. Explique o raciocínio que levou à afirmação paradoxal de Wallis de que, se os números negativos fossem menores do que zero, então eles deveriam ser maiores do que infinito.

b. O argumento de Wallis depende, em parte, da afirmação de que $\frac{3}{-1} = -3$. Isso deve ser verdade? Justifique sua resposta.

c. Se um estudante propusesse o argumento de Wallis, como você responderia?

5. Os números negativos se tornaram uma parte tão comum da aritmética elementar que poderíamos ficar tentados a encarar como cientificamente primitivas as épocas nas quais eles não eram entendidos. Não é verdade. Muitos avanços sofisticados na ciência e tecnologia ocorreram antes de os números negativos finalmente perderem sua reputação coletiva como controvertidos e suspeitos. Faça uma lista dos seguintes eventos em ordem cronológica. Quando a informação não estiver fornecida, dê uma data aproximada e o país no qual o evento ocorreu.

a. Na década de 1950, Michael Stifel encarou os números negativos como fictícios.

b. John Wallis afirmou que os números negativos eram maiores do que infinito.

c. Na década de 1630, René Descartes chamou as soluções negativas de falsas.

d. Na década de 1760, a famosa *Encyclopédie* francesa expressou ambivalência em relação à natureza dos números negativos.

e. Augustus De Morgan chamou as soluções negativas de inconcebíveis.

f. Johannes Kepler enunciou suas leis do movimento planetário.

g. Alfred Nobel inventou a dinamite.

h. William Harvey demonstrou a circulação do sangue.

i. Nicolaus Copernicus publicou sua teoria do sistema solar.

j. Charles de Coulomb estabeleceu as leis das forças elétricas e magnéticas.

k. Benjamin Franklin publicou *Experiments and Observations on Electricity*.

l. William Gilbert escreveu *De magnete*, apresentando a teoria de que a Terra é um ímã gigante com polos magnéticos norte e sul.

m. Galileu Galilei publicou um tratado estabelecendo os princípios básicos do movimento dos corpos em queda livre e dos projéteis.

n. Alessandro Volta inventou a "pilha voltaica", precursora das pilhas elétricas modernas.

PROJETOS

1. A citação de Augustus De Morgan na página 99 foi tirada de *On the Study and Difficulties of Mathematics*. Descubra mais sobre De Morgan e seu livro para fornecer algum contexto para a citação.

2. O ponto da Questão 2 era mostrar que, se quisermos preservar algumas propriedades básicas da adição (especialmente a distributiva), então devemos considerar o produto de dois números negativos como positivo. Tudo bem, mas se existisse uma razão básica compulsiva para essa definição nos sentiríamos melhor. Você pode descobrir uma situação do mundo real envolvendo o produto de dois números negativos? A situação sugere que o produto deva ser positivo?

3. Este esboço não tratou da questão de quais *símbolos* foram usados para os números negativos. Em contabilidade, às vezes é usada tinta vermelha para os números negativos. Na maioria da matemática mais recente, o símbolo é simplesmente um sinal de menos colocado em frente, de modo que –3 significa três negativo. Em algumas classes norte-americanas, foi feita uma distinção entre $^{-}3$, que significa o número negativo três, e –3, o que significa "subtraia três". Investigue que outros mecanismos foram usados no passado. A distinção entre "três negativo" e "menos três" foi feita historicamente ou é uma invenção recente?

POR DEZENAS E DÉCIMOS

Esboço 6 — *Medidas Métricas*

Tão logo os humanos começaram a negociar, medir se tornou importante – quantos grãos, quão grande um cavalo, o comprimento de uma corda etc. Os sistemas de medidas tinham que se basear em alguma unidade de medida combinada. As unidades combinadas se tornaram padrões para o sistema de medidas, o qual variava de lugar para lugar e de época para época.

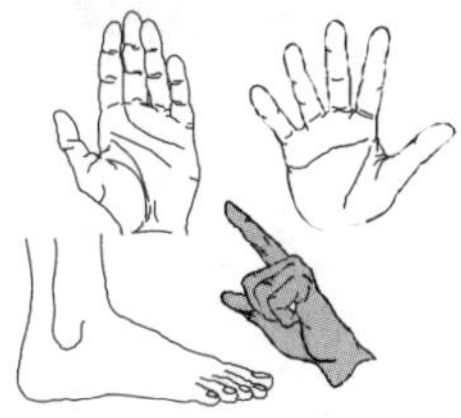

Alguns dos primeiros padrões eram partes do corpo humano, como o *palmo* (a distância entre a ponta do dedão e a ponta do mindinho, com os dedos abertos), a *mão* (a largura dos quatro dedos mantidos juntos), o *dígito* (largura do indicador ou do dedo médio) e o *pé*.

É claro que o problema com "padrões" como esses é que os tamanhos das partes do corpo humano variam de pessoa para pessoa.

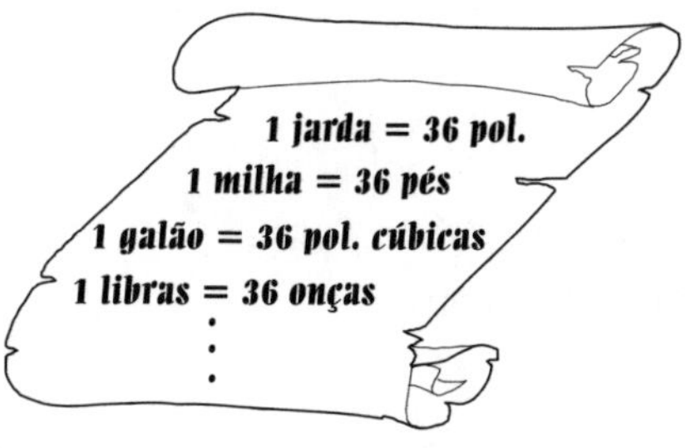

Logo, era natural escolher um rei ou alguma outra pessoa proeminente na qual as unidades-padrão seriam baseadas. Na Inglaterra, o rei Henry I (1068-1135) definiu uma *jarda* como sendo a distância da ponta de seu nariz à ponta de seu dedão da mão com seu braço esticado para frente. Isso se tornou a base para o comprimento no sistema inglês de medida, um sistema ainda usado comumente nos Estados Unidos (e em quase nenhum outro lugar). A principal dificuldade com o uso desse sistema é fazer os cálculos com as relações peculiares entre os diversos tamanhos de suas unidades.

Muitos sistemas diferentes de medidas foram usados em países diferentes no mundo até a parte final do século XVIII. Conforme o comércio internacional crescia, a necessidade por um padrão único universalmente aceito se tornou mais e mais premente. Em 1790, o bispo Charles Maurice de Talleyrand propôs à Assembleia Nacional francesa um sistema baseado no comprimento de um pêndulo que fizesse uma oscilação completa por segundo.

A Academia de Ciências da França estudou esse plano e, depois de algum debate, decidiu que as variações na temperatura e na gravidade em diferentes partes do mundo tornariam esse comprimento não confiável. Eles propuseram um novo sistema, com base no comprimento de um arco de meridiano ao nível do mar do Equador ao Polo Norte. Eles chamaram um milionésimo décimo desse arco de *metro*[1] (até especificaram um meridiano particular – o que passa por Dunkirk, na França, e por Barcelona, na Espanha.)

A utilidade do sistema métrico vem do fato de que todas as unidades maiores e menores de comprimento são múltiplas por potências de dez do metro. Além disso, seus nomes são formados com prefixos que dizem qual potência de dez usar (se você souber um pouco de latim e grego). Unidades menores do que um metro têm prefixos latinos; unidades maiores do que um metro têm prefixos gregos:

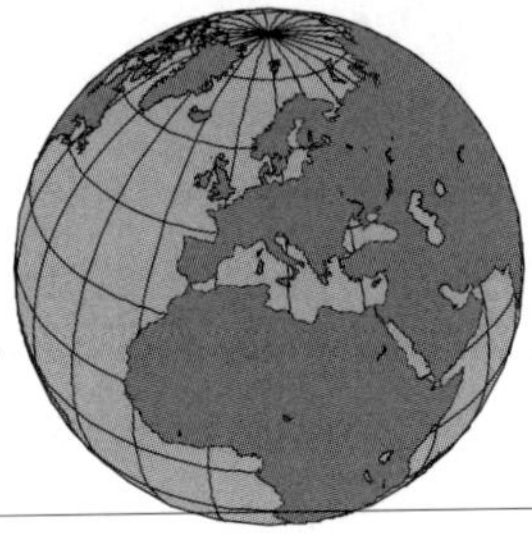

⋮

gigâmetro = 1.000.000.000 = 10^9 metros

megâmetro = 1.000.000 = 10^6 metros

quilômetro = 1.000 metros

hectômetro = 100 metros

decâmetro = 10 metros

metro = 1 metro

decímetro = 0,1 metro

centímetro = 0,01 metro

milímetro = 0,001 metro

micrômetro = 0,000001 = 10^{-6} metro

nanômetro = 0,000000001 = 10^{-9} metro

⋮

As unidades de área e volume vêm da mesma unidade básica, começando com o metro quadrado e com o metro cúbico, respectivamente. Pelo fato de o nosso sistema de numeração também ser baseado em potências de dez, essa estrutura decimal torna fácil a conversão de medidas.

[1] Na realidade, a ortografia original em francês era "metre", que veio da palavra grega *metron*, uma medida.

Talvez menos conhecido seja o fato de que as unidades de massa (peso, mais ou menos) nesse sistema também são baseadas no metro. O *quilograma* era definido como a massa de água pura contida em um cubo com um decímetro de lado. Essa medida de volume é chamada de *litro*. Mantendo a convenção dos prefixos, um *grama* é um milésimo de um quilograma.

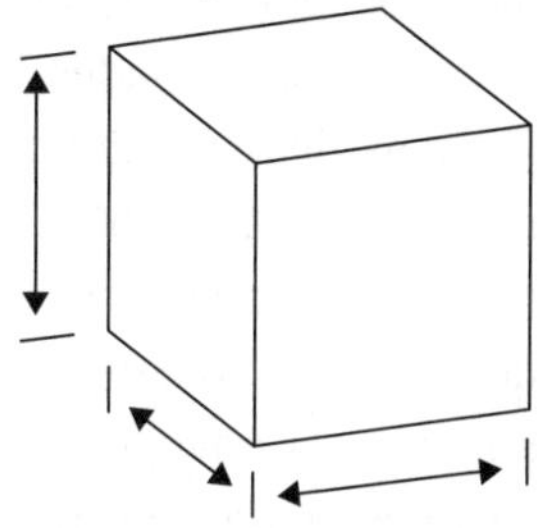

Para que a definição da Academia Francesa do metro se tornasse uma ferramenta prática, era necessário determinar precisamente o comprimento do arco do meridiano que eles especificaram. Dois topógrafos franceses foram contratados para a tarefa. Mas, até aquela época, a unidade mais comum de medida angular tinha sido o grau. Entretanto, no espírito do desejo da Academia Francesa de usar potências de dez, os topógrafos definiram uma nova unidade de medida angular, o *grado,* que eles definiram como um centésimo de um ângulo reto. Por essa medida, a volta completa no círculo teria 400 *grados*.

Os topógrafos usaram sua nova unidade de medida angular para determinar o comprimento preciso de um metro. Mas, quando a Academia Francesa aceitou seus achados para esse comprimento, rejeitou a unidade angular que ajudou a produzi-lo! Ela escolheu, em vez disso, o *radiano* como a unidade métrica padrão de medida angular, mesmo que múltiplos por potências de dez de radiano não apresentem nenhuma relação conveniente com os ângulos comuns. No julgamento da Academia, a inconveniência de se afastar de potências de dez era um preço pequeno a pagar para preservar a relação única entre uma medida angular a em radianos e a medida linear s de seu arco, que é dada por:

$$a = \frac{s}{r},$$

em que r é o raio do círculo considerado. Assim, o *grado*, que algumas vezes é chamado de “mais velha unidade métrica”, não é de forma alguma uma unidade métrica oficial! Entretanto, ela foi usada no século XIX como unidade comum de medida angular.

A República da França adotou oficialmente o sistema da Academia Francesa em 1795. Modelos-padrão de platina de uma barra de um metro de comprimento e um quilograma de peso foram construídos em 1799 e depositados nos Arquivos Nacionais Franceses. Contudo, como era de se esperar, a aceitação pública desse novo sistema não foi nem imediata nem fácil, mesmo na França. Ele foi descartado por Napoleão em 1812, mas restaurado como sistema francês obrigatório em 1840. A implementação internacional se tornou uma realidade quando 17 países assinaram o Tratado do Metro em 1875.

Em 1960, reconhecendo a crescente demanda da tecnologia moderna por precisão, a 11ª Conferência Geral de Pesos e Medidas estabeleceu um novo sistema internacional de unidades intimamente ligado com o sistema métrico tradicional. O novo sistema, chamado Sistema Internacional de Unidades (SI), é baseado em metros e quilogramas, com cinco outras unidades básicas para medir tempo, temperatura etc., mas ele redefiniu algumas dessas unidades mais precisamente do que antes. Por exemplo, o metro foi redefinido como 1.650.763,73 vezes o comprimento de onda da radiação emitida por um nível de energia particular do crípton-86. Em 1983, o metro foi redefinido novamente, dessa vez como a distância percorrida pela luz durante $\frac{1}{299{,}792{,}458}$ de segundo. Isso pode não parecer uma grande melhoria sobre medir um arco de meridiano da Terra, mas tem a vantagem de ser reprodutível em um bom laboratório em qualquer lugar do mundo.

Os Estados Unidos aprovaram em 1866 uma lei que tornava legal (mas não obrigatório) o uso do sistema métrico no comércio. Foram também o único país de língua inglesa a assinar o Tratado do Metro em 1875. Mas a transição do sistema inglês para o sistema métrico nesse país tem sido lenta e relutante. Apesar do Ato de Conversão Métrica de 1975, que conclamava "a conversão voluntária para o sistema métrico", houve relativamente pouco progresso. No último quarto do século XX, o vai e vem da política dificultou a implementação séria da lei de 1975. Atualmente, os Estados Unidos são a última principal resistência, junto apenas com Libéria e Mianmar, a adotar o sistema métrico como seu padrão oficial de medida.

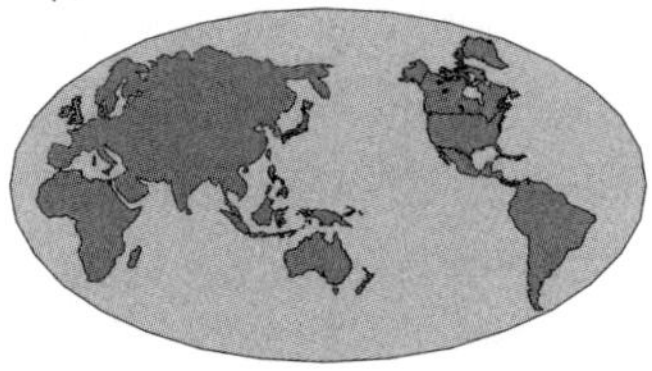

Para um olhar mais atento

Para uma informação facilmente acessível sobre este tópico, procure por sistema métrico em qualquer boa enciclopédia. Mais informações históricas podem ser encontradas em [116], que se concentra especialmente no papel das medidas nas ciências físicas. Um bom resumo do sistema SI completo é o guia para "Constants, Units, and Uncertainty" do Nacional Institute of Standards and Technology em

<http://physics.nist.gov/cuu/>.

Entre outras coisas, você encontrará uma lista completa dos prefixos correspondentes às potências de dez. Outras boas fontes incluem <www.britannica.com> e o site da U.S. Metric Association em

<http://lamar.colostate.edu/~hillger>.

QUESTÕES

1. Algumas vezes, questões de medidas convidam a estimativas rápidas, em vez de conversões cuidadosas e precisas.

a. A gasolina custa cerca de $1,40 o galão conforme você dirige para o norte. À medida que se aproxima da fronteira, você a encontra anunciada por $39,9 o litro. Isso é mais ou menos do que você tem pagado? Muito ou um pouco?

b. Uma distância de corrida particular é conhecida como "milha métrica". Quão longa ela é em metros? É mais longa ou mais curta do que uma milha? Por cerca de quanto?

c. Sua bebida favorita não é mais vendida em quartos; ela está agora em garrafas de um litro. Supondo a mesma taxa de preços, você esperaria pagar mais ou menos por uma garrafa agora? Se um quarto custava $0,99, cerca de quanto você esperaria pagar por litro?

d. Em um país estrangeiro, você oferece $2,00 para pagar 6 libras de farinha, mas o balconista não pode pesar em libras. Ele lhe oferece 3 quilos pela mesma quantia. Você deveria aceitar a oferta? Por que sim ou por que não?

e. Você está prestes a voar para uma cidade estrangeira na qual é previsto que a temperatura esteja entre 64,4 e 73,4 Fahrenheit para a época que você estará lá. Você deve levar um casaco pesado ou uma jaqueta leve? Por quê?

2. O texto afirma que a Academia Francesa rejeitou o grado em favor do radiano como unidade básica de medida angular.

a. O que é um *radiano*? Qual é a medida em radianos de um ângulo reto?

b. Quais os equivalentes em radianos dos ângulos de 30°, 45° e 60°?

c. Qual a medida em graus de um ângulo de um radiano?

d. O comprimento padrão de um metro é baseado em um objeto físico (agora, a distância percorrida pela luz em um intervalo de tempo particular). Existe um padrão físico análogo para um radiano? Por que sim ou por que não?

3. Ao escolher um novo sistema de unidades, a Academia Francesa tentou racionalizar as unidades para o tempo? E o calendário?

4. Responda cada questão em no máximo duas ou três sentenças.

a. Como era a Inglaterra no primeiro reinado do rei Henry I?

b. Charles de Talleyrand era um estadista proeminente. Quais são alguns de seus outros principais feitos?

c. Como a liderança política geral da França mudou durante o período entre 1780 e 1850?

d. Qual era o clima político e econômico geral nos Estados Unidos em 1866? Você acha que esse foi um bom momento para aprovar uma lei legalizando o sistema métrico no comércio?

5. Os sistemas tradicionais de medida em geral têm regras estranhas. Um exemplo extremo disso é um problema sobre uma vala encontrado em uma velha tábua babilônia. Ele diz que uma vala tem área de 7,5 SAR (escrevemos os números na notação moderna em vez de no estilo babilônio) e volume de 45 SAR, e que a profundidade é igual a um sétimo da diferença entre o comprimento e a largura. A solução dada na tábua é que o comprimento é 5 GAR, e a largura, 1,5 GAR.

Duas coisas parecem estranhas. Primeiro, o texto parece usar "SAR" tanto como uma unidade de área quanto como uma unidade de volume. Como isso pode ser possível? Segundo, esses números funcionam? É verdade que a "profundidade é igual a um sétimo da diferença entre o comprimento e a largura"? Se não for, você pode formular uma conjectura sobre o que pode estar ocorrendo?

PROJETOS

1. Construa seu próprio sistema de medida (a partir do zero) de acordo com o seguinte esquema:

- Escolha algum objeto facilmente mensurável (por exemplo, a altura de uma lata de refrigerante) para definir a unidade de medida básica. Meça sua altura com essa unidade.
- Defina unidades relacionadas de medida linear que sejam mais convenientes para lidar com coisas muito maiores e muito menores. Use-as para especificar a distância de Nova York a Los Angeles, o comprimento de um campo de futebol, a largura desta página e a espessura deste livro.
- Defina unidades relacionadas para medir área e volume. Use-as para especificar a área de uma folha-padrão de papel sulfite e de um objeto muito maior de sua escolha, e o volume de caixa de leite e de um objeto muito menor de sua escolha.
- Faça tabelas de conversões que relacionem seu sistema ao sistema inglês e ao sistema métrico.
- Compare seu sistema aos sistemas métrico e inglês. Em que sentido ele é melhor? Em que sentido ele não é tão bom?

2. Escreva um texto contendo duas partes iguais. Em uma parte, defenda a tese "os Estados Unidos deviam oficialmente adotar o sistema métrico". Na outra parte, defenda a tese "os Estados Unidos não deviam adotar oficialmente o sistema métrico". Depois de apresentar seu melhor caso para cada lado, diga qual dos dois é mais convincente para você e explique brevemente o porquê.

Esboço 7

A História de π

O número que chamamos π (pronunciado "pi") tem uma história longa e variada. O símbolo não representava originalmente um número; ele é simplesmente a letra grega que corresponde a nossa letra p. Mas o número que agora designa era bem conhecido dos gregos antigos. Há muito, muito tempo, eles e outros antes reconheceram que os círculos tinham uma propriedade especial e útil: a circunferência de qualquer círculo dividida por seu diâmetro é sempre o mesmo número. Se concordarmos em chamar esse número de π, então esse fato prático se traduz na fórmula familiar $C = \pi d$.

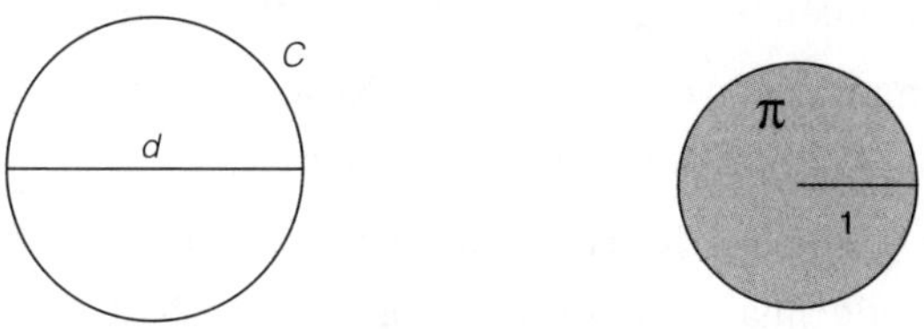

Em outras palavras, a razão da circunferência para o diâmetro de um círculo é sempre a mesma. Pensamos nisso como uma *constante* – um número que permanece o mesmo independentemente de como os outros números na situação variem. Os estudiosos dos tempos antigos também sabiam que essa mesma razão constante aparecia em outra propriedade básica dos círculos: a área dentro do círculo é sempre aquela constante vezes o quadrado do raio. Isto é, $A = \pi r^2$. Em particular, se um círculo tiver raio de 1 unidade (polegadas, pés, metro, milha, ano-luz, ou qualquer outra coisa), então a área dentro do círculo é exatamente igual a π unidades.

Em razão de a forma do círculo ser tão importante para tantas coisas que nós humanos fazemos e usamos, de rodas e engrenagens a relógios, foguetes e telescópios, a constante nessas duas fórmulas é um número que vale a pena conhecer. Mas o que ele é exatamente?

De um ponto de vista histórico, a palavra preocupante e fascinante aqui é "exatamente". Encontrar o valor de π tem sido um mistério no qual pessoas de muitas civilizações diferentes trabalharam e se intrigaram por centenas de anos. Aqui estão alguns exemplos:

c. 1650 a.C. – O papiro de Rhind, do Egito Antigo, ofereceu um procedimento para calcular a área de um círculo que usava a constante $4\left(\frac{8}{9}\right)^2$.

c. 240 a.C. – Arquimedes mostrou que ele está entre $3\frac{10}{71}$ e $3\frac{10}{70} = 3\frac{1}{7}$. Mais tarde, Heron popularizou o uso de $3\frac{1}{7}$ em muitos contextos práticos.

c. 150 d.C. – Ptolomeu, um astrônomo grego, usou $\frac{377}{120}$ para ele.

c. 480 – O sábio chinês Zu Chongzhi usou $\frac{355}{113}$ para ele.

c. 530 – O matemático hindu Āryabhaṭa usou $\frac{62832}{20000}$ para ele.

c. 1600 – Foi calculado um valor decimal para ele com 35 casas.

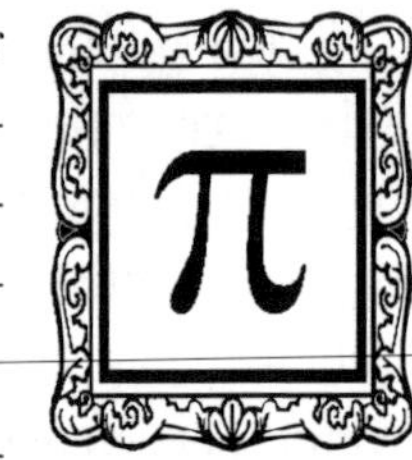

1706 – William Jones, um matemático britânico, foi o primeiro a usar uma letra grega π como o nome desse número. O símbolo foi adotado pelo grande matemático suíço Leonhard Euler em suas publicações das décadas de 1730 e 1740 e, pelo final do século, ela se tornara o nome comum dessa constante.

1873 – William Shanks da Inglaterra calculou, à mão, um valor decimal de π com 607 casas. Ele levou mais de 15 anos. Algarismos depois do 527° estão incorretos, mas ninguém notou o erro por quase um século!

1949 – John von Neumann usou o computador ENIAC do governo norte-americano para calcular π com 2.035 casas decimais (em 70 horas).

1987 – O professor Yasumasa Kanada, da Universidade de Tókio, calculou π com 134.217.000 casas decimais em um supercomputador NEC SX-2.

1991 – Gregory e David Chudnovsky calcularam π com 2.260.321.336 casas decimais em 250 horas usando um supercomputador construído em casa, em seu apartamento na cidade de Nova York. (Essa quantidade de algarismos impressa em uma única linha de fonte usual de jornal se estenderia de Nova York a Hollywood, na Califórnia!)[1]

1999 – O time do professor Kanada calculou π com 206.158.430.000 casas decimais! Esse número é 90 vezes mais longo do que aquele encontrado pelos Chudnovskys. Como uma linha de fonte comum, ele se estenderia por mais de 250 mil milhas – longo o suficiente para atingir a Lua.

[1] A história dos Chudnovsky e sua máquina surpreendente aparecem em "The Mountains of Pi", um esboço bibliográfico de R. Preston, publicado em *The New Yorker* em 1992. Ver [110].

Entretanto, *nenhum* desses resultados é o valor exato de π.

Mais ou menos em 1765 (quando os Estados Unidos estavam caminhando para a guerra revolucionária), um matemático alemão chamado Johann Lambert demonstrou que π é um *número irracional*; isto é, não pode ser expresso exatamente como uma fração ordinária (ou seja, a razão entre dois números inteiros). Entre outras coisas, isso significa que nenhuma expressão decimal, não importa quão longe se estenda, jamais será *exatamente* igual a π. Mas podemos encontrar decimais tão próximos quanto quisermos se estivermos dispostos a ter paciência e a trabalhar bastante.

Na realidade, umas poucas casas decimais são suficientemente boas para quase todos os propósitos práticos. O mesmo é verdade para muitas das aproximações que eram usadas antes mesmo de os decimais serem inventados. Para ilustrar, vamos calcular a circunferência de um lago circular com um diâmetro de exatamente 1 quilômetro (cerca de 0,62 milhas) usando as aproximações históricas de π listadas e comparar os resultados com o que obtemos usando uma calculadora moderna:

Fonte	Circunferência	Diferença Aproximada
calculadora moderna	3,141592654 km	
Ahmes (1650 a.C.)	3,160493827 km	18,9 m. (≈ 20 jardas)
Arquimedes (240 a.C.)	3,141851107 km	28,8543 cm (< 1 pé)
Ptolomeu (150)	3,141666667 km	7,4103 cm (≈ 3 pol)
Zu Chongzhi (480)	3,14159292 km	0,266 mm (≈ $\frac{1}{100}$ pol)
Āryabhaṭa (530)	3,1416 km	7,346 mm (≈ $\frac{1}{6}$ pol)

Mesmo a mais grosseira dessas aproximações, de mais de 3.600 anos atrás, está errada por menos de 2%. O resto delas difere da circunferência "real" do lago por uma quantidade verdadeiramente insignificante. Então, por que as pessoas se preocupam em calcular π com milhares ou milhões ou bilhões de casas decimais? Existe algum valor possível em gastar todo esse tempo e esforço? Talvez sim. Há várias questões sobre números irracionais que ainda não podemos responder. Podemos demonstrar que sua expansão decimal é infinita e que não repete nenhuma sequência finita de algarismos sem interrupção de um certo ponto para a frente. Mas existe algum padrão sutil nessa sequência de algarismos? Todos os dez algarismos aparecem com igual frequência ou alguns ocorrem com mais frequência do que outros? Alguma sequência de algarismos aparece de alguma forma previsível?

Não sabemos ainda nem mesmo decidir quais questões valem a pena. Às vezes, um ponto aparentemente insignificante abre o caminho para percepções novas, mais amplas. E, além disso, existem as questões sobre o software e o hardware que estão sendo usados para gerar essas imensas sequências de algarismos: como podemos tornar seus recursos maiores, mais rápidos, e sua precisão mais confiável? Um problema como o de gerar os algarismos de π fornece um terreno de teste para melhoria tecnológica.

Apesar disso, provavelmente a explicação mais honesta para tal persistência é a simples curiosidade humana pelo desconhecido. Virtualmente, qualquer problema sem uma solução fácil vai atrair pelo menos algumas pessoas para persegui-lo, às vezes obsessivamente. A história tanto do progresso quanto da insensatez da raça humana é pontuada de conquistas e fracassos de tais pessoas. Não saber de antemão quais questões levarão para qual lado adiciona um fator de risco que as torna mais convidativas. Na matemática, assim como, por exemplo, em qualquer esporte, superar os desafios do não tentado e do desconhecido é sua própria recompensa.

π = 3,141592653589793238462643383279502884197169399
37510582097494459230781640628620899862803482534211706
79821480865132823066470938446095505822317253594081284
81117450284102701938521105559644622948954930381964428
81097566593344612847564823378678316527120190914564856
69234603486104543266482133936072602491412737245870066
06315588174881520920962829254091715364367892590360011
33053054882046652138414695194151160943305727036575959
19530921861173819326117931051185480744623799627495673
51885752724891227938183011949129833673362440656643086
02139494639522473719070217986094370277053921717629317
67523846748184676694051320005681271452635608277857713
42757789609173637178721468440901224953430146549585371
05079227968925892354201995611212902196086403441815981
36297747713099605187072113499999983729780499510597317
32816096318595024459455346908302642522308253344685035
26193118817101000313783875288658753320838142061717766
91473035982534904287554687311595628638823537875937519
57781857780532171226806613001927876611195909216420198
9...

As primeiras mil casas decimais de π

Para um olhar mais atento

A referência [11] de Beckmann é um livro legível sobre a história do π. Também vale a pena olhar em [16], que coleta muitos artigos, alguns de fontes originais (por exemplo, ele contém uma mostra da publicação original de Shanks). As últimas informações sobre os cálculos do professor Kanada podem ser encontradas na página principal do laboratório do professor Kanada em: <pi2.cc.u-tokyio.ac.jp>.

QUESTÕES

1. O papiro de Rhind na realidade não dá o valor de π. Em vez disso, fornece uma regra para calcular a área de um campo circular:[2]

> Por exemplo, um campo redondo de diâmetro 9 khet. Qual é a sua área?
>
> Retire 1/9 de seu diâmetro, ou seja, 1; o resto é 8. Multiplique 8 por 8; isso resulta em 64. Portanto, ele contém 64 setat de terra.

Descubra qual valor de π está implícito nesse procedimento e verifique que ele coincide com o que foi dado no texto.

2. O diâmetro da Terra no Equador é de cerca de 8.000 milhas. Para estas questões, suponha que ele é exatamente 8.000 milhas.

a. Calcule a circunferência da Terra no Equador usando o valor de π proposto por cada uma das seguintes pessoas. Arredonde sua resposta até um décimo de milha.

(i) O papiro de Rhind.

(ii) Ptolomeu.

(iii) Zu Chongzhi.

(iv) Āryabhaṭa.

b. Quando Arquimedes fez uma estimativa de π, ele deu ambos os limitantes, inferior e superior, em vez de dar apenas uma estimativa. Use seu resultado para calcular limitantes inferior e superior para a circunferência da Terra. Quão distantes estão suas respostas?

c. A maioria das calculadoras modernas calcula π como 3,141592654. Encontre a circunferência da Terra no Equador usando esse valor de π. Então, mude o último dígito dessa aproximação de π para 0 e encontre a circunferência de novo. Qual é a diferença entre suas duas respostas, em milhas? E em polegadas?

---

[2] De [16], p. 1.

3. Se você usar $\frac{22}{7}$ para π (como fez Heron) e então usar o valor de π da calculadora dado na Questão 2, obterá dois valores diferentes para a circunferência de um círculo com um diâmetro particular, d. Qual será maior? Quão grande é necessário que o diâmetro seja para que a diferença seja 1 cm?

4. A estimativa $\pi \approx \frac{355}{133}$, dada por Zu Chongzhi por volta de 480 e redescoberta muitas vezes, é famosa porque resulta em um grande número de casas decimais corretas, embora use um denominador relativamente pequeno. Afinal, é mais fácil trabalhar com denominadores menores. De fato, para estimativas dadas como frações, poderíamos medir a "qualidade" de uma estimativa calculando a razão do número de casas decimais corretas para o número de algarismos no denominador. Usando essa medida, avalie as estimativas dadas pelo papiro de Rhind, por Arquimedes, Ptolomeu, Zu Chongzhi e Āryabhaṭa.

5. Como π é irracional, ele é um decimal infinito e que não se repete em nenhuma base. Algumas vezes, os padrões mais simples (0-1) de base dois sugerem perspectivas que são obscurecidas pelo sistema decimal de dez algarismos. Encontre os primeiros 20 algarismos binários (base dois) de π – ou mais, se você tiver paciência – e explique como fez isso. Comente quaisquer padrões ou questões que você ache que esses dígitos podem sugerir.

6. Os irmãos Chudnovsky começaram seu trabalho olhando séries que convergiam para π (ou para alguma relação próxima de π) muito rapidamente. Uma tal série, devida ao matemático indiano Srinivasa Ramanujan, é

$$\frac{1}{\pi} = \frac{\sqrt{8}}{9801} \sum_{n=0}^{\infty} \frac{(4n)!}{(n!)^4} \frac{[1103 + 26390n]}{396^{4n}}.$$

a. Encontre a aproximação de π dada por essa série quando usamos um termo, dois termos e três termos. Compare seus resultados com os algarismos mostrados no final deste esboço.

b. Quantos algarismos de $\frac{1}{\pi}$ são confiáveis após o segundo passo? E após o terceiro passo? Como você sabe?

7. Arquimedes viveu em Siracusa, na ilha da Sicília. Como era Siracusa por volta de 240 a.C.? Como Arquimedes participava da vida da cidade?

PROJETOS

1. Como Arquimedes fez para obter uma estimativa para π?

2. O texto menciona que foi demonstrado que *pi* é um número *irracional*. Também é conhecido que ele é um número *transcendental*. As pessoas acreditam que ele é um número *normal*, mas ninguém foi capaz de demonstrar que sim. Descubra o que essas palavras significam (irracional, transcendental, normal) e escreva um pequeno texto explicando-as. Inclua algumas informações sobre as demonstrações das primeiras duas propriedades (quem as demonstrou, quando, como).

3. Duas maneiras comuns de medir ângulos são por graus e por radianos. O número π desempenha um papel proeminente na medida em radianos, mas não na medida em graus. Escreva um pequeno texto comparando e contrastando essas duas formas de medir ângulos, incluindo uma explicação de por que π aparece explicitamente em uma, mas não na outra.

A COSSIC ART

Esboço 8 *Escrevendo Álgebra com Símbolos*

Quando você pensa em *álgebra*, o que vem à mente primeiro? Você pensa em equações ou fórmulas com x's, y's e outras letras, amarradas por números e símbolos aritméticos? Muitas pessoas pensam. Na realidade, muitos consideram a álgebra simplesmente como uma coleção de regras para manipular símbolos que têm relação com números.

Há alguma verdade nisso. Mas descrever a álgebra apenas em termos de seus símbolos é como descrever um carro por sua pintura ou pelo estilo da carroceria. O que você vê *não* é tudo que você obtém. De fato, como um carro, a maior parte do que faz a álgebra funcionar está "sob o capô" de sua aparência simbólica. Entretanto, da mesma maneira como o estilo da carroceria de um automóvel pode afetar seu desempenho e seu valor, também a representação simbólica da álgebra afeta seu poder e utilidade.

Um problema algébrico, independentemente de como é escrito, é uma questão sobre operações numéricas e relações nas quais uma quantidade desconhecida deve ser deduzida de quantidades conhecidas. Aqui está um exemplo simples:

> Duas vezes o quadrado de uma coisa é igual a cinco a mais do que três vezes a coisa. O que é a coisa?

Apesar da ausência de símbolos, essa é claramente uma questão algébrica. Além disso, a palavra "coisa" foi um termo algébrico respeitável por um tempo muito longo. No século IX, Al-Khwārizmī (autor do livro cujo título, *Al-jabr w'al muqābala,* é a fonte da palavra "álgebra") usou a palavra *shai* para representar uma quantidade desconhecida. Quando seu livro foi traduzido para o latim, essa palavra se tornou *res*, que significa "coisa". Por exemplo, a elaboração de John de Seville, do século XVII, da aritmética de Al-Khwārizmī contém esta questão, que começa *"Quaeritur ergo, quae res..."*:[1]

[1] Ver p. 336 de [23] tanto para o original em latim quanto para esta tradução.

> É perguntado, portanto, que coisa junto com 10 de suas raízes ou, o que é o mesmo, dez vezes a raiz obtida dela, produz 39?

Na notação moderna, isso seria escrito como $x + 10\sqrt{x} = 39$ ou como $x^2 + 10x = 39$. (Um "X" aparecia na versão latina dessa questão, mas ele era na realidade o numeral romano para 10. Para evitar tais confusões e enfatizar variações mais significativas na notação, usaremos numerais familiares em todos os exemplos de álgebra.[2])

Alguns textos em latim usavam *causa* para o *shai* de Al-Khwārizmī e, quando esses livros foram traduzidos para o italiano, *causa* se tornou *cosa*. Conforme outros matemáticos estudaram esses textos em latim e italiano, a palavra para a incógnita se tornou *Coss* em alemão. O inglês continuou nessa linha e chamou o estudo de questões envolvendo números desconhecidos de "Cossic Art" (ou "Cossike Art", na ortografia daquela época) – literalmente, a "arte das coisas".

Como a maioria de nossos símbolos algébricos familiares, o x e outras letras que usamos atualmente para representar números desconhecidos são relativamente novos na "arte". Muitos símbolos algébricos antigos eram simples abreviações de palavras usadas frequentemente: $p, \tilde{p}$ ou $\bar{p}$ para "mais" (*plus*, em inglês), $m, \tilde{m}$ ou $\bar{m}$ para "menos" (*minus*, em inglês) e assim por diante. Eles economizavam tempo de escrita e espaço de impressão, mas faziam pouco para promover um entendimento mais profundo das ideias que expressavam. Sem um simbolismo consistente e iluminador, a álgebra era de fato uma arte, em geral uma atividade idiossincrática que dependia fortemente da habilidade de seus praticantes individuais. Da mesma forma como a padronização das partes foi um passo crítico na produção em massa dos automóveis de Henry Ford, a padronização da notação foi um passo crítico no uso e progresso da álgebra.

Uma boa notação matemática é muito mais do que uma abreviação eficiente. Idealmente, ela deveria ser uma linguagem universal que esclarecesse ideias, revelasse padrões e sugerisse generalizações. Se inventarmos uma notação realmente boa, algumas vezes ela parece pensar por nós: alcançamos resultados apenas manipulando a notação. Como Howard Eves disse certa vez: "Um manipulador formal em matemática com frequência passa pelo sentimento desconfortável de que seu lápis o supera em inteligência".[3]

Nossa notação algébrica corrente está próxima do ideal, mas seu desenvolvimento foi longo, lento e, algumas vezes, confuso. Para um sabor desse desenvolvimento, vamos observar as várias formas nas quais uma equação algébrica típica provavelmente teria

[2] Ver Esboço 1 para um relato de como os numerais mudaram no decorrer dos anos.

[3] Ver [45], entrada 251.

sido escrita em diversos momentos e lugares durante o progresso da álgebra na Europa (para salientar o desenvolvimento da notação, utilizaremos o português no lugar do latim ou outras linguagens quando palavras, em vez de símbolos, forem usadas).

Aqui está uma equação contendo alguns ingredientes comuns do início das pesquisas algébricas:

$$x^3 - 5x^2 + 7x = \sqrt{x + 6}.$$

Em 1202, Leonardo de Pisa teria escrito essa equação (talvez reorganizada para maior clareza) inteiramente em palavras, algo como:

> O cubo e sete coisas menos cinco quadrados é igual à raiz de seis a mais do que a coisa.

Essa maneira de escrever matemática é usualmente chamada de *retórica*, em contraste com o estilo simbólico usado atualmente. Nos séculos XIII e XIV, os matemáticos europeus eram quase inteiramente retóricos, com abreviações aqui e ali. Por exemplo, Leonardo começou a usar *R* para "raiz quadrada" em alguns de seus últimos escritos.

No final do século XV, alguns matemáticos começaram a usar expressões simbólicas em seu trabalho. Luca Pacioli, cuja *Summa de Aritmetica* de 1494 serviu como uma importante fonte da introdução da Europa na arte da álgebra, teria escrito:

cu.m̃.5.ce.p̃.7.co. ——— ℞v.co.p̃.6.

Nessa notação, *co* é uma abreviação para "cosa", a quantidade desconhecida. As abreviações *ce* e *cu* são para "censo" e "cubo", palavras que os matemáticos italianos usavam para o quadrado e cubo da incógnita, respectivamente. Observe que nos referimos a uma *única* incógnita aqui. Um defeito fundamental dessa notação era sua incapacidade de representar mais de uma incógnita na expressão (como contraste, os hindus usavam os nomes das cores para representar múltiplas incógnitas já no século VII). Algumas outras características interessantes da notação de Pacioli são os pontos que separam cada item do próximo, um traço longo para a igualdade e o símbolo ℞ para denotar a raiz quadrada. O agrupamento de termos depois do sinal de raiz era designado por *v*, uma abreviação de "universale". A notação usada no *Ars Magna* de Girolamo Cardano meio século mais tarde na Itália era quase idêntica.

Na Alemanha do início do século XVI, alguns dos símbolos que usamos agora começaram a aparecer. Os sinais de + e – foram adotados da aritmética comercial e o símbolo $\sqrt{}$ para raiz quadrada evoluiu, alguns dizem, de um ponto com uma "cauda", e outros dizem que de um *r* manuscrito. A igualdade foi denotada abreviando a palavra em latim ou em alemão para ela, e o agrupamento de termos (como a soma depois do sinal de $\sqrt{}$) era denotado por pontos. Assim, em *Coss* de Christoff Rudolff, de 1525 (que tem um título formal impossivelmente longo), ou em *Arithmetica Integra* de Michael Stifel, de 1544, nossa equação poderia ter aparecido como

$$\mathfrak{ce} - 5\mathfrak{z} + 7\mathfrak{R}\ \textit{aequ.}\ \sqrt{} \cdot \mathfrak{R} + 6.$$

Como na notação italiana anterior já descrita, potências diferentes da incógnita tinham símbolos distintos e não relacionados. Sua primeira potência era chamada de raiz (*radix*) e representada por $\mathfrak{R}$. O símbolo para seu quadrado era $\mathfrak{z}$, um *z* minúsculo, que era a primeira letra de seu nome em alemão, *zensus*. A terceira potência, *cubus*, era representada por $\mathfrak{ce}$. Potências mais altas da incógnita eram escritas combinando os símbolos de quadrado e cubo de forma multiplicativa, quando possível; a quarta potência era $\mathfrak{zz}$, a sexta potência, $\mathfrak{zce}$, e assim por diante. As potências mais altas eram tratadas com a introdução de novos símbolos.

Maneiras mais fáceis de denotar potências de incógnitas já tinham começado a emergir em outros países. Um dos exemplos mais criativos apareceu em um manuscrito de 1484 de Nicholas Chuquet, um físico francês. Como muitos de sua época, Chuquet restringiu sua atenção a potências de uma única incógnita. Entretanto, denotou potências sucessivas da incógnita colocando sobrescritos numéricos nos coeficientes. Por exemplo, para denotar $5x^4$ ele escreveria 5^4. Ele fez algo parecido para raízes, escrevendo $\sqrt[3]{5}$ como $R^3.5$. Chuquet também esteve bem à frente de seu tempo no fato de tratar o zero como um número (particularmente como um expoente) e no fato de sublinhar para indicar um agrupamento. Se nossa equação utilizada como exemplo tivesse aparecido em seu manuscrito, seria parecida com:

$$1^3.\bar{m}.5^2.\bar{p}.7^1.\textit{montent}\ R^2.\underline{1^1.\bar{p}.6^0}.$$

Infelizmente para o desenvolvimento da notação algébrica, o trabalho de Chuquet não foi publicado na época em que foi escrito, de modo que suas ideias inovadoras eram conhecidas apenas por poucos matemáticos no início do século XVI. Esse sistema de denotar as potências da incógnita reapareceu em 1572 no trabalho de Rafael Bombelli, que colocou os expoentes em pequenas taças acima dos coeficientes. O trabalho de Bombelli era mais amplamente conhecido do que o de Chuquet, mas sua notação não foi imediatamente adotada por seus contemporâneos. Na década de 1580, ela foi retomada por Simon Stevin da Bélgica, um engenheiro e inventor militar, que usou círculos em torno dos expoentes. Os escritos matemáticos de Stevin enfatizaram a conveniência da aritmética decimal. Algumas de suas publicações foram traduzidas para o inglês no início do século XVII, levando, assim, tanto suas ideias quanto sua notação para além do canal da Inglaterra.

Um grande atalho na flexibilização e generalização da notação foi feita por François Viète na última década do século XVI. Viète era um advogado, matemático e conselheiro do rei Henrique IV da França, com obrigações que incluíam decifrar mensagens escritas em códigos secretos. Seus escritos matemáticos se concentravam nos métodos de resolver equações algébricas e, para esclarecer e generalizar seu trabalho, ele introduziu um dispositivo notacional revolucionário. Nas próprias palavras de Viète:

> Para que este trabalho possa apresentar alguma arte, vamos distinguir as quantidades dadas das incógnitas indeterminadas por um símbolo constante, permanente e muito claro, por exemplo, designando as quantidades desconhecidas por meio de uma letra *A* ou alguma outra vogal... e as quantidades dadas por meio de *B*, *G*, *D* ou outras consoantes.[4]

Usar letras tanto para as constantes quanto para as incógnitas permitia a Viète escrever formas gerais de equações em vez de se basear em exemplos específicos nos quais os números particulares escolhidos poderiam afetar impropriamente o processo de solução. Alguns escritores anteriores tinham feito experiências com o uso de letras, mas Viète foi o primeiro a usá-las como uma parte integrante da álgebra. É bem possível que o aparecimento desse dispositivo notacional poderoso tenha sido adiado porque os numerais indo-arábicos não eram usados comumente até bem depois do início do século XVI. Antes disso, os numerais romanos (e os numerais gregos antes deles) eram utilizados para escrever números, e esses sistemas usavam letras do alfabeto para quantidades específicas.

Assim que as equações passaram a ter mais de uma incógnita, ficou claro que a velha notação exponencial era insuficiente. Não funcionaria escrever $5^3 + 7^2$ se você queria dizer $5A^3 + 7E^2$. No século XVII, diversos dispositivos de notação que competiam entre si apareceram quase simultaneamente. Na década de 1620, Thomas Harriot, na Inglaterra, teria escrito isso como $5aaa + 7ee$. Em 1634, Pierre Hérigone escreveu incógnitas com coeficientes antes e expoentes depois, como em $5a3 + 7e2$. Em 1636, James Hume (um escocês que vivia em Paris) publicou uma edição da álgebra de Viète com expoentes elevados e em pequenos numerais romanos, como $5a^{iii} + 7e^{ii}$. Em 1637, uma notação semelhante apareceu na *La Géométrie*, de René Descartes, mas com os expoentes escritos como pequenos numerais indo-arábicos, como em $5a^3 + 7e^2$. Dessas notações, as de Harriot e de Hérigone eram mais fáceis de imprimir, mas a clareza conceitual ganhou da conveniência tipográfica, e o método de Descartes se tornou finalmente a notação padrão usada hoje em dia.

[4] De *In artem analyticam Isagoge*, de Viète, 1591, traduzido por J. Winfree Smith. Ver [84], p. 340.

O trabalho influente de Descartes é também a fonte de alguns outros dispositivos de notação que se tornaram padrão. Ele usou letras minúsculas do final do alfabeto para incógnitas e letras minúsculas do início do alfabeto para constantes. Também usou uma barra sobrescrita partindo do sinal √ para indicar seu alcance. Entretanto, ele introduziu o símbolo ∝ para igualdade. Logo, a versão de Descartes para nosso exemplo de equação seria bem parecida com a nossa – mas não totalmente igual:

$$x^3 - - 5xx + 7x \propto \sqrt{x + 6.}$$

O sinal = para igualdade, proposto em 1557 por Robert Recorde[5] e usado amplamente na Inglaterra, ainda não era popular no continente europeu. No século XVII, ele era apenas uma de diversas maneiras diferentes de simbolizar a igualdade, incluindo ~ e o sinal ∝ de Descartes. Além disso, = era usado para denotar outras ideias naquela época, como paralelismo, diferença e "mais ou menos". Sua aceitação universal final como o símbolo para "iguais" é provavelmente decorrente, em grande parte, de sua adoção por Isaac Newton e Gottfried Leibniz. Seus sistemas de cálculo dominaram a matemática do final do século XVII e começo do século XVIII, de modo que suas escolhas de notação se tornaram amplamente conhecidas. Durante o século XVIII, a notação superior de Leibniz para o cálculo gradualmente suplantou a de Newton. Se Leibniz tivesse escolhido o símbolo de Descartes em vez do de Recorde, poderíamos usar ∝ para igualdade atualmente.

Este esboço tentou capturar o sabor do caminho longo, errático e algumas vezes perverso no qual o simbolismo algébrico se desenvolveu. Em retrospecto, "boas" escolhas de notação se mostraram estimulantes poderosos para o progresso da matemática. Entretanto, aquelas escolhas eram feitas com pouca consciência de sua importância na época. A evolução da notação exponencial é um bom exemplo disso. Potências de uma quantidade desconhecida foram presas durante séculos pela intuição geométrica limitada de quadrados e cubos, e a notação reforçou esse confinamento. Descartes finalmente as liberou tratando quadrados, cubos e o resto como quantidades independentes da dimensão geométrica, dando uma nova legitimidade a x^4, x^5, x^6, e assim por diante. A partir daí, a própria notação sugeriu extensões naturais – para expoentes inteiros negativos (recíprocos), para expoentes racionais (raízes de potências), para expoentes irracionais (limites de raízes de potências) e mesmo para expoentes complexos. No século XX essa notação exponencial foi religada com a ideia geométrica de dimensão para ajudar a pavimentar um novo campo na pesquisa matemática: a geometria fractal.

■

[5] Ver Esboço 2 para mais detalhes sobre isso.

Para um olhar mais atento

Existem tratamentos da evolução da notação algébrica na maioria das visões gerais de história da matemática. Para informação específica sobre a história das notações matemáticas, a melhor referência ainda é [23], embora *Earliest Uses of Various Mathematical Symbols*, um site disponível em: <http://members.aol.com/jeff570/mathsym.html>, mantido por Jeff Miller, seja agora um competidor sério. Para mais informação sobre a história da álgebra, veja [10] e [138].

QUESTÕES

1. Escreva $2x^2 - 3x + 7 = x^3 + \sqrt{x-1}$ como ela poderia ter aparecido em cada uma das seguintes fontes:

a. nos escritos de Leonardo de Pisa, em torno de 1200 (mas em português);

b. na *Summa de Aritmetica*, de Luca Pacioli, de 1494;

c. na *Arithmetica Integra*, de Michael Stifel, de 1544;

d. no manuscrito de Nicolas Chuquet, de 1484;

e. em *La Géométrie*, de René Descartes, de 1637.

2. Cada uma das seguintes expressões foi tirada de uma das fontes listadas na Questão 1. Identifique o autor e traduza a expressão para a notação da álgebra moderna.

a. 12 ʓʓ + 16ᶜᵉ − 36ʓ − 32ℛ + 24

b. $z \propto \frac{1}{2}a - - \sqrt{\frac{1}{4}aa - - bb}$

c. *1.co.p̄ ℞v.1.ce.m̃ 36.*

d. $\text{℞}^2.\underline{1.\frac{1}{2}.\bar{p}\text{℞}^2.24}.\bar{p}.\text{℞}^2.1.\frac{1}{2}.$

3. Como $3a^3 + 2b^2 + c$ seria escrita no século XVII por Thomas Harriot? Por Pierre Hérigone? Por James Hume? Por René Descartes?

4. A álgebra retórica nunca desapareceu realmente. Em um caderno de escola do século XIX, por exemplo, encontramos a seguinte regra para calcular a área de um triângulo:

> Da metade da soma dos três lados subtraia cada lado separadamente, multiplique a metade da soma e os três restos continuamente juntos, e a raiz quadrada do último produto será a área do triângulo.

Reescreva usando os símbolos algébricos modernos. Qual versão é mais clara? Você reconhece essa regra?

5. Os matemáticos gregos diziam que as quantidades $a, b, c, ..., y, z$ estão "em proporções contínuas" se a razão entre cada quantidade e a próxima for sempre a mesma, isto é, se:

$$\frac{a}{b} = \frac{b}{c} = \ldots = \frac{y}{z}.$$

Traduza para a notação algébrica moderna. (Sugestão: escreva ao que a n-ésima quantidade é igual, em termos da primeira quantidade e da razão comum.)

6. Faça uma correspondência entre cada trabalho matemático listado na Questão 1 e o evento da seguinte lista que está mais próximo no tempo e no espaço.

(i) Carlos VIII se tornou o rei da França. Cerca de 10 anos mais tarde ele invadiria e conquistaria uma grande parte da península italiana.

(ii) François Rabelais escreveu sua famosa série de sátiras sociais sobre *Gargantua e Pantagruel*.

(iii) A Quarta Cruzada capturou e saqueou Constantinopla.

(iv) Ludwig von Beethoven escreveu sua sinfonia "Pastoral".

(v) John Calvin retornou do exílio para se tornar o líder espiritual e moral de Genebra, na Suíça.

(vi) Michelangelo estava começando sua carreira artística.

PROJETOS

1. Este esboço tornou claro que as pessoas estavam usando a álgebra muito antes de a notação atual ser desenvolvida. Escreva um texto que aborde estas questões:

- Se você fosse começar a ensinar álgebra de uma forma que encorajasse os estudantes a desenvolver sua própria notação, onde e como você começaria?
- Quais os benefícios de fazer os estudantes criarem sua própria notação algébrica? Quais as desvantagens?
- Como você acha que alguém que não sabe nada sobre álgebra deveria começar a aprendê-la?

2. A questão de como representar potências de quantidades desconhecidas gerou uma grande confusão no desenvolvimento do simbolismo algébrico. Isso foi particularmente evidente na Europa durante os séculos XV, XVI e XVII, uma época na qual o aparecimento da imprensa com tipos móveis tornava cada vez mais importante se fixar em formas padrões, convenientes tipograficamente, para representar sentenças matemáticas. Neste esboço, descrevemos brevemente algumas abordagens para representar potências, mas há muito mais nessa história. Pesquise esse tema e escreva um pequeno texto sobre o que você descobriu. Tente organizar seu texto em torno de algumas questões conceituais ou tópicos principais, de modo que ele não seja uma lista de notações diferentes. (De que maneiras uma era melhor do que a outra? Qual levou a qual e por quê? etc.) Uma boa fonte é [23], que contém uma seção longa e detalhada sobre isso. Mas tente não se limitar a apenas uma fonte e certifique-se de que seu texto faça mais do que simplesmente citar ou parafrasear Cajori.

Esboço 9 *Resolvendo Equações de Primeiro Grau*

Problemas que se reduzem a resolver uma equação de primeiro grau aparecem naturalmente sempre que aplicamos matemática ao mundo real. Não é surpreendente, portanto, descobrir que quase todos que estudaram matemática, dos escribas egípcios aos servidores públicos chineses, desenvolveram técnicas para resolver tais problemas.

O papiro de Rhind, uma coleção de problemas provavelmente usados pra treinar jovens escribas no Egito Antigo, continha diversos problemas desse tipo. Alguns são simples e diretos; outros, bastante complicados. Aqui está um simples:

> Uma quantidade; sua metade e seu terço são adicionados a ela. Ela se torna 10.

Em nossa notação, isso é apenas a equação:

$$x + \frac{1}{2}x + \frac{1}{3}x = 10.$$

(Tenha em mente, entretanto, que esse tipo de simbolismo ainda estava muito longe no futuro, como explicado no Esboço 8.) O escriba é instruído a resolvê-la do mesmo modo como resolveríamos: divida 10 por $1 + \frac{1}{2} + \frac{1}{3}$.

Muito frequentemente, entretanto, os problemas no papiro de Rhind são resolvidos por um método muito diferente.

> Uma quantidade; seu quarto é somado a ela. Ela se torna 15.

Em vez de dividir 15 por $1\frac{1}{4}$, o escriba prossegue como a seguir. Ele supõe (ou *posits*) que a quantidade é 4 (por que 4? Porque é fácil calcular um quarto de 4). Se você tomar 4 e somar seu quarto a ele, obtém $4 + 1 = 5$. Então, queríamos 15, mas obtivemos 5; precisamos multiplicar o que obtivemos (isto é, 5) por 3 para obter o que queríamos (ou seja, 15). Assim, tomamos nossa tentativa e multiplicamos por 3. Nossa tentativa era 4, de modo que a resposta é $3 \times 4 = 12$.

Esse método é conhecido como *falsa posição*: propomos uma resposta que não esperamos realmente que seja a correta, mas que torna os cálculos fáceis. Então, usamos o resultado incorreto da tentativa para descobrir o número pelo qual precisamos multiplicar nossa tentativa para obter a resposta correta.

Os símbolos tornam isso fácil de entender. A equação que estamos resolvendo é do tipo $Ax = B$. Se multiplicarmos x por um fator de modo que ele se torne kx, vemos que:

$$A(kx) = k(Ax) = kB.$$

Assim, mudando-se a escala da entrada por algum fator, muda-se a escala da saída pelo mesmo fator. Isso é o que permite que o método da falsa posição funcione; usamos nossa tentativa para encontrar o fator correto.

Por toda a Antiguidade, o método da falsa posição foi usado para resolver equações lineares, incluindo algumas bastante complicadas. Essas variavam de problemas práticos até problemas mais excêntricos com um sabor recreativo.

Entretanto, esse método só pode ser aplicado a equações da forma $Ax = B$. Se, em vez disso, a equação fosse $Ax + C = B$, então não é mais verdade que multiplicar x por um fator faz com que B varie pelo mesmo fator, e essa versão simples do método não funciona. Poderíamos tentar subtrair C de ambos os lados, o que nem sempre é tão fácil quanto parece, porque a expressão do lado esquerdo poderia ser inicialmente muito complicada, e encontrar a constante correta para subtrair exigiria que a simplificássemos para a forma $Ax + C$.

Em vez disso, foi encontrada uma maneira de estender uma ideia básica para equações daquele tipo sem qualquer manipulação algébrica como essa. Ele é chamado de método de *falsa posição dupla*, e é um método tão efetivo para resolver equações lineares que continuou a ser usado muito depois da invenção das notações algébricas. De fato, como ele não exige nenhuma álgebra, foi ensinado nos livros-textos de aritmética até recentemente, no século XIX. Aqui está um exemplo,[1] de *Daboll's Schoolmaster's Assistant*, publicado no início dos anos 1800.

Uma bolsa de 100 dólares deve ser dividida entre quatro homens, A, B, C e D, de modo que B possa ter quatro dólares a mais que A, C possa ter oito dólares a mais que B e D possa ter duas vezes a mais que a quantia de C. Qual é a parte do dinheiro de cada um?

[1] Tirado de [20], p. 34-35.

Uma abordagem moderna seria tomar x como a quantia dada a A. Então, B recebe $x + 4$, C recebe $(x + 4) + 8 = x + 12$ e D recebe $2(x + 12)$. Já que o total é \$100, obtemos a equação:

$$x + (x + 4) + (x + 12) + 2(x + 12) = 100,$$

que, então, resolvemos da maneira usual.

Em vez disso, aqui está o que o *Daboll's* recomenda: faça uma primeira tentativa, digamos que A receba 6 dólares. Então, B recebe 10, C recebe 18 e D recebe 36 (observe que não precisamos descobrir como a quantia de D se relaciona com a de A para fazer isso; vamos simplesmente passo a passo). Somando as quantias obtemos \$70; estamos fora por \$30.

Assim, tentamos novamente. Dessa vez, começamos um pouco mais alto, digamos que A obtenha 8 dólares. Então, B recebe 12, C recebe 20 e D recebe 40, para um total de \$80. Isso ainda está errado, está fora por \$20.

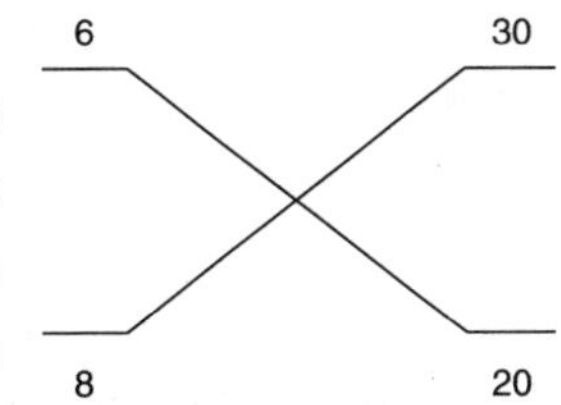

■ **Figura 1**

Agora vem a mágica. Desenhe as suas tentativas e os dois erros como na Figura 1. Multiplique cruzado: 6×20 é 120, e 8×30 é 240. Tome a diferença, $240 - 120 = 120$, e divida pela diferença dos erros, nesse caso, 10. A escolha correta para a quantia que A recebe é $120/10 = 12$.

Isso, explica *Daboll*, é o procedimento quando os dois erros são do mesmo tipo (ambos subestimam, no nosso caso). Se eles fossem de tipos diferentes, usaríamos a soma dos produtos e dividiríamos pela soma dos erros (essa é apenas uma maneira de evitar números negativos).

Os leitores modernos usualmente acham esse método intrigante: por que ele funciona? Provavelmente a melhor maneira de analisá-lo é usar algum raciocínio gráfico. Não importa qual o resultado da simplificação do lado esquerdo de

$$x + (x + 4) + (x + 12) + 2(x + 12) = 100,$$

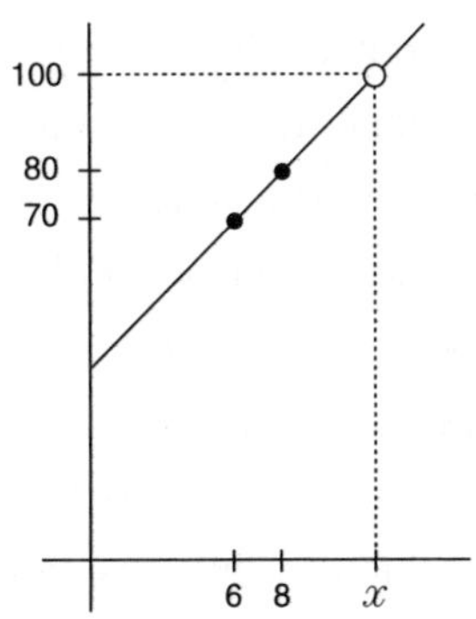

■ **Figura 2**

a equação será alguma coisa de forma $mx + b = 100$. Assim, podemos pensar nisso do seguinte modo: existe uma reta $y = mx + b$ e gostaríamos de determinar o valor de x para qual $y = 100$. Para determinar essa reta, precisamos de dois pontos, e as duas tentativas forneceram esses pontos para nós: tanto (6, 70) quanto (8, 80) estão na reta. Queremos encontrar x de modo que $(x, 100)$ esteja na mesma reta (ver Figura 2). A inclinação da reta é uma constante; podemos calculá-la como "aumento sobre o tamanho do intervalo" usando o primeiro e o terceiro pontos.

Podemos também calculá-la usando o segundo e o terceiro pontos, e as respostas devem ser as mesmas. Portanto, observamos que:

$$\frac{100-70}{x-6}=\frac{100-80}{x-8}$$

ou

$$\frac{30}{x-6}=\frac{20}{x-8}.$$

Observe que os numeradores são exatamente os erros que tínhamos antes. Agora, multiplique cruzado para obter:

$$30(x-8)=20(x-6),$$

o que se simplifica para:

$$(30-20)x=(30\times 8)-(20\times 6);$$

ou seja:

$$x=\frac{(30\times 8)-(20\times 6)}{30-20}=\frac{120}{10}=12.$$

Isso é exatamente o mesmo cálculo que no método da falsa posição dupla.

É claro, nossa maneira de entender equações como retas é bastante recente (ela remonta apenas ao século XVII; ver Esboço 16), e o método da falsa posição dupla é muito antigo. Mas a inclinação real da reta nunca precisou ser calculada. De fato, não precisamos pensar em nenhuma dessas razões como inclinação em nenhum sentido gráfico. Tudo o que precisamos saber é que a variação na saída é proporcional à variação na entrada, o que é a essência do que a "linearidade" significa. E isso os antigos de fato entendiam.

A distinção entre problemas "lineares" e "não lineares" ainda é útil atualmente. Nós a aplicamos não apenas a equações mas também a muitos outros tipos de problemas. Nos problemas lineares, existe uma relação simples – uma razão constante – entre variações na entrada e variações na saída, exatamente como vimos. Nos problemas não lineares, não existe tal relação simples e, algumas vezes, variações muito pequenas na entrada podem produzir grandes variações na saída. Ainda não temos um entendimento completo dos problemas não lineares. Realmente, com frequência usamos problemas lineares para encontrar soluções aproximadas de problemas não lineares. E os métodos que usamos para resolver aqueles problemas lineares são baseados na mesma percepção fundamental que serve como base para o método da falsa posição.

Para um olhar mais atento

Como resolver equações lineares é relativamente fácil, poucos dos livros de história-padrão têm seções específicas sobre o assunto. Há uma pequena discussão em [20] (p. 31-35). Muitos problemas-exemplo podem ser encontrados em [54].

QUESTÕES

1. Use a falsa posição para resolver o problema do papiro de Rhind no início desse esboço:

> Uma quantidade; sua metade e seu terço são somadas a ela. Ela se torna 10.

Qual é essa quantidade?

2. Escreva em palavras (sem usar a notação algébrica moderna) um problema que possa ser resolvido pela falsa posição; então o resolva dessa forma. A seguir, verifique sua resposta resolvendo o problema algebricamente.

3. Use a falsa posição dupla para resolver o seguinte problema, o qual é baseado em um problema do Capítulo 12 de *Liber Abbaci*, de Leonardo de Pisa.[2]

> Um certo homem prosseguindo para Lucca a negócios para obter lucro dobrou seu dinheiro e gastou lá 12 denari. A seguir, partiu e foi para Florença; lá ele dobrou seu dinheiro e gastou 12 denari. Então ele retornou para Pisa, dobrou seu dinheiro e gastou 12 denari. No final das três viagens e depois das despesas, havia 9 denari. Quanto ele tinha no início?

4. Leonardo deu várias formas desse problema. Na primeira delas, o viajante acabou sem nenhum dinheiro. Aqui está a solução naquele caso; você pode explicá-la?

> Como é afirmado que ele sempre dobra seu dinheiro, é claro que será feito 2 a partir de 1. Uma vez que a fração 1 é de 2, a saber, $\frac{1}{2}$, a qual então é escrita três vezes por causa das três viagens que ele fez: $\frac{1}{2}\frac{1}{2}\frac{1}{2}$, e o 2 é multiplicado por 2 e os outros dois estão sob a fração; serão 8, dos quais você tira $\frac{1}{2}$, a saber 4, dos quais você tira $\frac{1}{2}$, a saber 2, e do 2 você tira $\frac{1}{2}$, a saber 1. Depois disso você soma o 4 ao 2 e ao 1; haverá 7, que você multiplica pelos 12 denari que ele gastou; haverá 84, que você divide por 8; o quociente será $10\frac{1}{2}$ denari, e essa é a quantia que o homem tinha.

5. Na explicação da falsa posição dada neste esboço, havia dois casos: ou os dois erros eram do mesmo tipo ou não eram. Então o texto diz: "Esta é apenas uma maneira de evitar os números negativos". Explique.

[2] L. E. Sigler, *Fibonacci's Liber Abaci*, Springer Verlag, 2002, p. 372-373.

6. Escreva em palavras (sem usar a notação algébrica moderna) um problema que possa ser resolvido pela falsa posição dupla, mas não pela falsa posição simples; então resolva daquela forma. A seguir, verifique sua resposta resolvendo o problema algebricamente.
7. Certo dia, Johnny estava atrasado para sua aula de matemática. Assim que ele entrou, seu professor o olhou e disse: "Johnny, você sabe que horas são?". Johnny respondeu, "Claro. Se você somar um quarto do tempo de meia-noite até agora à metade do tempo de agora até meia-noite, você obterá a hora que é agora". Qual dos métodos discutidos neste capítulo pode ser usado para resolver esse problema? Que horas eram?

PROJETOS

1. Para resolver equações algebricamente, precisamos usar diversas ideias abstratas: um símbolo para a incógnita, zero, números negativos e a noção de compensar operações dos dois lados de uma equação. Escreva um texto explicando como os métodos da falsa posição evitaram a necessidade de tais conceitos. Isso torna mais fácil ou mais difícil aprender e lembrar como resolver problemas de equações lineares?
2. *The Whetstone of Witte*, de Robert Recorde, é escrito como um diálogo entre um mestre e seu aluno. Depois que o mestre explica a ideia básica por trás de montar e resolver equações, o estudante diz:

   > Parece que essa regra é a mesma que a da falsa posição e, portanto, poderia assim ser chamada, visto que ela toma um falso número para trabalhar.[3]

   O mestre respondeu, entretanto, que esse método "não toma um número falso, mas um número verdadeiro para sua posição, como ele deve ser imediatamente declarado", e acrescenta que ele "ensina a um homem inicialmente nomear um número verdadeiro antes de ele saber com certeza o que nomeou".

   Qual é a questão da distinção que o mestre faz? O que ela diz sobre a abordagem algébrica da resolução de problemas? Escreva um pequeno texto em resposta a essas questões.
3. *Daboll's Schoolmaster's Assistant* era o livro de aritmética mais amplamente usado nos Estados Unidos na primeira metade do século XIX. Ele foi publicado por muitas companhias diferentes por mais de 40 anos, começando em 1799. Pesquise esse livro e escreva um texto sobre ele, seu autor (Nathan Daboll) e o que estava ocorrendo nos Estados Unidos durante aqueles anos que pudesse explicar por que tal livro era tão popular.

[3] De Robert Recorde, *The Whetstone of Witte*, Da Capo Press, 1969. Essa edição é uma cópia da edição de Londres de 1557. Esse diálogo aparece na segunda página da segunda arte descrevendo "The rule of equations, commonly called Algeber's Rule". Modernizamos a pontuação e a ortografia.

Esboço 10 UM QUADRADO E COISAS

Equações Quadráticas

A palavra "álgebra" veio do título de um livro escrito em árabe em torno do ano 825. O autor, Muḥammad Ibn Mūsa Al-Khwārizmī nasceu provavelmente no que é agora o Uzbequistão. Ele viveu, entretanto, em Bagdá, onde o califa tinha estabelecido uma espécie de academia de ciências chamada "A Casa da Sabedoria". Al-Khwārizmī era um generalista; escreveu livros sobre geografia, astronomia e matemática. Mas seu livro sobre álgebra é um dos seus mais famosos. O livro de Al-Khwārizmī começa com uma discussão de equações quadráticas. De fato, ele considera um problema específico:

> Um quadrado e dez raízes dele são iguais a trinta e nove dirhems. Quer dizer, quanto deve ser o quadrado, o qual, quando aumentado por dez de suas próprias raízes, é igual a trinta e nove?

Se chamarmos a incógnita de x, poderemos chamar o "quadrado" de x^2. Agora, uma "raiz desse quadrado" é x, de modo que dez raízes do quadrado é $10x$. Usando essa notação, o problema se traduz na resolução de $x^2 + 10x = 39$. Mas o simbolismo algébrico ainda não tinha sido inventado, de modo que tudo que Al-Khwārizmī poderia fazer era dizer isso em palavras. Na tradição dos professores de álgebra, honrada em toda parte, ele seguiu o problema com uma espécie de receita para sua solução, novamente descrita em palavras:

> A solução é a seguinte: você divide o número de raízes por dois, o que, no caso presente, fornece cinco. Isso você multiplica por si mesmo; o produto é vinte e cinco. Some isso a trinta e nove; a soma é sessenta e quatro. Agora, tome a raiz disso, que é oito, e subtraia disso a metade do número de raízes, que é cinco; o resto é três. Essa é a raiz do quadrado que você procurava; o próprio quadrado é nove.[1]

Aqui estão os cálculos com os nossos símbolos:

$$x = \sqrt{5^2 + 39} - 5 = \sqrt{25 + 39} - 5 = \sqrt{64} - 5 = 8 - 5 = 3.$$

[1] Traduzido por Frederic Rosen; ver [83], p. 8.

Não é difícil ver que isso é basicamente a fórmula quadrática como a conhecemos atualmente. Para resolver $x^2 + bx = c$, Al-Khwārizmī usou a regra:

$$x = \sqrt{\left(\frac{b}{2}\right)^2 + c} - \frac{b}{2}.$$

A maior diferença entre isso e a fórmula moderna é que consideraríamos ambas as raízes quadradas positivas e negativas. Mas, tomando a raiz quadrada negativa, obteríamos um valor negativo para x. Os matemáticos daquela época não acreditavam em números negativos; a raiz positiva era a única para as quais eles atentavam. Também colocamos a parte "$-b$" no início. Contudo, isso significaria novamente um número negativo, de modo que ele prefere colocá-lo no fim, como uma subtração. (Ver Esboço 5.) Finalmente, ele escreve a equação com o c no lado direito, enquanto nós a escreveríamos como $x^2 + bx - c = 0$.

Se pusermos o "$-b$" na frente, adicionarmos ± à raiz, lembrarmos de considerar o sinal do c e fizermos um pouco de álgebra, a fórmula dele se torna a nossa:

$$x = -\frac{b}{2} \pm \sqrt{\left(\frac{b}{2}\right)^2 + c} = \frac{-b \pm \sqrt{b^2 + 4c}}{2}.$$

(O coeficiente a está faltando nessa fórmula porque Al-Khwārizmī estava considerando um único quadrado, isto é, $a = 1$.)

Mas ele não parou aí. Ele sentiu que deveria explicar por que seu método funcionava. Em vez de fazê-lo algebricamente, como faríamos atualmente, ele o fez com um argumento geométrico. Era algo assim:

> Primeiro temos "um quadrado e dez raízes". Para visualizar isso, desenho um quadrado cujo lado não sabemos ainda. Se chamarmos o lado de x, a área do quadrado é x^2. Para obter $10x$, desenhamos um retângulo com um lado igual a x e outro lado igual a 10, como na Figura 1.

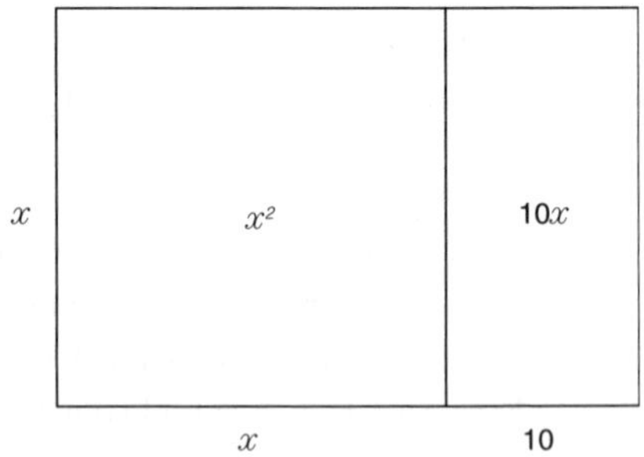

Figura 1

A equação nos diz que a área da figura toda é 39. Para resolver a equação, isto é, determinar x, primeiros cortamos o número de raízes na metade. Geometricamente, significa dividir o retângulo em duas metades, cada uma com área $5x$, como na Figura 2.

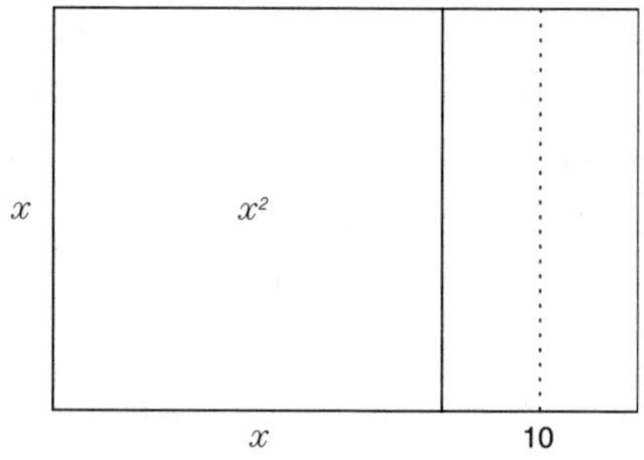

Figura 2

Agora movemos uma das metades do retângulo para a base do quadrado, formando a Figura 3. A área total ainda é 39. Mas observe que, adicionando o pequeno quadrado faltante no canto direito inferior, obteremos um quadrado grande. Como os dois retângulos têm lado 5, a área do pequeno quadrado deve ser 25, como mostrado na Figura 4.

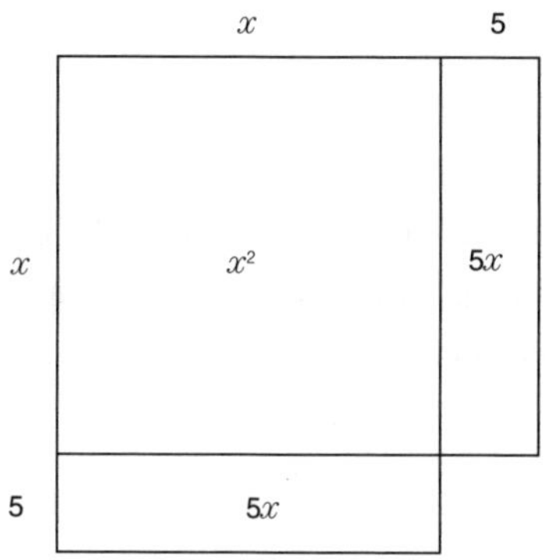

Figura 3

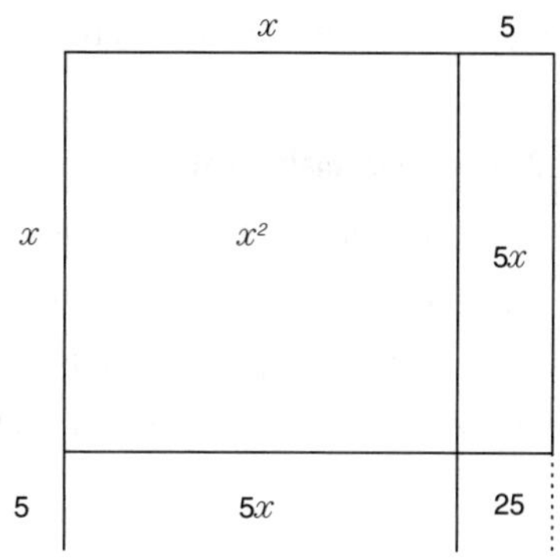

Figura 4

Quando *completamos o quadrado* adicionando o pequeno que falta, nossa figura se torna um quadrado cuja área é 39 + 25 = 64. Mas isso significa que seu lado é igual à raiz quadrada de 64, que é 8. E, como o lado do quadrado grande é $x + 5$, podemos concluir que $x + 5 = 8$. Assim, subtraímos 5 e obtemos $x = 3$.

Cada passo na regra de Al-Khwārizmī corresponde a um passo na versão geométrica. E a versão geométrica mostra-nos exatamente o que está acontecendo e por que isso funciona! Como observado anteriormente, essa versão da fórmula quadrática supõe que o coeficiente dominante seja 1. Atualmente, escrevemos a equação quadrática geral como $ax^2 + bx + c = 0$, permitindo um coeficiente dominante diferente. Al-Khwārizmī teria tratado isso simplesmente dividindo por a e aplicando a regra dele.

Depois da regra de Al-Khwārizmī, muitos outros matemáticos escreveram sobre as equações quadráticas. Seus métodos e suas justificativas geométricas se tornaram mais e mais sofisticados. Mas a ideia básica nunca mudou. De fato, até mesmo o exemplo permaneceu o mesmo. Do século IX ao século XVI, os livros de álgebra quase sempre começavam suas discussões sobre equações quadráticas considerando "um quadrado e dez raízes são iguais a 39".

No início do século XVII, os matemáticos descobriram a ideia de usar letras para representar números. (Ver Esboço 8.) Lentamente, desenvolveu-se uma convenção: letras do final do alfabeto denotariam os números *desconhecidos*, e letras do começo do alfabeto designariam números *conhecidos*. Finalmente, Thomas Harriot e René Descartes observaram que é mais fácil escrever todas as equações como alguma coisa = 0. A principal vantagem é que agora $ax^2 + bx = c$ e $ax^2 + c = bx$ podem ser vistos como casos especiais da equação geral $ax^2 + bx + c = 0$. E a solução geral podia ser escrita como:

$$x = \frac{-b \pm \sqrt{b^2 - 4ac}}{2a}.$$

Isso é o que ainda fazemos hoje em dia.

Para um olhar mais atento

Há muita informação sobre a história da álgebra tanto em [80] quanto em [66]. O texto de Al-Khwārizmī pode ser encontrado em muitos livros-fonte, incluindo [54]. Para o texto completo, veja [83]. Uma boa descrição da extensão de um livro da história da álgebra pode ser encontrada em [10].

QUESTÕES

1. Al-Khwārizmī classificou as equações em seis tipos. Três deles envolviam apenas dois termos (por exemplo, quadrados são iguais a coisas), e três envolviam mais de dois (por exemplo, um quadrado e coisas iguais a números). Explique por que ele precisou fazer isso e liste (na forma moderna) todos os seis tipos de equações.

2. O argumento geométrico descrito neste esboço funciona apenas para "um quadrado e coisas igual a números", isto é, para equações da forma $x^2 + bx = c$ (com b e c positivos). Desenvolva um argumento geométrico análogo para resolver "um quadrado é igual a coisas e números", ou seja, uma equação da forma $x^2 = bx + c$.

Você pode fazer o mesmo para "um quadrado e números são iguais a coisas"? (Tenha cuidado, isso é significativamente mais complicado.)

3. As equações quadráticas ocorrem por toda a matemática antiga. Aqui está um exemplo de Diofante:

> Para encontrar dois números cuja soma e a soma de seus quadrados são números dados.

Diofante tomou a soma como 20 e a soma dos quadrados como 208. Ele também observou que, para a resolução, é necessário que "o dobro da soma dos quadrados exceda o quadrado da soma por um quadrado". Expresse esse problema em termos modernos, resolva-o e explique por que Diofante precisou adicionar uma condição.

4. Abū Kāmil (ca. 850-930) viveu (provavelmente) no Egito, não muito depois de Al-Khwārizmī. Em seu livro de álgebra, ele anunciou que podia resolver equações que não eram dos seis tipos padrões (veja a Questão 1). Aqui está um exemplo de tal problema:[2]

> É dito que 10 está dividido em duas partes, cada uma das quais está dividida pela outra, e quando cada um dos quocientes é multiplicado por ele mesmo e o menor é subtraído do maior, então resta 2.

Expresse o problema de Abū Kāmil em termos matemáticos e resolva-o. Ele não pertence realmente a nenhum dos seis tipos padrões?

5. Al-Khwārizmī viveu no Oriente Médio no início do século IX, possivelmente em 780-850. O que estava acontecendo na Europa nessa época?

PROJETOS

1. Os textos do ensino médio frequentemente pedem que os estudantes resolvam equações quadráticas da seguinte maneira:

- Escreva a equação com 0 de um lado.
- Fatore a equação quadrática (cuidadosamente escolhida) em dois fatores lineares encontrando os números (inteiros) que ajustam os coeficientes.
- Iguale cada fator linear a zero para encontrar as duas raízes.

A fórmula quadrática aparece mais tarde, e completar quadrados é introduzido (muitas vezes, sem figuras!) como uma maneira de deduzir a fórmula.

Explique como essa abordagem está historicamente de trás para frente. Em particular, identifique os conceitos matemáticos essenciais para a abordagem de fatoração que não existiam até muito depois de Al-Khwārizmī resolver equações quadráticas e diga quando eles apareceram. (Ver Esboços 3 e 8.) A seguir, discuta se você acha ou não que uma abordagem historicamente fiel seria preferível no ensino médio. Apoie sua opinião em argumentos persuasivos.

2. Muitas tábuas babilônias antigas continham problemas que se reduziam a equações quadráticas. Aqui estão dois exemplos (de [54], p. 31) de problemas resolvidos.

[2] Tirado de *The Algebra of Abū Kāmil, in a commentary by Mordecai Finzi*, de Martin Levey, University of Wisconsin Press, 1966, p. 156.

Interprete os problemas e soluções em termos modernos. (Pode ser útil primeiro resolver o problema algebricamente e, então, tentar seguir a solução babilônia.)

Para ler esses problemas, lembre-se de que os babilônios usavam numeração sexagesimal. Separamos os diferentes "algarismos" por vírgulas e usamos um ponto e vírgula para destacar a parte inteira da parte fracionária. Por exemplo, "1,0;30" significa $60\frac{1}{2}$. (Ver Esboços 1 e 4 para mais informação sobre a numeração sexagesimal.)

a. Eu aumentei a área e o lado de meu quadrado: 0;45. Escreva 1, o coeficiente. Tire a metade de 1: 0;30 e 0;30 você multiplica: 0;15. Você soma 0;15 a 0;45: 1. Isso é o quadrado de 1. De 1 você subtrai 0;30, que você tinha multiplicado. 0;30 é o lado do quadrado.

b. Eu juntei as superfícies de minhas duas figuras quadradas: 21,40. Os lados de minhas duas figuras quadradas eu multipliquei: 10,0. Você tira a metade de 21,40. 10,50 e 10,50 você multiplica: 1,57,21,40. 10,0 e 10,0 você multiplica. 1,40,0,0 de dentro de 1,57,21,40 você tira: 17,21,40. 4,10 o lado. 4,10 ao primeiro 10,50 você soma: 15,0. 30 o lado. 30 a primeira figura quadrada. 4,10 de dentro do segundo 10,50 você tira: 6,40. 20 o lado. 20 a segunda figura quadrada.

INTRIGA NA ITÁLIA DO RENASCIMENTO

Esboço 11

Resolvendo Equações Cúbicas

Os problemas matemáticos raramente aparecem de forma abstrata. O problema de resolver equações cúbicas (equações de grau 3) apareceu de problemas geométricos considerados primeiro pelos matemáticos gregos. Os problemas originais podem remontar a tão longe quanto 400 a.C. Mas a solução completa apareceu apenas 2 mil anos mais tarde.

A história começa com uma famosa questão geométrica: dado um ângulo, existe uma maneira de construir um ângulo medindo um terço dele? Para que a questão faça sentido, primeiro precisamos entender (ou decidir) o que significa "construir". Se significar usar apenas uma régua e um compasso, a resposta é que isso não pode ser feito. Se permitirmos outras ferramentas, pode. Diversas construções eram conhecidas na Grécia Antiga, muitas das quais envolviam seções cônicas como parábolas e hipérboles.

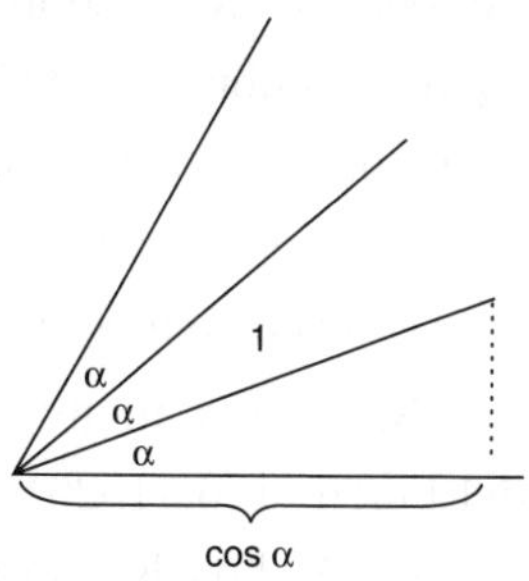

Uma vez que a trigonometria foi desenvolvida, ficou claro que esse problema se reduz a resolver uma equação cúbica, como segue. Para encontrar um terço de um ângulo θ dado, podemos começar pensando que θ é três vezes o ângulo que estamos procurando, o qual chamaremos de α; isto é, $\alpha = \theta/3$. Agora, aplicamos a fórmula do cosseno de 3α:

$$\cos(3\alpha) = 4\cos^3(\alpha) - 3\cos(\alpha).$$

Como o ângulo θ é conhecido, sabemos também $\cos(\theta)$; chame isso de a. Para construir $\theta/3$, precisamos construir seu cosseno. Se fizermos $x = \cos(\theta/3)$, então, usando a fórmula anterior com $\alpha = \theta/3$, obtemos $a = 4x^3 - 3x$ ou $4x^3 - 3x - a = 0$. Encontrar x se reduz a resolver essa equação.

Quando os matemáticos árabes começaram a fazer álgebra, era inevitável que alguém tentasse aplicar as novas técnicas a equações de grau 3. O mais famoso matemático a tentar isso foi 'Umar Al-Khāyammī, conhecido no Ocidente como Omar Khayyam.

Al-Khāyammī, que nasceu no Irã em 1048 e morreu em 1131, era famoso em sua época como matemático, cientista e filósofo. Ele parece ter sido também um poeta, e é assim que é mais conhecido atualmente.[1]

Como os matemáticos árabes não usavam números negativos e não permitiam zero como coeficiente, Al-Khāyammī teve que considerar muitos casos. Para ele, $x^3 + ax = b$ e $x^3 = ax + b$ eram tipos diferentes de equações. A álgebra arábica era inteiramente expressa em palavras, como “um cubo e raízes são iguais a um número” e “um cubo é igual a raízes e um número”, respectivamente. Consideradas dessa maneira, existem 14 tipos diferentes de equações cúbicas. Para cada uma delas, Al-Khāyammī encontrou uma solução geométrica: uma construção que fornecia um segmento de reta cujo comprimento satisfazia a equação. Muitas dessas construções envolviam intersecções com seções cônicas, e muitas tinham condições laterais para garantir a existência de soluções positivas.

O trabalho de Al-Khāyammī é impressionante, mas quando chegava ao ponto de determinar um *número* que resolvesse a equação, não ajudava em nada, como ele próprio admitiu. Assim, o problema foi deixado para outros atacarem.

A álgebra atingiu a Itália no século XIII. O *Liber Abbaci* de Leonardo de Pisa discutiu tanto álgebra quanto aritmética com numerais indo-arábicos. Nos séculos seguintes, uma tradição animada de ensino da aritmética e da álgebra se desenvolveu na Itália. Conforme os comerciantes desenvolviam seus negócios, eles tinham cada vez mais necessidade de fazer cálculos. Os abacistas italianos tentaram satisfazer essa necessidade escrevendo livros sobre aritmética e álgebra. Diversos deles discutiam exemplos de equações cúbicas. Em alguns casos, os exemplos eram escolhidos de modo que as equações pudessem ser resolvidas, ou eram construídos a partir de suas resoluções. Em outros casos, os autores apresentaram maneiras incorretas de resolvê-los. Ninguém tinha uma solução completa do problema geral.

Não houve muito progresso real quanto ao problema até o trabalho de Scipione del Ferro (1465-1526) e Niccolò Fontana (1500-1557), conhecido como Tartaglia (“o Gago”). Ambos descobriram como resolver certas equações cúbicas e mantiveram suas soluções em segredo. Naquela época, os estudiosos italianos eram na maioria sustentados por patronos ricos e tinham que provar seu talento derrotando outros estudiosos em competições públicas. Saber como resolver equações cúbicas lhes permitia desafiar competidores com problemas que estes não podiam resolver. Assim, o sistema de competição encorajou as pessoas a manterem segredos.

[1] Seu trabalho poético mais famoso é o *Rubā'iāt,* que significa “quadras”, o que foi “muito livremente” traduzido em 1859 por Edward Fitzgerald como *The Rubaiat Of Omar Khayyam.*

Em 1535, Tartaglia se gabou de que podia resolver equações cúbicas, mas que não iria contar a ninguém como fazia isso. Scipione del Ferro, que estava morto naquela época, tinha passado seu próprio segredo para seu estudante Antonio Maria Fiore. Quando Fiore ouviu a alegação de Tartaglia, desafiou-o para uma competição. O que aconteceu foi que del Ferro sabia como resolver equações da forma $x^3 + cx = d$, e que Tartaglia havia descoberto como resolver $x^3 + bx^2 = d$. Quando chegou o momento da competição, Tartaglia apresentou a Fiore diversas questões em diversas partes diferentes da matemática, mas cada uma das questões de Fiore se reduzia a uma equação cúbica do tipo que ele sabia resolver. Confrontado com isso, Tartaglia conseguiu descobrir uma solução para esse tipo de equação também, e ganhou a competição prontamente quando ficou claro que o conhecimento de Fiore não se estendia muito além das equações cúbicas.

A notícia da vitória de Tartaglia atingiu Girolamo Cardano (1501-1576), uma das figuras mais interessantes da Itália do século XVI. Cardano era médico, filósofo, astrólogo e matemático. Em cada um desses campos ele se tornou conhecido e respeitado por toda a Europa. Em 1552, por exemplo, foi convidado para ir à Escócia ajudar a tratar o bispo de St. Andrews, que estava sofrendo de sérios ataques de asma. Concordou em ir e teve sucesso em curar o bispo, e isso solidificou sua fama.

As aventuras de Cardano com as equações cúbicas aconteceram mais cedo em sua vida. Tendo ouvido a respeito da solução de Tartaglia, Cardano o contatou em 1539 para tentar convencê-lo a compartilhar seu segredo. Os muitos apelos e promessas[2] de segredo de Cardano finalmente convenceram Tartaglia, que foi a Milão para explicar sua solução a Cardano. Uma vez de posse de um método para resolver um par de casos da equação cúbica, Cardano atacou o problema da equação geral e, depois de seis anos de trabalho intenso, conseguiu resolvê-lo completamente. Seu assistente, Lodovico Ferrari (1522-1565), aplicou o mesmo conjunto de ideias à equação geral de grau 4 (a *quártica*) e conseguiu encontrar a solução para ela também.

Nesse ponto, Cardano sabia que tinha feito uma contribuição real para a matemática. Mas como podia publicá-la sem quebrar sua promessa? Ele encontrou uma maneira. Cardano descobriu que del Ferro havia encontrado a solução do caso crítico antes de Tartaglia. Já que não prometera manter a solução de *del Ferro* secreta, ele sentiu que poderia publicá-la mesmo que ela fosse idêntica à que aprendera com Tartaglia. O livro resultante

[2] De acordo com Tartaglia, Cardano teria dito "eu juro a você, por Deus, e como um verdadeiro homem de honra, não apenas nunca publicar suas descobertas, se você me ensiná-las, mas eu também prometo a você, e empenho minha fé como verdadeiro cristão, anotá-las em código, de modo que depois de minha morte ninguém seja capaz de entendê-las". Ver [54], p. 255.

foi chamado *Ars Magna*, que significa "A Grande Arte", isto é, a álgebra. Ele contém uma descrição completa de como resolver qualquer equação cúbica, com justificativas geométricas de por que os métodos funcionam. Também inclui a solução de Ferrari da quártica. Escrito em latim, o livro atingiu estudiosos em toda a Europa e, é claro, Tartaglia.

Tartaglia ficou furioso, mas o que poderia fazer? O segredo estava divulgado. Ele tornou pública a história da traição de Cardano, mas este estava interessado em outras coisas. Em vez disso, Ferrari contatou Tartaglia e desafiou-o para uma competição. Tartaglia considerava Ferrari como um jovem sem importância, de modo que no princípio não estava interessado no desafio, a menos que Cardano pudesse ser trazido também. Mas, em 1548, ofereceram a Tartaglia um cargo de professor, *com a condição de que ele derrotasse Ferrari em um desafio*. Ele concordou, esperando ganhar facilmente. Ferrari, entretanto, sabia como resolver as equações cúbicas e quárticas gerais, e Tartaglia não tinha absorvido essa parte do *Ars Magna*. Tartaglia perdeu e permaneceu ressentido com Cardano até o final de sua vida.

Contudo, esse ainda não é o final da história. Aplicando o método de Cardano a equações da forma $x^3 = px + q$, acabava-se algumas vezes com expressões que pareciam não fazer nenhum sentido. Por exemplo, para $x^3 = 15x + 4$ o método de Cardano fornecia:

$$x = \sqrt[3]{2 + \sqrt{-121}} + \sqrt[3]{2 - \sqrt{-121}}.$$

Normalmente, do aparecimento de raízes de números negativos se concluiria que a equação não tinha nenhuma solução. Mas nesse caso a equação tinha uma solução, a saber, $x = 4$.

Cardano observou esse problema antes de escrever a *Ars Magna* e perguntou a Tartaglia sobre isso. Tartaglia parecia não ter resposta; ele apenas sugeriu que Cardano simplesmente não tinha entendido como resolver tais problemas. Ficou para Rafael Bombelli (1526-1572) resolver a questão. Bombelli começou discutindo a equação dada. Ele então mostrou, geometricamente, que $x^3 = px + q$ sempre tem uma solução positiva, independentemente dos valores (positivos) de p e q. Entretanto, mostrou que, para muitos valores de p e q, resolver essa equação levava à raiz quadrada de números negativos. O que Bombelli fez nesse ponto foi nada menos do que brilhante (para sua época). Ele mostrou que era possível trabalhar com raízes de números negativos e ainda obter respostas razoáveis! (Você pode encontrar mais detalhes sobre isso no Esboço 17.)

Com as equações cúbicas e quárticas resolvidas, o próximo alvo natural eram as equações de grau 5. Isso se mostrou um problema muito mais difícil. De fato, acontece que é impossível encontrar uma fórmula para resolver a equação geral de grau 5. Demonstrar isso exigiu uma mudança completa de ponto de vista, que eventualmente levou ao desenvolvimento da álgebra abstrata.

Para um olhar mais atento

Existe um bom relato da solução da equação cúbica em [80, Capítulo 9]. A álgebra de Al-Khāyammī foi traduzida para o inglês; ver [82]. A *Ars Magna* de Cardano e sua autobiografia também estão disponíveis em inglês como [26] e [27]. Eles oferecem um vislumbre fascinante das formas de pensar de um dos mais brilhantes homens do Renascimento.

QUESTÕES

1. Quando os matemáticos começaram a estudar as equações cúbicas, ainda não usavam números negativos ou o zero como coeficientes. Isso significava que eles tinham que considerar muitas maneiras diferentes de combinar números, coisas, quadrados e cubos. Quantos casos existem? Quais são eles?

2. A primeira fórmula encontrada para resolver equações cúbicas se aplicava apenas a equações cúbicas sem o termo quadrático. Na notação moderna, elas se parecem com o:

$$x^3 + px + q = 0$$

(Elas são chamadas algumas vezes de "cúbicas deprimidas", embora não tenhamos nenhuma ideia de por que possam estar deprimidas.) Verifique que, se começarmos com uma cúbica completa:

$$y^3 + ay^2 + by + c = 0$$

e fizermos $y = x - \frac{a}{3}$, o termo quadrático irá desaparecer. De que modo isso significa que, se tivermos uma fórmula para resolver "cúbicas deprimidas", então podemos de fato resolver qualquer cúbica?

3. Na notação moderna, a fórmula de Cardano para resolver $x^3 + px + q = 0$ é:

$$x = \sqrt[3]{-\frac{q}{2} + \sqrt{\frac{q^2}{4} + \frac{p^3}{27}}} + \sqrt[3]{-\frac{q}{2} - \sqrt{\frac{q^2}{4} + \frac{p^3}{27}}}.$$

Isso, algumas vezes, funciona bem, e outras vezes, não tão bem. Tente usá-lo nas seguintes três equações:

a. $x^3 + 9x - 26 = 0$

b. $x^3 + 3x - 4 = 0$

c. $x^3 - 7x + 6 = 0$

4. Este esboço diz que Bombelli mostrou que $x^3 = px + q$ sempre tem uma solução positiva, independentemente dos valores (positivos) de p e q.

a. Dê uma explicação gráfica de por que essa alegação é plausível. (A utilização de uma calculadora gráfica ou um programa gráfico de computador pode ser útil na formulação e ilustração de sua explicação.)

b. Estenda seu trabalho para a parte (a) para encontrar condições para p e q (positivos) que garantam que $x^3 = px + q$ tenha apenas uma solução real. (Um pouco de cálculo que Bombelli não tinha é útil aqui.)

c. Como a condição que você acabou de encontrar se relaciona com a fórmula de Cardano?

5. Piero della Francesca (1412-1492) é conhecido principalmente por sua pintura, mas ele também escreveu trabalhos matemáticos. Em um deles, o *Trattato d'Abaco* (Tratado sobre Cálculo), encontramos o seguinte:

> Quando coisas e quadrados e cubos e quadrados de quadrados são iguais a números, devia-se dividir o número de coisas pelo número de cubos, quadrar o resultado e somar ao número. Então, a coisa será igual à raiz quadrada da raiz quadrada da soma menos a raiz do resultado de dividir as coisas por cubos.

Isso parece dar a solução de grau 4. Traduza para símbolos algébricos e modernos; a seguir, teste-os nas equações:

$$x^4 + 12x^3 + 54x^2 + 108x = 175$$

e

$$x^4 + 2x^3 + 3x^2 + 2x = 8.$$

O método de Piero funciona?

6. Girolamo Cardano viveu de 1501 a 1576. A seguir está uma lista bem conhecida de figuras do Renascimento italiano. Divida-os em três grupos: aqueles que viveram antes da época de Cardano, aqueles que eram mais ou menos seus contemporâneos e aqueles que viveram depois de sua época. O que tornou cada uma dessas pessoas famosas?

Leonardo da Vinci	Leonardo de Medici	Galileu Galilei
Michelangelo Buonarroti	Giovanni Boccaccio	Caravaggio
Raffaello Sanzio (Raphael)	Evangelista Torricelli	Dante Alighieri
Donatello	Torquato Tasso	Andreas Vesalius

PROJETOS

1. Como encontramos a fórmula para a solução de uma equação cúbica? Faça uma pesquisa e prepare um texto explicando como isso é feito. Quão difícil é dar uma versão geométrica do argumento?

2. O que torna a resolução da equação cúbica difícil é nossa insistência em obter uma resposta *exata*. E se nós concordássemos com uma aproximação? Faça algumas pesquisas sobre métodos para encontrar soluções aproximadas de equações. Descreva pelo menos um método desses e discuta suas vantagens e desvantagens quando comparado à fórmula de Cardano.

Esboço 12 — UM FATO ANIMADOR

O Teorema de Pitágoras

Pergunte a uma pessoa com uma educação média o que o Teorema de Pitágoras diz, e você provavelmente receberá a resposta:

$$a^2 + b^2 = c^2.$$

Se você pressionar um pouco sobre o que as letras a, b e c significam, frequentemente obterá um olhar vazio. Se tiver sorte, essa pessoa se lembrará que é suposto que a e b sejam os comprimentos dos lados menores de um triângulo retângulo e que c seja o comprimento do maior lado, que eles provavelmente se lembram pelo seu nome "engraçado", a hipotenusa (um de nós e seus filhos, em geral, se referem a ele como o "hipopótamo", uma alusão a um trocadilho infame que não será recontada aqui). A hipotenusa fez até mesmo uma rápida aparição na opereta cômica de In Gilbert e Sullivan, de 1879, *The pirates of Penzance*.[1]

Quando nos voltamos para a história e as origens do teorema, descobrimos que elas são difíceis de traçar. A tradição grega associa o teorema com Pitágoras, que viveu no século V a.C. O problema é que ouvimos isso de autores que escreveram muitos séculos depois da época de Pitágoras. Naquele tempo, Pitágoras era uma figura legendária. Há pouca evidência de que ele próprio estivesse interessado em matemática. Sabe-se, entretanto, que ele foi o fundador de uma sociedade, um grupo para aprendizado e contemplação chamado de Irmandade de Pitágoras. Membros posteriores da Irmandade de Pitágoras, de fato, se envolveram em matemática, mas sabemos muito pouco sobre quanto e de que forma.

---

[1] No final do ato um, o Major General canta:

> Eu conheço muito bem também os assuntos matemáticos;
> Eu entendo equações, tanto as simples quanto as quadráticas;
> Sobre o Teorema Binomial, eu estou apinhado de uma porção de novidades,
> Com muitos fatos animadores sobre o quadrado da hipotenusa!

Se procurarmos evidência de que as pessoas sabiam o teorema, entretanto, nós o encontramos, de uma forma ou de outra, em todo o mundo antigo – na Mesopotâmia, no Egito, na Índia, na China e, sim, na Grécia. Algumas das referências mais antigas são da Índia, no *Sulbasutras*, que data de algum período durante o primeiro milênio a.C. Nelas podemos ler que a diagonal de um retângulo "produz tanto quanto é produzido individualmente pelos dois lados". Enunciados parecidos são encontrados em todas as culturas antigas.

O que também encontramos em todas as culturas antigas são trios de números inteiros que "funcionam" como lados de triângulos retângulos. O mais famoso, é claro, é 3, 4, 5. Se fizermos $a = 3$, $b = 4$ e $c = 5$, então:

$$a^2 + b^2 = 9 + 16 = 25 = c^2,$$

e isso significa que um triângulo com lados de comprimento de 3, 4 e 5 unidades será automaticamente um triângulo retângulo. Tais trios não são fáceis de achar, especialmente quando envolvem números que são um pouco maiores, mas encontra-se registro deles na maior parte das culturas antigas. A maioria dos historiadores deduz que eles foram criados de modo que os professores de matemática tivessem exemplos que "dessem certo". Aqui está um exemplo do tipo mais simples de problema que se poderia formular:

> Um lado de um triângulo retângulo tem 119 metros de comprimento, e a hipotenusa tem 169 metros de comprimento. Qual o comprimento do outro lado?

Como $169^2 - 119^2 = 14400 = 120^2$, a resposta pode ser encontrada sem ter que lidar com raízes quadradas complicadas não inteiras. O trio (119, 120, 169) vem de uma antiga tábua babilônia.

Assim, a evidência sugere que o Teorema de Pitágoras era realmente conhecido por todas as culturas matemáticas bem antes da época do próprio Pitágoras. E essas culturas sabiam também encontrar trios de números inteiros que se "ajustariam" ao teorema. Duas explicações concorrentes desse fato foram propostas. A primeira explicação pressupõe uma descoberta casual, que nesse caso deve ter ocorrido em épocas pré-históricas. A outra explicação argumenta que o teorema é tão "natural" que foi descoberto independentemente por muitas culturas diferentes. A segunda interpretação é apoiada pelo trabalho de historiadores culturais da matemática, como Paulus Gerdes, que mostrou (ver, por exemplo, [60]) que, considerando cuidadosamente padrões e decorações usados pelos artesões africanos, pode-se descobrir o teorema de uma forma bastante natural.

É claro que descobrir (ou supor) que o teorema seja verdadeiro é muito diferente de encontrar uma demonstração para ele. Aqui, também, a situação histórica não é clara. Talvez as primeiras demonstrações usassem imagens "quadrado em um quadrado", como

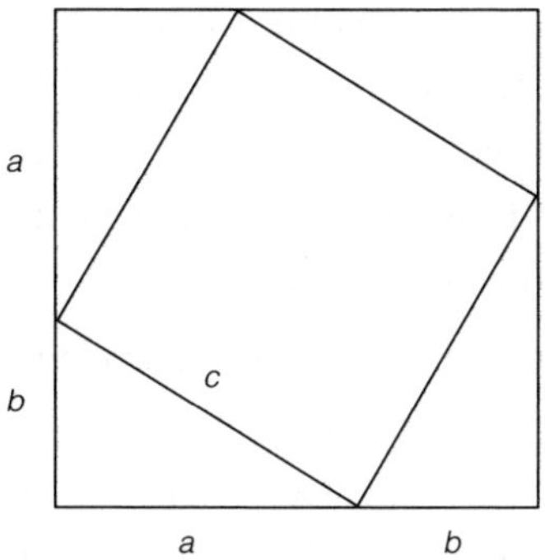

Figura 1 – Um quadrado em um quadrado

na Figura 1, que é baseada em uma fonte chinesa antiga. A ideia é arrumar quatro triângulos idênticos em torno de um quadrado cujo lado é a hipotenusa deles. Para tornar mais fácil a explicação do que está acontecendo, designamos os dois lados menores por a e b e a hipotenusa por c. Visto que todos os quatro triângulos são idênticos, o quadrilátero interno é um quadrado de lado c.

Como o diagrama demonstra o teorema? Bem, o quadrado grande tem lado $a + b$, de modo que sua área é igual a:

$$(a + b)^2 = a^2 + b^2 + 2ab.$$

No entanto, ele claramente se decompõe em um quadrado com área c^2 e quatro triângulos, cada um dos quais tem área $\frac{1}{2}ab$. Assim, a decomposição mostra que a área do quadrado grande também é igual a $c^2 + 2ab$. Igualando essas equações e cancelando $2ab$, vemos que $a^2 + b^2 = c^2$.

Podemos também evitar usar a álgebra e fazer um argumento inteiramente geométrico. Podemos reorganizar os quatro triângulos como na Figura 2. Obtemos o mesmo quadrado de lado $a + b$, mas agora os quatro triângulos foram colocados juntos em dois retângulos. A área remanescente é claramente dois quadrados, um de lado a e o outro de lado b. Assim, no quadrado da Figura 1 temos c^2 mais os quatro triângulos, e no quadrado da Figura 2 temos $a^2 + b^2$ mais os quatro triângulos. Então, $a^2 + b^2 = c^2$. Dessa maneira, as Figuras 1 e 2 juntas formam uma "demonstração sem palavras" do Teorema de Pitágoras.

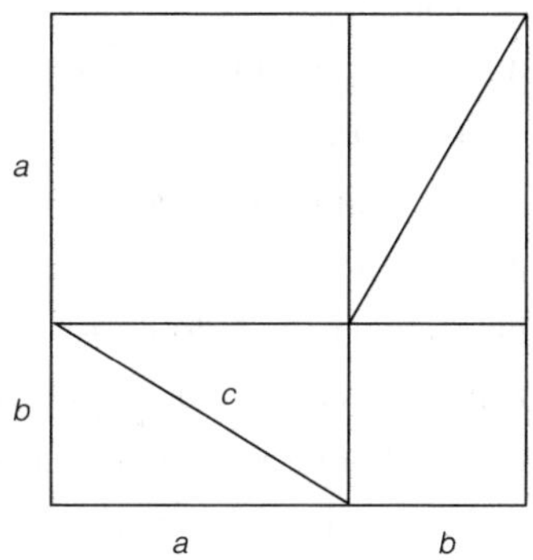

Figura 2 – Figura 1 reorganizada

Aqui está uma outra "demonstração sem palavras", atribuída a Thābit ibn-Qurra, um matemático islâmico do século IX de Bagdá (que agora é o Iraque):

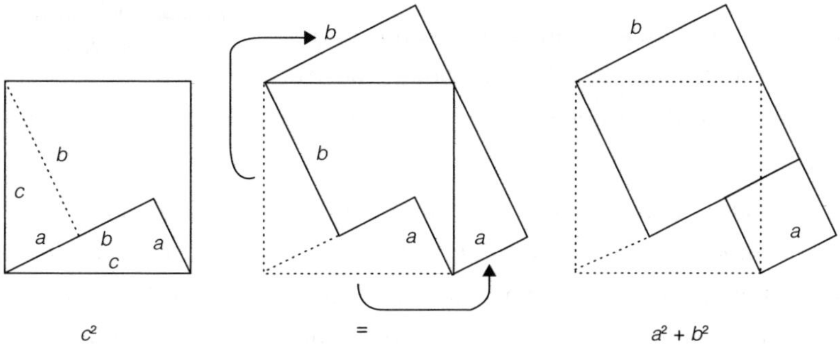

Figura 3

Como você podia esperar, há muitas outras maneiras de demonstrar o Teorema de Pitágoras. De fato, livros inteiros são dedicados a demonstrações diversas, muitas encontradas por matemáticos amadores. Acredita-se que mesmo o presidente norte-americano James Garfield (que uma vez disse que sua mente ficava "extraordinariamente clara e vigorosa" quando estudava matemática) tenha produzido uma demonstração.

A mais famosa de todas as demonstrações é aquela encontrada no primeiro livro de *Elementos* de Euclides. (Ver Esboço 14.) O Livro I de Euclides começa com uma lista de definições e hipóteses básicas. A seguir, vêm muitas preposições (isto é, teoremas) sobre triângulos, ângulos, retas paralelas e paralelogramos. A 47ª proposição diz que:

> Em triângulos com um ângulo reto, o quadrado do lado oposto ao ângulo reto é igual à soma dos quadrados dos lados que formam o ângulo reto.

Esse é um enunciado sobre *áreas*, não sobre os comprimentos dos lados, o que deve ser esperado, pois no início da matemática grega as quantidades não eram usualmente descritas por números. (Ver p. 17 para mais informação sobre isso.)

A Figura 4 mostra o diagrama que acompanha a proposição. O triângulo é desenhado de modo que a hipotenusa ("o lado oposto ao ângulo reto") seja horizontal, e são desenhados quadrados em cada um dos lados. O objetivo é demonstrar que o quadrado grande de baixo é igual à soma dos dois quadrados de cima.

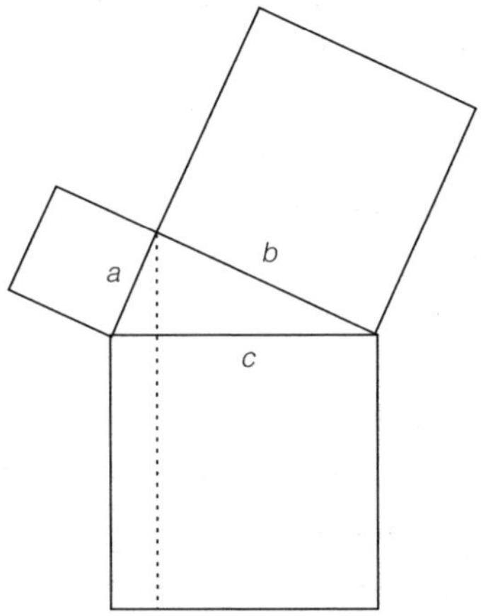

Figura 4 – Demonstração de Euclides

A demonstração de Euclides é interessante. Ele traça uma perpendicular do vértice superior do triângulo retângulo, dividindo o quadrado de baixo em duas partes. Então, ele demonstra, usando fatos básicos sobre triângulos e paralelogramos, que cada parte do quadrado de baixo é igual ao quadrado menor correspondente. Em outras palavras, ele na realidade mostrou como dividir o quadrado grande em duas partes cujas áreas coincidam com as áreas dos dois quadrados menores.

Euclides continua, na proposição seguinte, a demonstrar a recíproca: "Se em um triângulo o quadrado de um dos lados for igual à soma dos quadrados nos dois lados dos quadrados restantes, então o ângulo formado pelos dois lados restantes do triângulo é reto". Isso também é importante: explica, por exemplo, por que podemos usar um triângulo (3, 4, 5) para ter certeza de que um dos ângulos é reto.

Mais adiante em seu livro, Euclides leva o teorema um passo além: ele mostra que não há nada em especial sobre "quadrados" nos teoremas. Se você desenhar uma figura geométrica com sua base igual a um dos seus lados, e então desenhar figuras semelhantes com bases iguais aos outros lados (ver Figura 5), ainda é verdade que a figura na hipotenusa é igual (em área) à soma das outras duas figuras. Isso ocorre porque a razão entre as áreas de figuras semelhantes é igual à razão dos quadrados de seus lados. Assim, se desenharmos figuras semelhantes com lados iguais a a, b e c, suas áreas serão iguais a ka^2, kb^2 e kc^2, em que k é uma constante.[2] Portanto:

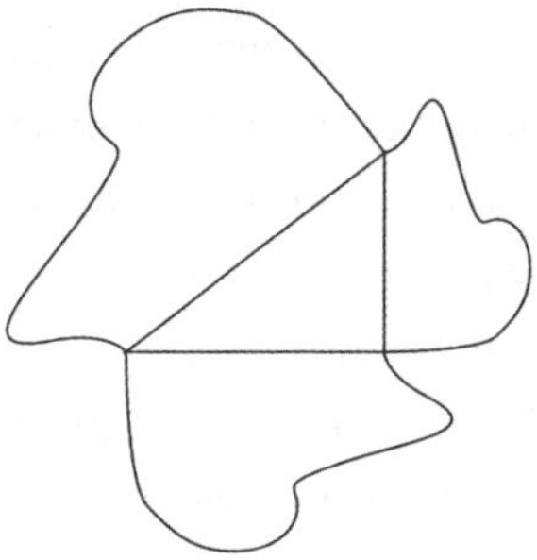

Figura 5 – Três figuras semelhantes

$$kc^2 = k(a^2 + b^2) = ka^2 + kb^2.$$

Além disso, se pudermos provar essa igualdade para qualquer valor de k, poderemos cancelar k e teremos uma demonstração do Teorema de Pitágoras. Geometricamente, isso significa que, se pudéssemos demonstrar o teorema para qualquer figura específica, o teorema geral estaria demonstrado. Tem-se, assim, a demonstração que é talvez a mais elegante do teorema, a qual parece ter sido descoberta apenas bem recentemente.

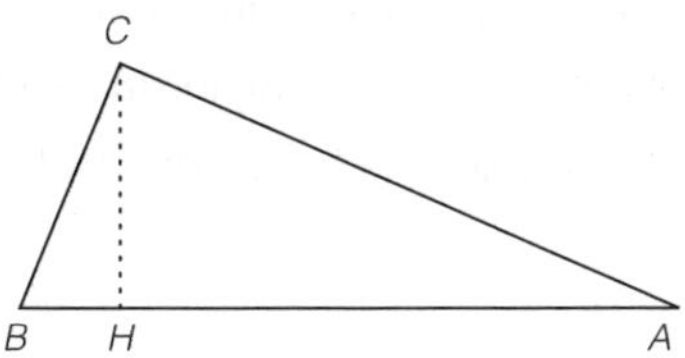

Figura 6

Comece com um triângulo retângulo e trace uma perpendicular do ângulo reto até o lado oposto. Chame o ponto de intersecção de H. Então é fácil notar que os triângulos ABC, ACH e CBH são semelhantes (cada um dos triângulos menores compartilha um ângulo com o maior, e todos os três contêm um ângulo reto). Mas isso significa que construímos três figuras semelhantes: o triângulo ABC no lado AB, o triângulo ACH no lado AC e o triângulo CBH no lado BC. E é óbvio que os dois triângulos menores se juntam para formar o maior! Assim, isso é suficiente pra demonstrar o teorema.[3]

[2] A primeira figura que é semelhante à segunda pode ser expandida ou encolhida para coincidir com essa segunda figura por algum fator de escala (linear). Seja k a área da figura em um segmento de comprimento 1. Para obter a figura em um segmento de comprimento a, o fator de escala é a, de modo que, para encontrar sua área, precisamos multiplicar k por a^2, e analogamente para os outros dois segmentos.

[3] Então, por que Euclides não usou outra demonstração, ou algo semelhante? Provavelmente porque semelhança não aparece até o Livro VI, e o Teorema de Pitágoras está no Livro I.

O Teorema de Pitágoras permanece extremamente importante. Ele é um dos resultados mais utilizados na geometria elementar, tanto teoricamente quanto na prática. Por exemplo, ele pode ser usado para fazer os cantos de um canteiro ou o quadrado de fundação de uma garagem: simplesmente marque 3 pés ao longo de um lado de um canto e 4 pés ao longo do outro, e então ajuste suas direções até que a diagonal entre esses dois pontos marcados seja exatamente 5 pés. Uma fórmula bem conhecida da geometria cartesiana também segue diretamente desse teorema: a distância entre dois pontos com coordenadas (x_1, y_1) e (x_2, y_2) é:

$$d = \sqrt{(x_2 - x_1)^2 + (y_2 - y_1)^2}.$$

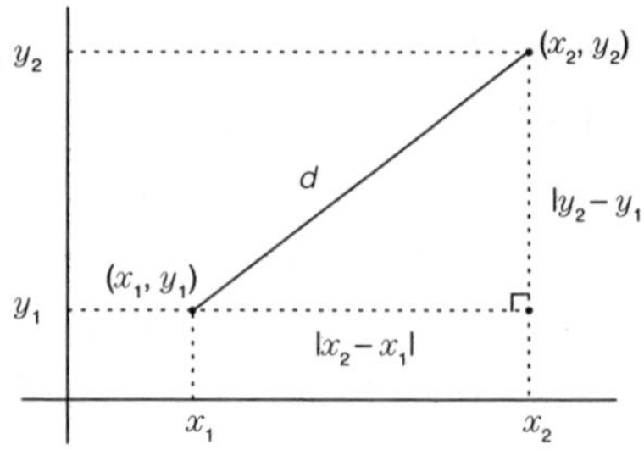

Figura 7

De fato, do ponto de vista moderno, essa fórmula de distância é o que torna a geometria em coordenadas clássica "euclidiana". Se as distâncias fossem medidas em alguma outra forma, a geometria resultante não seria euclidiana. Por exemplo, se as coordenadas fossem latitudes e longitudes de pontos na superfície de uma esfera, sua distância *não* seria dada por essa fórmula, porque a superfície de uma esfera não é um plano e sua geometria não obedece aos axiomas de Euclides. (Ver Esboço 18.)

O Teorema de Pitágoras é famoso porque é útil e nos diz que a geometria que estamos estudando é euclidiana. Mas, acima de tudo, é famoso porque é belo. A relação que ele revela entre os lados de um triângulo retângulo é inesperada, simples e... bem, correta.[4]

Para um olhar mais atento

Muitos livros discutem a história do Teorema de Pitágoras. O Capítulo 4 de [72], chamado "Many Cheerful Facts About the Square of Hypotenuse", é uma boa visão geral. Veja também [78] e [60] para informação sobre culturas não ocidentais, e [40] para uma discussão cuidadosa da demonstração de Euclides. Para uma discussão da "demonstração do presidente Garfield", veja [75].

QUESTÕES

1. Qual identidade trigonométrica básica é na realidade um enunciado do Teorema de Pitágoras? Justifique sua resposta.

[4] NRT – Trocadilho intraduzível entre ***right*** *triangle* (triângulo retângulo) e ***right*** (correto). "The relationship it reveals between the sides of a right triangle is unexpected, simple, and... well, right."

2. A demonstração de Euclides da recíproca do Teorema de Pitágoras depende de saber que o próprio teorema é verdadeiro. O argumento (em linguagem moderna) começa da seguinte maneira:

> Seja $\triangle ABC$ um triângulo para o qual o quadrado do lado BC é igual à soma dos quadrados dos lados AB e AC.
>
> A ser mostrado: $\angle BAC$ é um ângulo reto.
>
> Construa uma perpendicular a AC em A (no lado oposto a B) e localize sobre ela um ponto D, tal que $AD = AB$ (ver o diagrama ao lado).

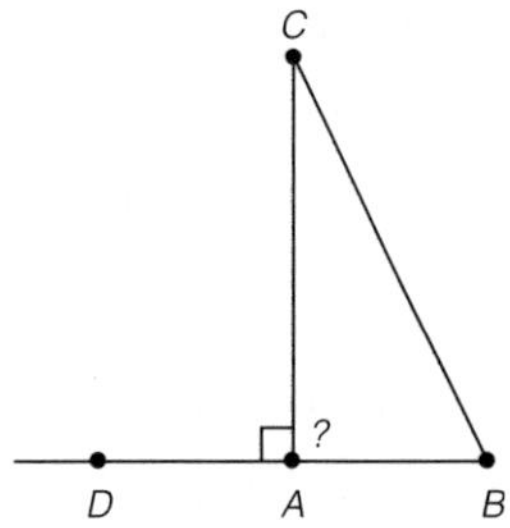

Termine a demonstração.

3. Este esboço diz que Euclides demonstrou uma generalização do Teorema de Pitágoras que se aplica a quaisquer três figuras semelhantes nos lados de um triângulo retângulo. Isso é a Proposição 31 no Livro VI de *Elementos* de Euclides. Localize uma cópia do *Elementos* e leia a proposição e sua demonstração. A demonstração depende do Teorema de Pitágoras ou não? (Em caso negativo, ele dá uma demonstração alternativa do Teorema de Pitágoras, já que quadrados são um caso particular de figuras semelhantes.)

4. Desde muito cedo, os matemáticos estavam interessados em descobrir triângulos retângulos cujos lados tivessem comprimentos *inteiros*. Pelo Teorema de Pitágoras, isso se reduz ao problema de encontrar três números a, b e c tais que $a^2 + b^2 = c^2$. Uma solução é bem conhecida: $a = 3$, $b = 4$, $c = 5$. Trios de inteiros (a, b, c), tais que $a^2 + b^2 = c^2$, são usualmente chamados *trios de Pitágoras*. Esta questão é sobre encontrar mais deles.

   a. Verifique que (6, 8, 10) também é uma solução. Como ela se relaciona com (3, 4, 5)?

   b. Verifique que (5, 12, 13) é uma solução. Soluções como essa, nas quais os números não têm fatores comuns, são chamadas *primitivas*.

   c. Os pitagóricos descobriram que, se você somar números ímpares começando com 1, a soma será sempre um quadrado. Assim:

   $$1 + 3 + 5 + 7 = 16 = 4^2 \text{ e}$$
   $$1 + 3 + 5 + 7 + 9 + 11 + 13 + 15 + 17 + 19 = 100 = 10^2.$$

   Você sabe explicar por que isso é verdade? Sabe demonstrá-lo? (Os pitagóricos provavelmente fizeram isso dispondo ordenadamente pedras em tabelas quadradas. Compare dois desses quadrados.)

   d. Se o último número somado for ele próprio um quadrado, isso fornece um trio de Pitágoras. Por exemplo,

   $$1 + 3 + 5 + 7 + 9 = (1 + 3 + 5 + 7) + 9 = 25$$

fornece o trio (3, 4, 5). Use essa ideia para gerar mais trios de Pitágoras. Você pode obter todos os trios dessa maneira?

e. Suponha que (a, b, c) seja um trio primitivo. Demonstre que c deve ser ímpar.

5. Use o Teorema de Pitágoras para deduzir uma fórmula para a distância entre dois pontos (x_1, y_1, z_1) e (x_2, y_2, z_2) no espaço cartesiano tridimensional:

$$d = \sqrt{(x_2 - x_1)^2 + (y_2 - y_1)^2 + (z_2 - z_1)^2}.$$

(Pense em dois pontos como cantos diagonalmente opostos de uma caixa tridimensional e aplique o Teorema de Pitágoras duas vezes.) Isso sugere uma fórmula para a distância no espaço quadridimensional.

6. No filme clássico *O Mágico de Oz* [MGM, 1939], o Espantalho tentou mostrar que tinha um cérebro, recitando o Teorema de Pitágoras. Ele o fez corretamente?

7. Cerca de dois séculos separaram os pitagóricos (c. 500. a.C) e Euclides (c. 300 a.C.). Esses séculos foram épocas ricas e movimentadas na Grécia Antiga. Classifique cada um dos seguintes eventos como "antes dos pitagóricos", "entre os pitagóricos e Euclides" ou "depois de Euclides".

a. Sócrates e Platão se tornaram filósofos gregos proeminentes.
b. Os atenienses derrotaram os persas na batalha de Maratona.
c. Draco criou o primeiro código formal de leis para Atenas.
d. Hipócrates iniciou o estudo da medicina como uma ciência empírica.
e. O dramaturgo ateniense Eurípedes escreveu *Medeia*.
f. Plutarco escreveu *Vidas Paralelas* dos líderes gregos e romanos.
g. Homero escreveu a *Ilíada* e a *Odisseia*.
h. Heródoto escreveu a história das guerras persas.

PROJETOS

1. Leia a demonstração de Euclides do Teorema de Pitágoras (ele está no Livro I, Proposição 47). Então, escreva um relato "ingênuo" do argumento em um nível de dificuldade apropriado para uma audiência de estudantes de ensino médio.

2. Pesquise algumas das muitas histórias sobre Pitágoras e os pitagóricos. Que visão de Pitágoras elas sugerem? Escreva um pequeno texto resumindo algumas dessas histórias e discutindo a figura (na maior parte, mítica) de Pitágoras.

Esboço 13 *O Último Teorema de Fermat*

Pierre de Fermat nasceu em 1601 em uma família francesa de bons recursos. Ele foi para a faculdade de Direito e depois começou a trabalhar como advogado no parlamento da cidade francesa de Toulouse. Escalando as patentes, finalmente se tornou um membro da corte criminal da cidade. Como juiz, sua reputação era por ter uma boa mente, mas também por ser distraído. Ele morreu em 1665 em Castres, uma cidade próxima.

Esse rápido resumo da vida pública de Fermat não dá nenhuma pista sobre por que nós ainda o lembramos e o discutimos. A razão, obviamente, é que existe uma outra face desse homem. Em algum momento, provavelmente enquanto estava na Universidade de Bordeaux, ele descobriu a matemática. Essa descoberta se tornou sua paixão por toda a vida.

Como muitos acadêmicos do seu tempo, Fermat começou o seu trabalho matemático estudando os trabalhos dos gregos. Uma das primeiras coisas que fez foi restaurar um dos livros escritos pelo grande geômetra Apolônio. Um registro parcial do conteúdo desse livro tinha sobrevivido (na maioria, uma lista de resultados sem demonstração), e Fermat trabalhou nele preenchendo os vazios e fornecendo demonstrações completas. Inspirado pela geometria grega, ele desenvolveu diversas ideias novas importantes. Por exemplo, para resolver certos problemas geométricos, inventou um método de descrever curvas por equações, uma forma de geometria em coordenadas. (Ver Esboço 16.) Também desenvolveu métodos para encontrar máximos, mínimos e tangentes, antecipando algumas ideias que Newton e Leibniz utilizariam ao inventarem o cálculo no final do século XVII.

Fermat nunca publicou nenhuma parte desses trabalhos. Em vez disso, ele escreveu cartas com descrições deles, primeiro para amigos, e eventualmente, também, para outros matemáticos. Seu trabalho em geometria despertou bastante interesse, de modo que ele entrou em muitos detalhes em suas cartas. Como resultado, entendemos muito bem essa parte da matemática de Fermat.

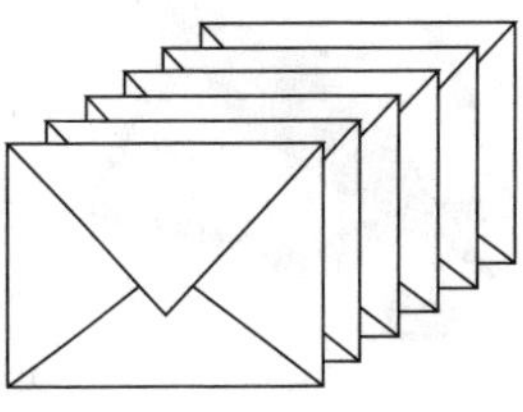

Mas outras questões matemáticas também fascinaram Fermat. Estas tinham relação com números inteiros. Talvez seu interesse tenha sido inicialmente despertado pela procura havia séculos por "números perfeitos" – números que são iguais à soma de seus divisores próprios. De qualquer modo, Fermat logo obteve resultados novos e interessantes quanto à teoria dos números. Por exemplo, ele determinou quais números inteiros poderiam ser escritos como a soma de dois quadrados.

Em algum ponto no caminho, ele entrou em contato com o trabalho de Diofante, um outro matemático da Grécia Antiga. Diofante tem um quê de único entre os matemáticos gregos cujos trabalhos foram preservados. Seu livro é sobre problemas como:

> Encontre três quadrados tais que a diferença entre o maior e o do meio tenha uma dada razão para a diferença entre o do meio e o menor.

As soluções que Diofante procurava eram sempre frações (razões de números inteiros) em vez de números reais arbitrários, restrição que tornava seus problemas bastante difíceis. Seu livro incluía soluções para todos os problemas, mas nenhuma explicação real sobre como tais soluções poderiam ser encontradas.

Diofante teve um enorme impacto em Fermat. "Problemas sobre números", como Fermat os descreveu, começaram a aparecer em sua correspondência. Fermat fez uma grande mudança: em vez de procurar por frações, queria soluções com números inteiros. Mas os problemas eram parecidos:

- Mostre que nenhum cubo pode ser a soma de dois cubos.
- Mostre que existem infinitos quadrados tais que se os multiplicarmos por 61 e então somarmos 1 o resultado é um quadrado.
- Mostre que todo número pode ser escrito como a soma de quatro quadrados.
- Mostre que a única solução com números inteiros de $x^2 + 4 = y^3$ é $x = 11$, $y = 5$.

Esses problemas são bastante difíceis, e a maior parte dos correspondentes de Fermat foi incapaz de resolvê-los. A maioria deles não parecia muito interessada nesse tipo de pensamento. Fermat continuou escrevendo cartas sobre esses resultados tentando gerar interesse, mas com pouco sucesso. Por isso, poucos detalhes sobre seu trabalho foram escritos.

Em 1670, depois da morte de Fermat, seu filho Samuel decidiu publicar algumas das notas do pai. Em particular, descobriu que ele tinha feito muitas observações nas margens de sua cópia de Diofante. Em vez de publicar apenas as notas, Samuel preparou uma nova edição completa de Diofante, que incorporava as observações de Fermat. Foi então que o maior mistério realmente começou.

Um dos problemas de Diofante pedia que um dado quadrado (tal como 25) fosse escrito como a soma de dois quadrados (como 16 + 9). Depois desse problema, Fermat escreveu:

> Em contraste, é impossível dividir um cubo em dois cubos, ou uma quarta potência em quartas potências, ou em geral qualquer potência acima do quadrado em potências do mesmo grau. Eu descobri uma prova maravilhosa disso, mas esta margem é muito estreita para contê-la.

Em outras palavras, Fermat está alegando que a equação $x^3 + y^3 = z^3$ não tem solução nos números inteiros e, analogamente, para todas as equações $x^n + y^n = z^n$ para qualquer expoente n maior do que 2. E ele acrescentou que podia demonstrar.

No século XVIII as pessoas começaram a perceber quão profundos e importantes os "problemas sobre números" realmente eram. O verdadeiro instigador disso foi Leonhard Euler, que estudou a teoria dos números de Fermat, colocou-a em ordem e encontrou demonstrações para a maioria das alegações que Fermat tinha feito. Ele conseguiu mesmo descobrir um (apenas um) caso no qual Fermat cometera um erro.

Aquela afirmação na margem, entretanto, era difícil de demonstrar. A demonstração de que não existem soluções inteiras para $x^4 + y^4 = z^4$ já havia sido publicada durante a vida de Fermat. Euler conseguiu encontrar uma demonstração de que $x^3 + y^3 = z^3$ não tinha solução. Porém, lá ele empacou. Como observou, os dois argumentos são tão diferentes que não dão nenhuma pista sobre como encontrar uma demonstração para o caso $n = 5$, muito menos uma demonstração geral. Como essa afirmação era a única das afirmações de Fermat que permanecia não demonstrada, ela eventualmente se tornou conhecida como o "Último Teorema de Fermat". É claro que, para ser realmente um teorema, ele precisava de uma demonstração. Fermat disse que tinha encontrado uma, mas ninguém mais parecia capaz de encontrar aquela "demonstração maravilhosa".

No início do século XIX, as pessoas se interessaram novamente pelo problema de tentar demonstrar a alegação de Fermat. Ninguém conseguiu demonstrar tudo, mas diversos matemáticos foram capazes de comer nas bordas do problema. Rapidamente se tornou claro que era suficiente encontrar uma demonstração para cada valor de n que fosse um número primo. Um dos resultados mais interessantes foi obtido por Sophie Germain.[1] A abordagem

[1] Sophie Germain (1776-1831) descobriu a matemática quando era uma jovem em Paris. Ela sofreu uma severa oposição de seus pais, que refletiram o preconceito da sociedade contra intelectuais do sexo feminino e fizeram tudo o que podiam para manter Germain longe de seus estudos. Ela persistiu e finalmente seu talento extraordinário foi reconhecido por alguns dos maiores matemáticos de sua época. Para mais informação sobre o trabalho matemático de Germain, veja p. 51.

de Germain para a procura de uma demonstração para o Último Teorema de Fermat era dividida em duas partes: primeiro, deveria ser mostrado que não existe solução na qual nenhum dos x, y ou z fosse divisível pelo expoente n. A seguir, dever-se-ia atacar o "segundo caso", no qual um dos três números fosse divisível por n. Então Germain prosseguia para mostrar o primeiro resultado sobre esse problema que tinha alguma generalidade. Ela mostrou que se n for primo e $2n + 1$ *também*, então não existem soluções de $x^n + y^n = z^n$ com nenhum dos x, y ou z divisíveis por n. Em outras palavras, mostrou que o "primeiro caso" era verdadeiro para qualquer expoente primo n que satisfizesse a restrição adicional de que $2n + 1$ também fosse primo.

Naquela época, era difícil para uma mulher publicar seu trabalho matemático. Como resultado, o teorema de Germain apareceu pela primeira vez (com os créditos devidos) em um livro de Adrien-Marie Legendre, publicado em 1808. Legendre, que naquela época estava com quase 60 anos, era bem conhecido e respeitado, e a sua publicação sobre o resultado de Germain ajudou a estabelecer a reputação dela.

O teorema de Germain é bastante poderoso. Suas ideias levaram eventualmente à demonstração do "primeiro caso" do Último Teorema de Fermat para todos os expoentes até 100. Em particular, se $n = 5$, então $2n + 1 = 11$, que é primo, de modo que o teorema de Germain é suficiente para mostrar o primeiro caso do Último Teorema de Fermat para $n = 5$. Em 1825, Lejeune Dirichlet, então com pouco mais de 20 anos, apresentou uma demonstração parcial do segundo caso para $n = 5$ à Academia Francesa. Pouco depois, Legendre terminou a demonstração, mostrando que ainda era um matemático poderoso mesmo com mais de 70 anos de idade. Poucos anos depois, Gabriel Lamé descobriu uma maneira de demonstrar o teorema para $n = 7$. As coisas pareciam caminhar bem.

Em torno de 1830, Lamé teve uma ideia brilhante. Ele sentiu que a principal dificuldade na equação era que em um lado havia uma soma $x^n + y^n$, e do outro lado, um produto z^n. Se fosse possível fatorar $x^n + y^n$, a equação seria muito mais fácil de manusear. É claro que, além de tirar um fator $x + y$, não é possível fatorar $x^n + y^n$... a menos que se usem números complexos. Assim, Lamé usou um número complexo ζ, tal que $\zeta^n = 1$, para fatorar a expressão em um produto de termos que eram combinações de números inteiros e do número complexo ζ. Supondo que esses novos números tenham as mesmas propriedades que os números inteiros ordinários (especificamente, supondo que tais expressões pudessem ser fatoradas de forma única como o produto de expressões "primas"), ele esboçou uma demonstração do teorema completo.

Lamé apresentou sua demonstração para a Academia de Paris. Joseph Liouville estava desconfiado. Por que os novos números deveriam se comportar como os antigos? Sabendo que o matemático alemão Ernst Kummer tinha trabalhado com ideias parecidas, ele escreveu a Kummer perguntando sobre isso. Kummer respondeu que já sabia havia algum tempo que os novos números *não* tinham a propriedade necessária de unicidade da fatoração, de modo que a fórmula de Lamé não funcionava. Mas Kummer se interessou pelo problema e acabou demonstrando um resultado profundo. Ele identificou uma boa propriedade que muitos números primos têm, e chamou tais primos de "regulares". Então, deu uma demonstração do Último Teorema de Fermat para qualquer expoente n que fosse um primo regular. Isso não cobre todos os primos, mas cobre uma grande quantidade. E as ideias de Kummer levaram a mais avanços, os quais permitiram aos matemáticos estender seus métodos para outros primos.

Entretanto, por um longo tempo depois de Kummer, houve pouco progresso em direção a uma demonstração *geral*. Em 1909, Paul Wolfskehl, um rico matemático alemão, estabeleceu um prêmio de 100 mil marcos de recompensa para quem conseguisse descobrir uma demonstração. O prêmio gerou muitas outras demonstrações falhas antes de desaparecer com o colapso da economia alemã depois da Primeira Grande Guerra.[2] Por décadas seguintes, só a perspectiva de fama foi suficiente para gerar muitas outras tentativas errôneas, mas uma demonstração real correta parecia muito distante.

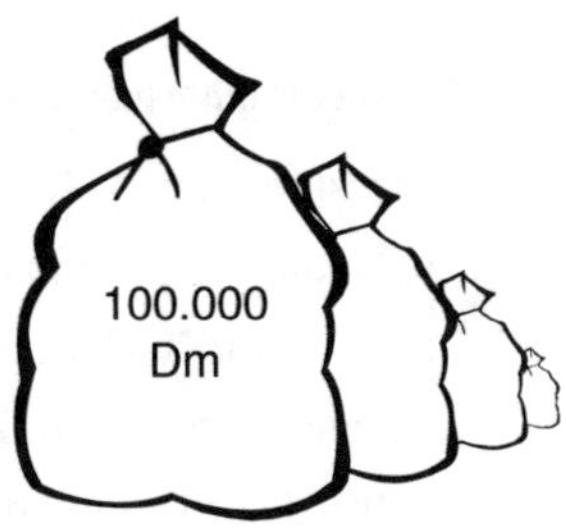

Foi uma surpresa, portanto, quando Andrew Wiles anunciou em 1993 que tinha encontrado uma demonstração. Ocorreu que, em torno de 1987, Kenneth Ribet havia demonstrado um teorema estabelecendo uma ligação entre o Último Teorema de Fermat e uma outra conjectura bem conhecida sugerida na década de 1950, que permanecia não demonstrada. Isso colocou Wiles no trabalho e, depois de muitos anos de labor solitário, ele conseguiu demonstrar o suficiente da conjectura para demonstrar o Último Teorema de Fermat.

Considerando que a observação na margem feita por Fermat foi escrita em algum momento na década de 1630, e séculos mais tarde tinha se tornado o problema aberto mais famoso na matemática, pode-se entender a reação mundial ao anúncio de Wiles. Mensagens eletrônicas se multiplicaram. A novidade foi anunciada na primeira página do *New York Times* e na NBC Nightly News. Todo mundo estava ansioso para ver a demonstração.

Então vieram muitos meses de silêncio. Wiles mandou o manuscrito para uma revista, e os revisores estavam lendo-o para ter certeza de que estava correto. Rumores sobre dificuldades com a demonstração começaram a se multiplicar. Finalmente, em dezembro de 1993,

[2] Na década de 1920, 100 mil marcos quase não comprariam um selo de correio alemão comum.

Wiles divulgou uma mensagem eletrônica dizendo que havia de fato um salto na demonstração e que ele estava trabalhando para consertá-lo. Seguiram-se muitos meses do que deve ter sido um trabalho fervoroso. Wiles disse que achou agradáveis os primeiros seis anos de trabalho no problema, mas que o período tentando consertar o "salto" foi uma agonia. Apesar disso, ele finalmente teve sucesso. Em setembro de 1994, anunciou que a demonstração estava completa e circulou dois manuscritos. Um era de Wiles apenas, e continha a sua demonstração, exceto por um passo para o qual ele fazia referência ao outro artigo – este era de Wiles com seu ex-orientando Richard Taylor. Ele continha o passo crucial que completava a demonstração. Depois de mais ou menos 350 anos, era realmente um teorema!

Para um olhar mais atento

Existem muitos livros sobre o Último Teorema de Fermat, em parte, porque ele é tão famoso e, em parte, por causa do drama do anúncio de Wiles, sua retratação e seu triunfo final. Entretanto, a fonte mais amigável para mais informação é um programa de televisão, *The Proof* (A Demonstração), que foi ao ar na PBS na *Nova*, série de programas de ciência. Uma versão em vídeo pode ser encomendada da loja on-line da WGBH em:

<http://main.wgbh.org/wgbh/shop/wg2414.html>

Também interessante é *Fermat´s Last Tango* (O Último Tango de Fermat), uma peça musical sobre a luta de Wiles. (Um vídeo ou um DVD da *Fermat´s Last Tango* pode ser obtido do Clay Mathematics Institute em: <http://www.claymath.org>.) Um dos produtores do *The Proof* é o autor de [126], que provavelmente alcança o melhor balanço entre acessibilidade e correção entre todos os livros no assunto. A melhor biografia de Fermat é [92] (que não é um livro fácil de ser lido). Finalmente, há mais informações sobre Sophie Germain em [90].

QUESTÕES

1. A primeira "questão sobre números" que chamou a atenção de Fermat parece ter sido a procura por números perfeitos, isto é, números que são iguais à soma de seus divisores próprios.

a. Verifique que 6, 28 e 496 são perfeitos.

b. Em sua *Introduction to Arithmetic* (Introdução à Aritmética), Nichomachus de Gerasa (c. 60-120) sugere que existe um número perfeito de um algarismo (a saber, 6), um número perfeito de dois algarismos, um número perfeito de três algarismos e assim por diante. Essa é umas das afirmações que Fermat estudou. Ela é verdadeira?

c. No *Elementos* de Euclides existe uma demonstração de que se $2^n - 1$ for um número primo, então $2^{n-1}(2^n - 1)$ é um número perfeito. Verifique que os três exemplos dados são dessa forma. A seguir, use a fórmula de Euclides para encontrar mais dois números perfeitos.

d. Euclides demonstrou que todo número perfeito par deve ter a fórmula dada na parte (c). Use esse fato para demonstrar que o numeral na base dez para um número perfeito par deve terminar com 6 ou com 8.

2. Fermat mencionou a seguinte questão repetidamente em suas cartas. Suponha que nos seja dado um número inteiro N que não seja um quadrado. É possível encontrarmos um quadrado tal que, quando o multiplicarmos por N e somarmos 1, o resultado também seja um quadrado?

a. Suponha que $N = 2$. Verifique que 4 é uma solução para a questão de Fermat. Você consegue encontrar outras?

b. Você pode encontrar uma solução para $N = 3$? E para $N = 5$?

c. Para $N = 7$, uma solução é 9, pois $7 \times 9 + 1 = 64 = 8^2$. Mas existem muitas outras. Você pode encontrar uma outra? Você pode encontrar uma maneira de gerar tantas quanto quiser?

d. Você pode encontrar uma solução para $N = 61$? (Isto é muito difícil!)

3. Do mesmo modo como uma solução inteira de $a^2 + b^2 = c^2$ descreve um retângulo cujos comprimento, largura e diagonal são todos inteiros, uma solução inteira de $a^2 + b^2 + c^2 = d^2$ descreve uma caixa retangular tridimensional com dimensões inteiras e diagonal inteira. Algumas soluções desse tipo podem ser encontradas combinando resultados do caso plano; por exemplo, combinando $3^2 + 4^2 = 5^2$ e $5^2 + 12^2 = 13^2$ obtemos $3^2 + 4^2 + 12^2 = 13^2$.

a. Existem também soluções nas quais nenhum par entre as três medidas dimensionais fornece uma diagonal inteira em seu plano, mas o comprimento da diagonal principal na caixa tridimensional é um inteiro. Encontre pelo menos uma delas.

b. Que afirmação é análoga ao Último Teorema de Fermat nessa situação? Você acha que ela é verdadeira? Por quê? Você pode demonstrar sua resposta?

4. A carreira matemática de cada pessoa na primeira coluna (a seguir) foi contemporânea, grosso modo, da carreira musical de uma pessoa na segunda coluna. Faça uma correspondência entre elas.

Pierre de Fermat	Karl Philipp Emanuel Bach
Leonhard Euler	Ludwig van Beethoven
Sophie Germain	Leonard Bernstein
Ernst Kummer	Franz Liszt
Andrew Wiles	Claudio Monteverdi

PROJETOS

1. A famosa observação de Fermat na margem foi feita em sua cópia de Diofante, perto do seguinte problema e solução (a tradução está um pouco modernizada, é claro):

   Para dividir um dado número quadrado em dois quadrados.

   Suponha que seja pedido para dividir 16 em dois quadrados.

   Seja o primeiro quadrado = x^2; então o outro quadrado será $16 - x^2$; será pedido, portanto, para fazer $16 - x^2$ um quadrado.

   Eu tomo o quadrado de qualquer número de unidades menos tantas unidades quantas houver no lado de 16; por exemplo, seja o lado $2x - 4$, e o próprio quadrado $4x^2 + 16 - 16x$. Então, $4x^2 + 16 - 16x$ é igual $16 - x^2$. Some a ambos os lados os termos negativos e tire cada um de seu igual. Então, $5x^2$ é igual a $16x$ e, portanto, x é $\frac{16}{5}$.

   Um número será, portanto, $\frac{256}{25}$ e o outro $\frac{144}{25}$, e sua soma é $\frac{400}{25}$, ou 16, e cada um é um quadrado.[3]

   Reescreva a solução de Diofante em termos modernos. Lembre-se de que a solução deve ser geral, de modo que deve ser possível substituir 16 por qualquer quadrado. Ela funciona? Observe que a resposta de Diofante envolve frações. Existe uma maneira de obter, em vez disso, números inteiros?

2. Descubra mais sobre Sophie Germain e escreva uma pequena descrição de sua vida e sua matemática.

3. Descubra mais sobre Andrew Wiles e escreva uma pequena descrição de sua vida até agora.

[3] Esta tradução é uma forma ligeiramente modificada da encontrada em *Selections Illustrating the History of Greek Mathematics*, de Ivor Thomas, v. II, The Loeb Classical Library, Harvard University Press, 1980. O texto relevante começa na p. 550.

SOBRE A BELEZA NUA

Esboço 14 A Geometria Plana de Euclides

"Só Euclides olhou a beleza nua", escreveu a poeta Edna St. Vincent Millay em seu *Sonnet xlv*. Por que um artista diria que um matemático foi o único realmente a perceber a beleza? Um dos nossos objetivos ao escrever este esboço é dar uma ideia de como responder a essa pergunta.

Há cerca de 2.300 anos, em Alexandria, uma cidade grega perto da embocadura do Nilo, no Egito, um professor chamado Euclides escreveu o sistema axiomático mais famoso do mundo. Seu sistema foi estudado por acadêmicos gregos e romanos por mil anos, depois foi traduzido para o árabe em cerca de 800 d.C. e estudado pelos seus acadêmicos. Tornou-se o padrão para o pensamento lógico por toda a Europa medieval. Foi impresso em mais de 2 mil edições diferentes desde sua primeira aparição como livro impresso no século XV. Esse sistema é a descrição de Euclides da geometria plana, e sua história começa ao menos 300 anos antes de Euclides nascer.

Segundo os historiadores gregos, a geometria como disciplina lógica começou com Tales, um rico negociante grego do século VI a.C. Eles o descrevem como o primeiro filósofo grego e pai da geometria como estudo dedutivo. Em vez de depender da religião e da mitologia para explicar o mundo natural, Tales começou a buscar por explicações racionais unificadoras da realidade. Sua busca por uma unidade subjacente nas ideias geométricas o levou a investigar modos lógicos de obter afirmações geométricas a partir de outras. As afirmações, elas próprias, eram bem conhecidas, mas o processo de ligá-las por meio da lógica era novo. Os pitagóricos e outros pensadores gregos continuaram o desenvolvimento lógico dos princípios geométricos.

Na época de Euclides, os gregos tinham desenvolvido boa quantidade de matemática, virtualmente toda ligada à geometria ou à teoria dos números. A obra dos pitagóricos e seus seguidores já circulava havia dois séculos, e muitos outros também já tinham escrito sobre suas próprias descobertas matemáticas. A filosofia de Platão e a lógica

de Aristóteles estavam firmemente estabelecidas então, de modo que os estudiosos sabiam que fatos matemáticos deviam ser justificados pela razão. Muitos desses resultados tinham sido demonstrados a partir de ideias aparentemente mais básicas. Mas mesmo essas demonstrações eram desorganizadas, com cada estudioso partindo de suas próprias suposições, sem muita consideração pela consistência.

Construindo sobre esse trabalho anterior, Euclides organizou e estendeu uma grande parte do que os matemáticos gregos tinham aprendido. Um de seus propósitos parece ter sido o de pôr a matemática grega em uma base unificada, lógica. Euclides se dispôs a reconstruir essas áreas "a partir do chão". Ele escreveu uma obra enciclopédica, a qual chamou de *Elementos*, dividida em 13 partes denominadas "livros" (cada uma correspondendo provavelmente a um longo rolo de papiro):

- os Livros I, II, III, IV e VI são sobre geometria plana;
- os Livros XI, XII e XIII são sobre geometria no espaço;
- os Livros V e X são sobre grandezas e razões; e
- os Livros VII, VIII e IX são sobre números inteiros.

Esses livros contêm um total de 465 "proposições" (nós poderíamos chamá-las de *teoremas*), cada uma demonstrada a partir de afirmações vindas antes dela. O estilo de apresentação é muito formal e seco. Não há discussão ou motivação. Depois do enunciado de cada proposição, há uma figura à qual ela se refere, seguida por uma demonstração cuidadosa. As demonstrações terminam com um reenunciado da proposição "que devia ser demonstrada". A tradução latina da frase "quod erat demonstrandum" é a fonte para a abreviação Q.E.D., que ainda aparece frequentemente ao final de demonstrações formais.

Euclides deu atenção especial à geometria. Como Aristóteles já tinha apontado, um sistema lógico deve começar com umas poucas hipóteses iniciais, que são tomadas como válidas e sobre as quais se constrói. Assim, depois de uma longa lista de definições, Euclides especifica um pequeno número de afirmações básicas que parecem captar as propriedades essenciais dos pontos, retas, ângulos etc., e então tenta deduzir o resto da geometria a partir desses enunciados básicos por demonstração cuidadosa. Seu objetivo era sistematizar as relações observáveis entre figuras do espaço, as quais ele, assim como Platão, Aristóteles e outros filósofos gregos, considerava como representações ideais de entidades físicas.

Nas seções que tratavam de outros tópicos, Euclides seguiu o mesmo processo, fazendo novas definições e hipóteses e construindo a teoria sobre elas. O Livro V é particularmente importante. Contém uma teoria detalhada de razões entre quantidades de vários tipos. Essas razões desempenham papel crucial na matemática grega, e a base fornecida no livro (que a tradição diz se dever a Eudoxo) era, portanto, muito importante.

Com um toque de gênio, Euclides ligou todo o seu trabalho à filosofia de Platão. No último livro dos *Elementos*, ele demonstrou que os únicos tipos possíveis de poliedros regulares[1] eram os cinco sólidos platônicos que, para Platão, simbolizavam os elementos básicos de todo o universo. (Ver Esboço 15.)

O Livro I começa com dez hipóteses básicas:[2]

NOÇÕES COMUNS

1. Coisas iguais à mesma coisa são também iguais entre si.
2. Se iguais são adicionados a iguais, os resultados são iguais.
3. Se iguais são subtraídos de iguais, os restos são iguais.
4. Coisas que coincidem entre si são iguais entre si.
5. O todo é maior que a parte.

POSTULADOS

1. Uma reta pode ser traçada de qualquer ponto a qualquer outro ponto.
2. Uma reta finita pode ser estendida continuamente a uma reta.
3. Um círculo pode ser formado com qualquer centro e distância (raio).
4. Todos os ângulos retos são iguais entre si.
5. Se uma reta caindo sobre duas retas faz a soma dos ângulos internos do mesmo lado menor que dois ângulos retos, então as duas retas, se prolongadas indefinidamente, encontram-se naquele lado em que a soma dos ângulos é menor que dois ângulos retos.

Em terminologia moderna, todos esses dez pontos de partida são *axiomas* para a geometria plana de Euclides. Os primeiros cinco são enunciados gerais sobre quantidades que claramente Euclides considerava como obviamente verdadeiros. Os outros cinco são especificamente geométricos. Na visão de Euclides, essas afirmações são intuitivamente verdadeiras. Em outras palavras, qualquer pessoa que saiba o que significam as palavras

[1] *Poliedros regulares* são formas tridimensionais, compostas inteiramente por faces poligonais congruentes.

[2] Estas e outras afirmações de Euclides são adaptadas de [42].

acreditará nelas. Para tornar claro os significados das palavras, ele fornece 23 definições ou descrições dos termos básicos da geometria, começando com *ponto* e *reta*.

(O quinto postulado parece estranho? Ele parece ser verdadeiro, mas a linguagem é muito mais complicada que a dos outros. Muitos matemáticos no decorrer da história se preocuparam com isso. Para a história toda, ver Esboço 19.)

Desse simples começo – 23 definições, cinco noções comuns e cinco postulados –, Euclides reconstruiu toda a teoria da geometria plana. Seu trabalho foi tão abrangente e claro que os *Elementos* se tornaram a fonte universalmente reconhecida para o estudo da geometria plana desde então. Mesmo a geometria estudada hoje na escola secundária é essencialmente uma adaptação dos *Elementos* de Euclides.

A importância persistente da obra de Euclides resulta de um simples fato:

> Os *Elementos* não são apenas referentes a formas e números. São também sobre como pensar!

E não apenas sobre a matemática. Euclides mostra como pensar logicamente sobre qualquer coisa – como construir uma teoria complexa um passo de cada vez, com cada novo pedaço firmemente ligado ao que já foi construído. A geometria plana euclidiana deu forma ao pensamento ocidental no decorrer dos anos. Na verdade, muitos dos escritos mais influentes na política, literatura e filosofia não podem ser verdadeiramente entendidos sem uma apreciação de Euclides. Por exemplo:

- No século XVII, o filósofo francês René Descartes baseou parte do seu método de filosofia nas “longas cadeias de raciocínio” usadas por Euclides para ir de simples primeiros princípios a conclusões complexas.
- Também no século XVII, o cientista britânico Isaac Newton e o filósofo holandês Baruch Spinoza usaram a forma dos *Elementos* de Euclides para apresentar suas ideias.
- No século XIX, Abraham Lincoln levava um exemplar de Euclides consigo e o estudava de noite, à luz de vela, com o objetivo de tornar-se um melhor advogado.
- Em 4 de julho de 1776, as 13 colônias norte-americanas se desligaram da Grã-Bretanha concordando com um sistema axiomático, a Declaração de Independência. Depois de um breve parágrafo de abertura, os axiomas são explicitamente enunciados como verdades evidentes por si mesmas. O documento prossegue para demonstrar um teorema fundamental: as 13 colônias norte-americanas têm justificativa para romper com a Grã-Bretanha e formar um país independente – Os Estados Unidos da América.

> *Nós consideramos estas verdades como autoevidentes:*
> - *que todos os homens foram criados iguais;*
> - *que eles são providos por seu criador de certos direitos inalienáveis;*
> - *que entre estes estão a vida, a liberdade e a procura pela felicidade.*
>
> *Que, para garantir estes direitos...*

Foi exatamente como um modelo de pensamento preciso que se estudou Euclides por muitos séculos. Os estudantes trabalhavam sobre os próprios *Elementos* ou estudavam alguma versão simplificada ou "aperfeiçoada". A maioria deles não ia muito longe. De fato, um teorema no começo do Livro I tornou-se conhecido como *pons asinorum* ("a ponte dos burros"), porque era o lugar no qual os estudantes mais fracos começavam a ter dificuldades. Nem todos os estudantes gostavam do exercício. Em Yale, no século XIX, estudantes desenvolveram um elaborado ritual no fim do segundo ano para celebrar o fato de que seus estudos matemáticos estavam terminados. Era o chamado Enterro de Euclides. Em certo ponto do ritual:

> O volume de Euclides era perfurado com um atiçador incandescente, cada homem da classe, por sua vez, empurrava o ferro para significar que ele tinha passado através de Euclides. Depois disso o livro era mantido por um momento sobre cada um para indicar que ele tinha entendido Euclides, e finalmente cada um passava as páginas sob os pés para que pudesse dizer depois que tinha passado sobre Euclides.[3]

Isso era seguido por um cortejo funerário, uma oração final e a cremação do livro!

No século XX, o ensino da geometria migrou das universidades para as escolas secundárias. A "demonstração em duas colunas", em que cada passo na coluna da esquerda precisa ser justificado por uma razão na coluna da direita, parece ter sido inventada no início dos anos 1900 como um modo mais fácil para que os estudantes entendessem e construíssem demonstrações. No entanto, sua estrutura rígida levava com demasiada frequência os estudantes a "aprender" as demonstrações de cor, memorizando os passos sem entender o argumento ou o significado do teorema. Como resultado, muitos estudantes consideravam a geometria na escola secundária como um ritual penoso, irrelevante, sem conexão com o "mundo real".

[3] Ver [89], p. 78-79.

A partir de cerca de 1970, os textos de geometria para escola secundária começaram a compensar isso inserindo várias outras ideias e abordagens no curso, incluindo mais e mais geometria informal, discussões sobre medida e afins. Infelizmente, essas tentativas bem intencionadas para fazer com que esse único curso "servisse a dois patrões" muitas vezes acabavam sem fazer justiça a qualquer um deles e obscureciam o foco do que estava sendo estudado. Gradualmente, muitos desses cursos se tornaram quase completamente informais, enfatizando a "descoberta" pelos estudantes das ideias geométricas mediante atividades de grupo e discussão. A estrutura lógica de Euclides é relegada a um ou dois capítulos finais, se aparecer, tornando-se provável candidato à omissão pelos professores que se veem pressionados pelo tempo.

Essa "desenfatização" da estrutura lógica de Euclides na geometria da escola secundária é realmente uma infelicidade. No mundo de hoje, a capacidade de ver uma situação em termos *axiomáticos* e de lidar com sua estrutura lógica é ainda muito importante, e não só na matemática. Por exemplo, isso é imensamente útil para entender, negociar e fazer que se cumpram negociações coletivas de acordos, que governam as condições de trabalho de quase 20% da força de trabalho nos Estados Unidos; para lidar com sistemas de computadores, pacotes de software e coisas semelhantes, que estão rapidamente se tornando parte central da vida diária; e para lidar inteligentemente com os argumentos que giram em torno de questões sociopolíticas e legais polêmicas do dia, como aborto, direito dos homossexuais, ação afirmativa e oportunidades iguais.

O matemático E. T. Bell disse uma vez: "Euclides me ensinou que sem hipóteses, não há demonstração. Portanto, em qualquer argumento, examine as hipóteses". O sistema lógico prototípico subjacente a tal análise axiomática é a geometria plana de Euclides, um modo de organizar ideias que é tão relevante hoje quanto era quando Euclides o escreveu pela primeira vez, há cerca de 2.300 anos.

Para um olhar mais atento

A melhor edição em inglês dos *Elementos* de Euclides é a tradução de Sir Thomas L. Heath, *The Thirteen Books of the Euclid's Element's*, com extensa introdução e longos comentários ([42] nas referências). Apareceu originalmente em 1908, mas tem sido reimpressa em três volumes pela Dover Publications. Em breve será publicado volume único do texto de Heath, sem os comentários, da Green Lion Press. Há também uma edição on-line com os diagramas construídos em linguagem Java, como *applets*, em: <http://aleph0.clarku.edu/~djoyce/java/elements/elements.html>. Os Capítulos 2 e 3 de [40] contêm uma discussão acessível de alguns dos teoremas de Euclides, com muita contextualização histórica, como fazem vários livros de geometria, entre os quais [72], [44] e [109]. Por fim, [6] fornece uma boa visão de toda a obra *Elementos* de Euclides, incluindo as partes não geométricas.

QUESTÕES

1. Um dos axiomas de Euclides diz que todos os ângulos retos são iguais. Isso soa estranho aos ouvidos modernos, pois pensamos em ângulos retos em termos de medida: se um ângulo reto tem 90°, então é claro que todos os ângulos retos são iguais. A definição de Euclides de ângulo reto, no entanto, é diferente. Descubra qual é e explique por que esse axioma é necessário.

2. Na geometria plana de Euclides, só são permitidas figuras que podem ser traçadas com uma régua sem marcas e um compasso, porque esses instrumentos refletem as limitações de seus três primeiros postulados. Muitas de suas proposições são dedicadas a demonstrar que uma figura ou outra pode ser construída desse modo. A Proposição 1 do Livro I é um caso desses:

   Sobre qualquer reta finita pode-se construir um triângulo equilátero.

   Demonstração: seja AB uma reta finita dada.

   1. Trace um círculo com centro A e raio AB.
   2. Trace um círculo com centro B e raio AB.
   3. Do ponto C em que os círculos se cortam, trace AC e BC.
   4. Como A é o centro do círculo por B e C, $AC = AB$.
   5. Como B é o centro do círculo por A e C, $BC = AB$.
   6. Pelos passos 4 e 5, BC também é igual a AC.
   7. Como AB, AC e BC são todos iguais, o triângulo ABC é equilátero e foi construído sobre AB, o que nos pediram para fazer.

   Faça essa construção e justifique cada passo, citando uma noção comum específica, um postulado ou uma definição.[4]

3. Os compassos comumente usados na escola conservam uma abertura fixa, permitindo que comprimentos sejam transportados de um lugar para outro. Um compasso euclidiano não fazia isso. Logo que era levantado, o tamanho da abertura se perdia. Entretanto, as Proposições 2 e 3 do Livro I demonstram que os comprimentos podem ser transportados, legitimando, desse modo, os compassos modernos.

   a. Euclides faz um elegante uso da Proposição 1 em sua demonstração da Proposição 2, o fato fundamental de que um segmento de reta pode ser reproduzido com uma de suas extremidades em uma dada posição. Aqui está seu argumento. Faça essa construção e justifique cada um dos passos numerados, citando uma

[4] Euclides define um *círculo* como "uma figura plana contida por uma linha tal que todas as retas caindo sobre ela de um dado ponto [seu *centro*] dentro da figura são iguais".

noção comum específica, um postulado, uma definição ou a Proposição 1.

São dados um ponto A e um segmento de reta BC (veja o diagrama ao lado).

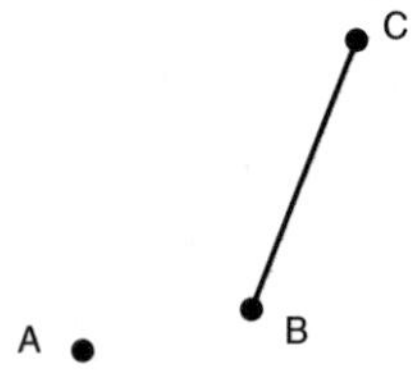

Precisamos construir um segmento de reta com A como extremidade e com o mesmo comprimento de BC.

(1) Trace o segmento AB. (2) Sobre AB, construa um triângulo equilátero DAB. (3) Trace um círculo com centro B e raio BC. (4) Estenda DB até cortar este círculo em um ponto E. (5) Trace um círculo com centro D e raio DE. (6) Estenda o segmento DA até cortar este círculo em um ponto F. (7) Como tanto C quanto E estão sobre o círculo de centro B, BC e BE são iguais. (8) Como tanto E quanto F estão sobre o círculo com centro D, DE e DF são iguais. (9) Mas DA é igual a DB. (10) Portanto, os restos AF e BE são iguais. (11) Como se demonstrou que BE é igual a BC (no passo 7), AF e BC também devem ser iguais. Portanto, AF é um segmento de reta com A como extremidade e com o mesmo comprimento que BC, como foi pedido.

b. A Proposição 2, sozinha, não é suficiente para justificar o compasso com abertura fixa. Precisamos também saber que podemos especificar a direção do segmento que "movemos". A Proposição 3 permite isso. Ela diz: dados dois segmentos de reta desiguais, um comprimento igual ao do mais curto pode ser cortado do mais longo. Demonstre essa proposição.

4. Qual dos teoremas de Euclides era conhecido como *pons asinorum*? Por que o teorema é chamado assim?

5. Este esboço menciona diversos matemáticos e filósofos gregos diferentes: Euclides, Tales, Pitágoras, Platão, Aristóteles, Eudoxo. Descubra onde e quando cada um viveu.

PROJETOS

1. Os *Elementos* foram escritos no terceiro século a.C., muito antes da invenção da imprensa, de modo que devem ter sido preservados em forma manuscrita. Textos copiados à mão sempre desenvolvem variações, inserções e erros. Faça uma pesquisa sobre o texto *Elementos* de Euclides. Qual é o mais antigo manuscrito disponível? Como os estudiosos tentam estabelecer uma boa aproximação do texto original?

2. Lewis Carroll, o autor de *Alice no País das Maravilhas* e *Alice Através do Espelho*, também escreveu um livro chamado *Euclid and His Modern Rivals*. De que trata esse livro e por que Lewis Carroll o escreveu?

Esboço 15 Os Sólidos Platônicos

Os gregos gostavam muito de simetria. Você pode ver isso em sua arte, em sua arquitetura e em sua matemática. Na geometria, uma área importante na matemática grega, os polígonos mais simétricos são os *regulares* – polígonos com todos os lados e todos os ângulos congruentes. Um triângulo regular é um triângulo equilátero; um quadrilátero regular é um quadrado. Existem polígonos regulares com qualquer número de lados.

No espaço tridimensional, um poliedro é *regular* se todas as suas faces são polígonos regulares congruentes e todos os seus vértices são semelhantes. Por exemplo, um cubo é um poliedro regular; todas as suas faces são quadrados do mesmo tamanho. É um fato notável da geometria, demonstrado como a proposição final dos *Elementos* de Euclides, que só existem uns poucos poliedros regulares (compare isso com polígonos regulares, que podem ter qualquer número de lados). Na verdade, existem exatamente cinco tipos diferentes, como representados na Figura 1:

tetraedro – 4 faces (triângulos)

hexaedro (cubo) – 6 faces (quadrados)

octaedro – 8 faces (triângulos)

dodecaedro – 12 faces (pentágonos)

icosaedro – 20 faces (triângulos)

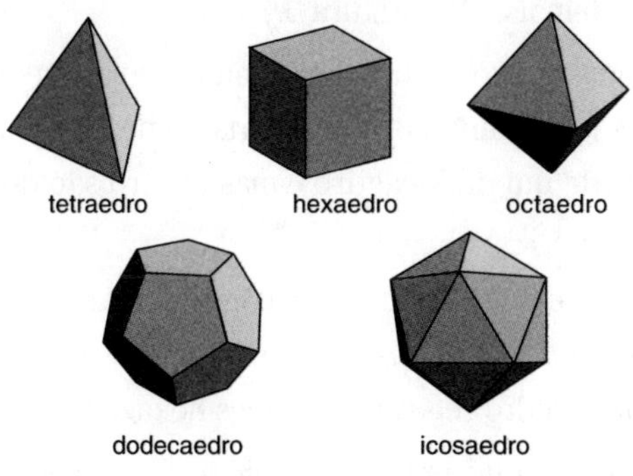

Figura 1

O fato de só existirem esses cinco poliedros regulares pode parecer intrigante de início, mas não é difícil ver por que deve ser assim. Pense nisso da seguinte maneira:

- Para formar alguma "ponta", pelo menos três faces poligonais devem se encontrar em qualquer vértice do poliedro.
- Como o poliedro é regular, a situação em um vértice qualquer é a mesma que em qualquer outro. Portanto, só precisamos considerar o que acontece em um vértice típico.
- Para fazer uma ponta, a soma de todos os ângulos no vértice deve ser menor que 360°. (Se somassem exatamente 360°, formariam uma superfície plana.)
- Como todas as faces são congruentes, a soma dos ângulos no vértice deve ser dividida igualmente entre eles.
- Agora vamos ver que tipos de polígonos regulares poderiam ser usados como faces desses poliedros:

  Triângulos: cada ângulo de um triângulo equilátero mede 60°. Quantos você poderia juntar e ainda obter um total inferior a 360°? 3 (180°), 4 (240°), ou 5 (300°). (Ver Figura 2.) Isso é tudo. Juntando 6 você teria um "pico" chato, e mais do que isso, daria um total grande demais. Os três casos possíveis dão a você o tetraedro, o octaedro e o icosaedro.

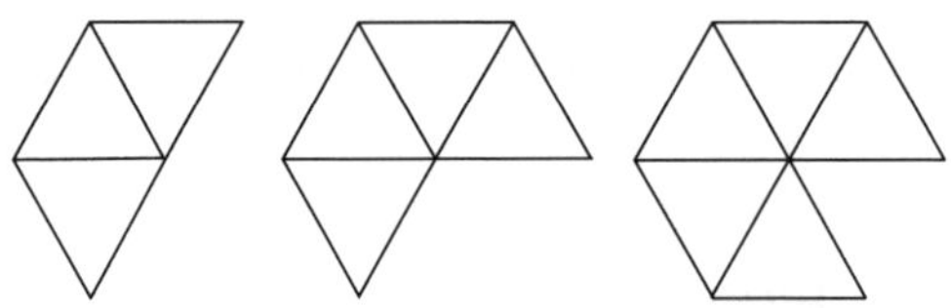

Figura 2

Quadrados: cada ângulo mede 90°. Três deles (totalizando 270°) podiam se encontrar em um vértice (de um cubo), mas quatro são demais. (Ver Figura 3.)

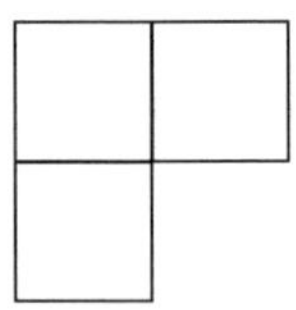

Figura 3

Pentágonos: cada ângulo de um pentágono regular mede 108°. Três deles (totalizando 324°) poderiam encontrar-se em um vértice (de um dodecaedro), mas quatro são demais. (Ver Figura 4.)

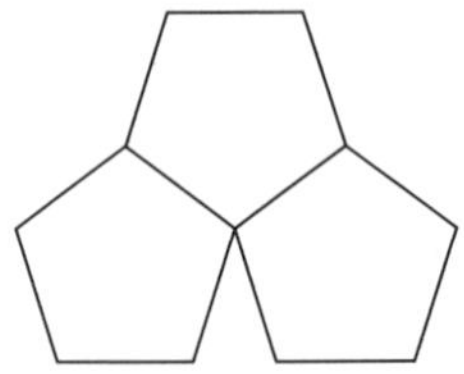

Figura 4

Hexágonos: cada ângulo de um hexágono regular mede 120°. Três deles totalizam 360°, o que é demais! Assim, não existe *nenhum* poliedro regular com faces hexagonais.

Outros polígonos regulares: Cada ângulo de um polígono regular com mais de 6 lados deve medir mais de 120°.

Desse modo, três deles unindo-se em uma ponta dariam um total maior que 360°. Portanto, não pode existir *nenhum* poliedro regular com faces de qualquer outra espécie.

A regularidade dessas formas implica que cada uma pode ser *inscrita* em uma esfera, isto é, pode ser colocada dentro de uma casca esférica de tal modo que seus vértices "toquem" a esfera (sejam pontos dela). Esse fato era de grande significado para os pitagóricos, que consideravam a esfera a mais perfeita figura tridimensional. Essas quatro figuras eram usadas para representar os quatro "elementos" do mundo físico:

fogo – tetraedro
terra – hexaedro (cubo)
ar – octaedro
água – icosaedro

Mais tarde, os pitagóricos descobriram o dodecaedro regular, que eles usaram para representar o universo (ele tinha que ter *algum* significado!). Platão (no *Timaeus*) usou essa representação do universo e seus elementos como base de uma elaborada teoria da matéria em que tudo era composto de triângulos retângulos. Era suposto que o "quinto elemento", representado pelo dodecaedro, fosse a essência fundamental do universo. Assim, a palavra "quintessência" teve sua origem, e hoje significa o melhor, mais puro e mais típico exemplo de alguma qualidade, classe de pessoas ou coisa não-material. Por causa do interesse de Platão por esses cinco poliedros, eles são chamados de "sólidos platônicos" ou "corpos platônicos".

Poderemos obter mais sólidos se abrandarmos as exigências de regularidade? Suponha que exijamos que todas as faces sejam polígonos regulares, mas não necessariamente do mesmo tipo. Então, por exemplo, as faces poderiam ser ou triângulos ou pentágonos. Ainda exigiremos que todos os triângulos sejam congruentes e que todos os pentágonos sejam congruentes.

O matemático grego Pappus nos diz que Arquimedes tinha considerado essa possibilidade e descoberto que havia exatamente 13 sólidos assim (por causa disso, eles às vezes são chamados "sólidos arquimedianos"). Eis um exemplo: comece com um icosaedro. Ele possui faces triangulares que se unem, cinco de cada vez, em 12 vértices. Suponha que cortemos cada um desses picos. Isso substituirá cada um dos 12 vértices por uma nova face que será um pentágono. Se fizermos os cortes cuidadosamente, podemos conseguir que a parte que resta de cada uma das 20 faces triangulares seja um hexágono. Assim, temos um sólido que tem 20 faces hexagonais e 12 pentagonais. Ele é usualmente chamado icosaedro truncado, e existe efetivamente no "mundo real": é o padrão no recobrimento de uma bola de futebol.

No Renascimento, os matemáticos novamente ficaram fascinados por sólidos regulares e semirregulares. Souberam dos cinco sólidos regulares em Platão e Euclides, mas a maioria deles nunca leu Pappus, de modo que tiveram que redescobrir os sólidos arquimedianos. Fizeram isso lentamente, com grande excitação. Esse trabalho culminou com Johannes Kepler (mais conhecido por seu trabalho em astronomia), que encontrou os 13 sólidos arquimedianos e demonstrou que não havia outros.

Kepler, como Platão, tentou relacionar esses sólidos lindamente simétricos com o mundo real. Uma vez tentou construir uma teoria do sistema solar com base nos sólidos platônicos. Imaginou que a órbita de cada planeta estava em uma grande esfera. Então, disse que se inscrevesse um cubo na esfera de Saturno, as faces do cubo seriam tangentes à esfera de Júpiter. Analogamente, inscrever um tetraedro na esfera de Júpiter faria com que as faces fossem tangentes à esfera de Marte. E assim por diante, com o dodecaedro, o icosaedro e o octaedro. Felizmente, Kepler finalmente desistiu dessa ideia e foi descobrir que as órbitas dos planetas são na verdade elipses.

A teoria triangular da matéria de Platão e a teoria poliédrica de Kepler para o sistema solar não resistiram à passagem do tempo, mas os sólidos de Platão ainda podem ser encontrados nos elementos da terra:

- as estruturas cristalinas do minério de chumbo e sal de rocha são hexaédricas;
- a fluorita forma cristais octaédricos;
- a granada forma cristais dodecaédricos;
- os cristais de ferro pirita são encontrados em todas essas três formas;
- a forma cristalina básica dos silicatos (que formam cerca de 95% das rochas na crosta terrestre) é a menor dos sólidos regulares triangulares, o tetraedro; e
- os 60 átomos da molécula conhecida como "buckyball" são dispostos como os vértices de um icosaedro truncado.

Para um olhar mais atento

Ver [30] para uma detalhada descrição dos poliedros que inclui extensa informação histórica.

QUESTÕES

1. Como um projeto de arte, você está experimentando desenhos para uma fruteira com base quadrada. A ideia geral é prender polígonos regulares congruentes aos lados da base e "dobrá-los" até que as arestas mais próximas dos polígonos adjacentes se encontrem. Por exemplo, dispor quadrados em cada lado da base resulta em uma caixa cúbica aberta, mas isso não é um projeto muito interessante.

a. Que outros tipos de polígonos regulares você pode usar (para um tipo mais interessante de tigela)? De que modo sua escolha afetará a forma geral da tigela?
b. Se você usar um tipo diferente de polígono regular como base, quais são as possibilidades?

2. A figura a seguir é um modelo para um icosaedro.

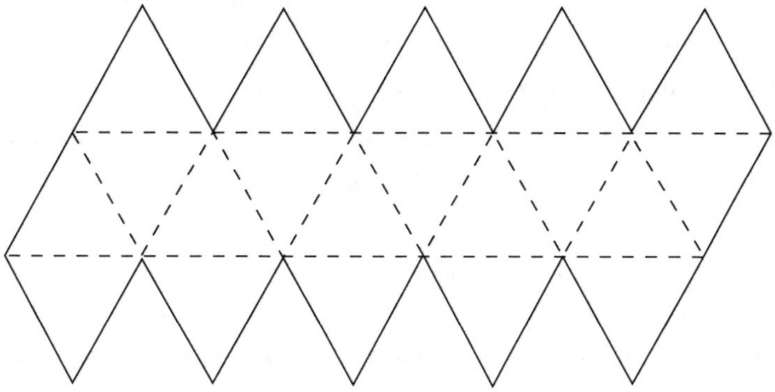

a. Faça um desenho em escala desse molde com cada triângulo medindo 4 cm de lado. (Lembre-se: todos os triângulos são *equiláteros*.) Então, numere todas as arestas externas do molde (as linhas sólidas) de modo que as arestas que devem ser unidas tenham o mesmo número.
b. Recorte o seu molde e dobre-o de modo a formar um icosaedro. As suas arestas numeradas deram certo?
c. Desenhe e numere moldes para um tetraedro e um octaedro. Então, recorte-os e dobre-os para verificar seu projeto.

3. Este esboço menciona os *sólidos arquimedianos*, também conhecidos como "poliedros semirregulares". Há 13 deles. Pesquise a definição exata de "semirregular" e faça uma lista das 13 possibilidades.

4. Estas duas questões são sobre os números de faces, arestas e vértices de diversos poliedros. As arestas e os vértices de um poliedro regular podem ser contados eficientemente se você usar os fatos: (i) cada face poligonal tem o mesmo número de arestas e vértices; (ii) cada aresta é comum a duas faces; e (iii) em cada vértice, o mesmo número de arestas se juntam. As estratégias para tratar de sólidos semirregulares são semelhantes.

a. Para cada um dos cinco sólidos platônicos, conte o número V de vértices, F de faces e A de arestas. Verifique que, em cada caso, $V - A + F = 2$.
b. Use seus resultados da Questão 3 para calcular V, A e F para cada um dos sólidos arquimedianos. É ainda verdade que $V - A + F = 2$?

5. Pegue dois tetraedros congruentes e cole-os em uma face. O resultado é um sólido chamado dipirâmide triangular. Todas as suas faces são triângulos equiláteros congruentes. Por que isso não é um poliedro regular?
6. O que é "Dymaxion Map" e qual sua relação com sólidos platônicos? (Faça pesquisa.)
7. Suponha que queremos colorir um cubo com seis cores de modo que cada lado tenha uma cor diferente. De quantas maneiras diferentes podemos fazer isso? E se usássemos outro sólido platônico em lugar do cubo?
8. Os sólidos platônicos podem ser usados para fabricar dados com 4, 6, 8, 12 e 20 faces. Estes são usados em alguns jogos. Quão bem eles funcionam como dados? Funcionaria usar sólidos arquimedianos para fazer dados com números diferentes de faces?
9. Há evidência de que algumas civilizações conheciam pelo menos alguns dos poliedros regulares independentemente dos gregos. Encontre alguns exemplos. Identifique a civilização pelo lugar e pela época tão especificamente quanto possa.

PROJETOS

1. Construa modelos em cartolina dos cinco sólidos platônicos. (Ver Questão 2.)
2. Os 13 sólidos arquimedianos foram descobertos e redescobertos muitas vezes. Pesquise sua história e escreva um breve esboço sobre como ela se passou.
3. Nas questões anteriores, você verificou que a relação $V - A + F = 2$ vale tanto para os poliedros regulares quanto para os semirregulares. Ela é verdadeira para todos os poliedros? Você pode demonstrá-la?

Esboço 16

FORMAS PELOS NÚMEROS

Geometria de Coordenadas

Uma das ideias mais poderosas de toda a matemática é a compreensão de como representar formas por equações, uma área que agora chamamos de *geometria analítica*. Sem essa ponte entre a geometria e a álgebra, não existiria o cálculo para a ciência, nem tomografia computadorizada para a medicina, nem ferramentas automatizadas para a indústria, nem computação gráfica para arte e divertimento. Muitas coisas que tomamos como certas simplesmente não existiriam. De onde veio essa maravilhosa percepção? De quem foi a ideia, e quando aconteceu?

Quando se pensa em geometria analítica, qual a primeira coisa que vem à mente? Para a maioria das pessoas, é um par de retas coordenadas, um eixo x e um eixo y perpendiculares um ao outro, muitas vezes chamado de *sistema de coordenadas cartesianas*. "Cartesiana" se refere ao matemático/filósofo francês René Descartes, a quem usualmente se dá o crédito pela invenção da geometria analítica. Ele de fato formulou a maior parte das ideias da geometria analítica, mas o sistema de coordenadas retangulares como o conhecemos hoje não foi uma delas.

De certo modo, a história começa com os agrimensores do Egito Antigo, que usavam uma malha retangular para dividir a terra em distritos, de modo bem parecido como nossos mapas de estradas são divididos em quadrados para fins de indexação. Isso lhes permitia catalogar as posições usando dois números, um para uma linha e outro para uma coluna. Esse método também foi utilizado por agrimensores romanos e pelos gregos que faziam mapas em tempos antigos. No entanto, denotar localizações por uma malha numerada é só um pequeno passo para preencher a lacuna entre a geometria e a álgebra. A questão muito mais fundamental é a conexão entre expressões algébricas – isto é, equações e funções – e formas em um plano ou no espaço.

Um lampejo dessa ideia pode ser remontado à Grécia Antiga. Cerca de 350 a.C., Menaechmus, um dos tutores de Alexandre, O grande, relacionou um tipo de curvas, que chamamos agora de *seções cônicas* (as curvas formadas cortando um cone por

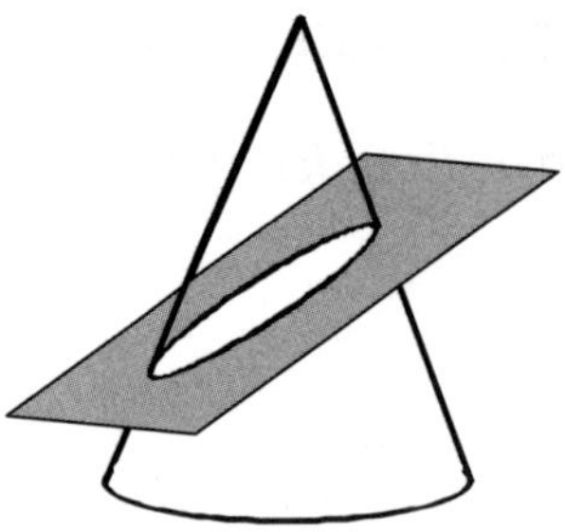

um plano), com a solução de proporções numéricas. Isso estabeleceu o trabalho de base para a exploração de seções cônicas por Apolônio mais ou menos um século mais tarde. Apolônio e outros matemáticos gregos de sua época estavam interessados em questões de *lugares geométricos* (*locus*,[1] no original): quais pontos satisfazem um dado conjunto de condições? Eles formam alguma espécie de linha ou curva? Por exemplo, o lugar geométrico dos pontos a uma distância fixa de um dado ponto é um círculo; o lugar geométrico dos pontos cuja distância a um ponto dado é igual à distância perpendicular a uma dada reta é uma parábola. Apolônio investigou questões de lugares geométricos muito mais complexas e mostrou que algumas (não todas) resultavam em uma seção cônica. Era isso a geometria analítica? Não exatamente. Apolônio seguia nessa direção, mas suas figuras geométricas estavam ligadas a relações numéricas por meio de razões e palavras. O desenvolvimento da linguagem simbólica rica em moldes da álgebra estava ainda muito longe de ser alcançada.

A evolução de um eficiente simbolismo algébrico levou muito tempo. (Ver Esboço 8.) Não estava ainda feita no século XIV, quando Nicole Oresme descreveu um modo de representar de modo gráfico a relação entre uma variável independente e uma dependente. Pelo fim do século XVI, François Viète tentou destilar a essência da análise geométrica dos gregos antigos representando quantidades com letras e relações com equações. Ao fazer isso, ele deu um enorme passo na direção de concentrar o poder da álgebra sobre os problemas da geometria. O necessário nesse ponto era a correta visão criativa.

Essa visão veio independentemente e quase simultaneamente de dois franceses na primeira metade do século XVII. Um foi Pierre de Fermat (1601-1665), talvez o maior matemático amador do mundo. Fermat era um modesto advogado e funcionário público que se distraía com matemática de todo tipo, só como divertimento. Ele publicou muito pouco, preferindo exibir sua extraordinária criatividade em correspondências com alguns dos mais importantes matemáticos de seu tempo.[2] Uma dessas cartas nos diz que Fermat tinha desenvolvido muitos dos seus conceitos-chave na geometria analítica por volta de 1630. Motivado por seu interesse pelos problemas de lugar geométrico de Apolônio, Fermat inventou uma espécie de sistema de coordenadas para traçar a relação entre duas quantidades desconhecidas (positivas), A e E, como segue.

---

[1] *Locus*, raiz de palavras como *local* e *locação*, significa lugar em latim. Seu plural é *loci*.

[2] Para mais informação sobre Fermat, ver Esboço 13.

Começando em algum ponto conveniente, ele traçou uma reta horizontal de referência para a direita. Marcou uma variável, A, a partir do ponto de partida no eixo horizontal, e na outra extremidade colocou um segmento a um ângulo fixo com o primeiro, representando a outra variável, E. Ele via o comprimento de E variando conforme o comprimento de A variava, de acordo com a equação que estava estudando, e a posição do segmento E movendo-se horizontalmente, mas sempre fazendo o mesmo ângulo com o segmento A. Fermat disse:[3] "É desejável, para ajudar o conceito de uma equação, permitir que duas grandezas desconhecidas formem um ângulo, que usualmente suporíamos ser um ângulo reto", mas, na verdade, ele permitia outros ângulos também.

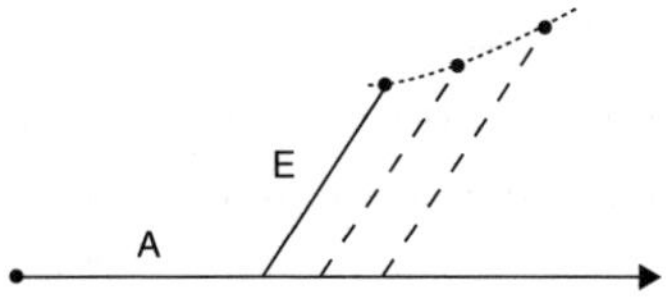

Figura 1

A percepção crucial de Fermat foi que sempre que pudesse achar uma equação relacionando suas duas variáveis A e E, ele teria uma curva que corresponderia a essa equação. A extremidade superior do segmento E traçaria uma curva, e seria o lugar geométrico associado à equação. Nas palavras do próprio Fermat:

> Quando duas grandezas desconhecidas aparecem em uma equação final temos um lugar geométrico, a extremidade de uma das grandezas desconhecidas descrevendo uma reta ou uma curva.

(Para ilustrar o caso geral, o ângulo na Figura 1 não é um ângulo reto. Se fosse, essa figura pareceria muito mais com o modo familiar de fazer o gráfico de E como função de A.) Observe, em particular, a asserção de Fermat de que esse processo dará um lugar geométrico para *qualquer* equação. Ele demonstra isso para todas as equações quadráticas, mostrando na verdade que os lugares geométricos resultantes são sempre seções cônicas.

Os escritos de Fermat sobre o assunto só foram publicados após sua morte, de modo que muito do crédito pela invenção da geometria analítica foi dado a outro. O "outro" é René Descartes (1596-1650), por nascimento um nobre francês, um estudante de matemática na juventude, um soldado por escolha em seu ápice físico e um eminente livre-pensador filósofo e matemático nos últimos 20 anos de sua vida. Muitos matemáticos consideravam o desenvolvimento da geometria analítica uma de suas realizações máximas, porém, para Descartes, era simplesmente um de três estudos de caso em um esquema muito maior. Ele o escreveu como um dos três apêndices a um tratado filosófico comumente conhecido como *Discurso do Método*. Seu título completo revela claramente suas intenções: *Discurso sobre o Método de Conduzir Corretamente a Razão*

[3] Esta e a citação seguinte são da *Introduction to Plane and Solid Loci*, de Fermat, em [130], p. 380-396.

e Procurar a Verdade nas Ciências. Seu objetivo real era redefinir a metodologia para buscar a verdade em *todas* as questões: a palavra "ciência" tinha uma conotação muito mais ampla a esse tempo do que tem agora. Em suas próprias palavras:

> As longas cadeias de raciocínios simples e fáceis, por meio dos quais os geômetras costumam chegar às conclusões de suas mais difíceis demonstrações levaram-me a imaginar que todas as coisas, para cujo conhecimento o homem é competente, estão mutuamente ligadas de algum modo, e que não há nada tão afastado de nós a ponto de estar fora de nosso alcance, ou tão escondido que não possamos descobri-lo, desde que apenas nos abstenhamos de aceitar o falso como verdadeiro, e sempre preservemos em nossos pensamentos a ordem necessária para a dedução de uma verdade a partir de outra.[4]

Descartes considerava seu método como uma síntese da lógica clássica, álgebra e geometria, em que ele descartava os excessos e consertava suas limitações. Ele monta o palco para essa fusão de ideias dizendo:

> (Quanto) à lógica, seus silogismos e a maioria de seus outros preceitos são úteis mais na comunicação do que já sabemos (...) do que na investigação do desconhecido. (...) Quanto à análise dos antigos e à álgebra dos modernos (...) a primeira é tão exclusivamente restrita à consideração de figuras que só pode estimular a Compreensão sob condição de fatigar grandemente a Imaginação; e na última há uma tão completa submissão a certas regras e fórmulas que lá resulta uma arte cheia de confusão e obscuridade calculada para atrapalhar, em vez de uma ciência ajustada para cultivar a mente.

Para ilustrar o poder de seu novo modo de pensar, Descartes escreveu três apêndices ao *Discurso do Método* – sobre óptica, meteorologia e geometria. No apêndice sobre geometria, chamado simplesmente *La Géométrie*, estavam os ingredientes principais da geometria analítica. Seu principal instrumento gráfico era essencialmente o mesmo que o imaginado por Fermat: a variável independente, agora chamada x, era marcada ao longo de uma reta de referência horizontal, e a variável dependente, agora chamada y, era representada por um segmento de reta fazendo um ângulo fixo com o segmento x. Descartes, talvez ainda mais que Fermat, enfatizava que o ângulo escolhido era questão de conveniência e não precisava ser sempre um ângulo reto.

Além de introduzir um sistema aperfeiçoado de notação algébrica nesse apêndice (ver Esboço 8), Descartes rompeu explicitamente com a visão, inspirada pelos gregos, de

---

4 Esta e outras citações do *Discurso do Método* são tiradas da tradução (para o inglês) de John Veitch, disponível on-line no Projeto Gutenberg: <http://www.gutenberg.net/>.

encarar as potências como dimensões geométricas ao definir uma unidade de comprimento e, assim, interpretar todas as quantidades em termos dessa unidade. Em particular, do mesmo modo como x era um *comprimento* relacionado a essa unidade, assim também seriam x^2, x^3 e qualquer potência mais alta da incógnita. Essa mudança conceitual, a qual foi implícita apenas no trabalho de Fermat, levou-o (e a nós) a considerar curvas definidas por funções contendo diversas potências de uma variável, grafando-as sem qualquer restrição associada à dimensão geométrica. Descartes usou sua nova técnica para resolver um importante problema de lugar geométrico formulado por Apolônio, mas ainda sem solução pelos métodos clássicos gregos, declarando ter assim mostrado a superioridade de seu "Método para Conduzir Corretamente a Razão e Procurar a Verdade".

Apesar do poder de sua abordagem algébrica da geometria, *La Géométrie* de Descartes não teve impacto imediato na matemática de seu tempo. Havia várias razões para isso, além das suspeitas de alguns matemáticos de que faltava à álgebra o mesmo nível de rigor da geometria clássica. Uma era a simples questão da linguagem. Descartes, que então vivia na Holanda, escreveu o *Discurso do Método* e seus apêndices na sua língua natal, francês. Porém, a língua "universal" da erudição européia no século XVII era o latim. Também, Descartes tinha deliberadamente omitido os detalhes de muitas de suas demonstrações, dizendo a seus leitores que ele não queria "privá-los do prazer de produzi-las eles mesmos".[5] O crédito por remover esses obstáculos e tornar amplamente disponíveis essas ideias cabe ao matemático holandês Frans van Schooten, que traduziu *La Géométrie* para o latim e publicou uma versão muito expandida, a qual incluía uma abundância de comentários detalhados. Durante os anos de 1649 a 1693, o trabalho de Van Schooten foi publicado em quatro edições e cresceu até se tornar cerca de oito vezes mais longo que o original. Foi nessas versões em latim que Isaac Newton aprendeu sobre a geometria analítica em seu caminho para desenvolver as ideias fundamentais do cálculo. Pelo fim do século XVII, os métodos da geometria cartesiana eram bastante conhecidos em toda a Europa.

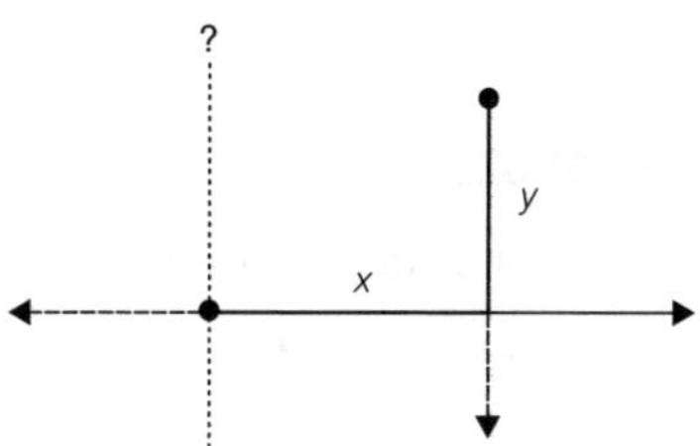

Figura 2

Mas a geometria de coordenadas de então não incluía um aspecto que nos é evidente hoje – o eixo das *ordenadas*, ou eixo vertical! Tanto para Descartes quanto para Fermat, a primeira coordenada de um ponto era um segmento de reta partindo da origem e estendendo-se para a direita, e a segunda coordenada era um segmento que começava na extremidade do

[5] Ver [38], p. 10.

segmento x e se estendia para cima a um ângulo fixo para o ponto. É verdade que Fermat usualmente considerava esse ângulo como reto (ver citação anterior), mas nem ele nem Descartes jamais se referiram a um segundo eixo. Além disso, como eles consideravam essas "grandezas desconhecidas" como (comprimentos de) segmentos de reta, só consideravam coordenadas positivas. John Wallis, um matemático inglês escrevendo nos anos 1650, estendeu essas ideias para considerar coordenadas negativas. No entanto, ainda no fim do século XVIII, mesmo um matemático proeminente como Leonhard Euler não incluía consistentemente um eixo vertical de coordenadas em seus diagramas. O sistema de dois eixos perpendiculares que consideramos atribuível a Descartes parece, em vez disso, ter evoluído gradualmente durante aquele século e meio depois que ele publicou *La Géométrie*.

A geometria de coordenadas (ou analítica) é um elo proeminente na cadeia histórica de grandes progressos matemáticos. Assim como o desenvolvimento da álgebra simbólica abriu caminho para a geometria analítica, também, por sua vez, a geometria analítica abriu caminho para o cálculo. O cálculo, por sua vez, abriu as portas para a física moderna e muitas outras áreas da ciência e da tecnologia. Nas últimas décadas, esse modo algébrico de descrever formas também se combinou sinergicamente com a velocidade de cálculo dos computadores modernos, produzindo imagens visuais cada vez mais assombrosas visando a uma ampla gama de aplicações. Tudo isso repousa sobre a ideia verdadeiramente simples de dar a cada ponto do espaço um endereço numérico, de modo que possamos descrever formas por números.

Para um olhar mais atento

O nascimento da geometria de coordenadas é discutido em todas as referências padrão. Para um relato mais detalhado, ver [19]. Para os ousados, há [38], uma edição bilíngüe da *La Géométrie* original.

QUESTÕES

1. Eis dois problemas relativamente simples de lugar geométrico:

a. Qual figura é o lugar geométrico de todos os pontos que são equidistantes de dois pontos fixos?

b. Qual figura é o lugar geométrico de todos os pontos tais que a soma das distâncias a dois pontos fixos é 6 cm? Que restrições devem ser postas aos dois pontos para que a questão defina uma figura (não vazia)?

2. Em geral, a descrição algébrica de uma figura não é única; ela depende de onde você escolhe colocar os eixos e de quais medidas (unidades) você usa. Utilize coordenadas retangulares e a fórmula usual da distância para responder às questões seguintes.

a. Escreva uma descrição algébrica para o lugar geométrico da figura da Questão 1(a) pensando em um dos pontos como a origem e no outro à distância de 1 unidade sobre o eixo x. Então faça isso outra vez, com o eixo x pelos dois pontos, mas com a origem a meio caminho entre eles. Qual escolha dos eixos você prefere?

b. Este esboço diz que o lugar geométrico dos pontos cuja distância de um dado ponto é igual à distância perpendicular a uma reta dada é uma parábola. Escreva uma descrição algébrica dessa figura colocando o eixo x ao longo da reta dada e o eixo y pelo ponto dado. Depois faça isso de novo colocando os eixos de modo que a origem seja o ponto dado e a reta dada esteja abaixo e paralela ao eixo x. E se você colocar o eixo x paralelo à reta dada, mas a meia distância entre ela e o ponto, e colocar o eixo y pelo ponto? Qual dessas três escolhas você prefere?

3. Como este esboço salienta, Fermat e Descartes nem sempre usavam uma direção y que fosse perpendicular ao eixo x. Esta questão o ajuda a explorar as consequências disso.

a. Use o método de Fermat e Descartes para traçar o gráfico de $x^2 + 1$. Escolha uma reta de referência que NÃO seja perpendicular ao eixo x (você pode marcar alguns pontos e uni-los). Comece com valores positivos para x, depois estenda seu eixo x para incluir valores negativos (embora Fermat e Descartes não tivessem feito isso).

b. Trace um segundo gráfico de $x^2 + 1$ usando uma reta de referência diferente (não perpendicular). Em que suas duas figuras são semelhantes? Em que são diferentes?

c. Quais as vantagens, se existirem, de escolher sua reta de referência na direção y perpendicular ao eixo x?

4. Em um sistema de coordenadas retangular, usamos frequentemente a mesma unidade de medida para os dois eixos. Quais são as vantagens e desvantagens de se exigir isso?

5. Na época em que Fermat e Descartes estavam desenvolvendo suas teorias matemáticas, o que mais estava acontecendo na Europa? Identifique eventos políticos e realizações culturais desse período. O que acontecia nas Américas então?

PROJETOS

1. Duas retas quaisquer que se cortem podem ser usadas como coordenadas em um plano, simplesmente utilizando o ponto de cruzamento como origem e escolhendo uma direção positiva e uma unidade de comprimento para cada eixo. Então, para cada ponto, as retas por esse ponto que são paralelas aos eixos determinarão as coordenadas daquele ponto pela posição onde elas cortam os eixos (o uso de coordenadas retangulares é apenas um caso particular disso).

Monte um sistema de coordenadas em que o eixo y faça um ângulo de 60° com o eixo x e escolha a mesma unidade de comprimento (talvez 1 cm) para os dois eixos. Trace alguns diagramas e explique alguns exemplos para ilustrar como esse sistema de coordenadas funciona, usando-o para responder às questões seguintes:

a. Trace um par de eixos e marque os pontos $(1, 2)$ e $(3, 5)$. Use suas coordenadas para calcular a distância entre eles; então meça essa distância e veja se suas respostas coincidem, ao menos aproximadamente. Calcule também a distância entre $(2, 5)$ e $(6, 3)$, marque os pontos e meça para verificar seu resultado.

b. Generalize a parte (a): enuncie uma regra geral para usar as coordenadas de dois pontos quaisquer para calcular a distância entre eles.

c. Use seus resultados da parte (b) para encontrar um modo algébrico de descrever um círculo de raio 5 com centro na origem. Utilize isso para encontrar as coordenadas de quatro pontos do círculo, dois com coordenada $x = 4$ e dois com coordenada $x = -3$. Então, marque esses pontos e use um compasso para verificar que eles de fato estão todos no círculo.

d. Generalize a parte (c) para escrever a descrição algébrica de um círculo de raio r centrado no ponto (a, b).

e. Como você descreve algebricamente as retas horizontais? Como você descreve as retas verticais algebricamente?

2. Jan de Witt foi um importante contribuidor para a edição expandida da *Géométrie* de Descartes de Frans van Schooten, mas em seu país natal ele é lembrado hoje principalmente por outros fatos. Descubra mais sobre sua vida e escreva um texto curto sobre ele.

Esboço 17

IMPOSSÍVEIS, IMAGINÁRIOS, ÚTEIS

Números Complexos

O modo padrão de introduzir os números complexos é argumentar que queremos ser capazes de resolver todas as equações quadráticas, inclusive $x^2 + 1 = 0$. A reação óbvia a isso é: "Por quê?". É uma boa questão.

Durante muitos séculos de estudo de equações algébricas, os matemáticos pensaram nelas como meios de resolver problemas concretos. Em "um quadrado e dez coisas fazem trinta e nove", o quadrado era representado como uma figura geométrica, e as "coisas" eram seus lados. (Ver Esboço 10.) Nesse contexto, mesmo soluções negativas não faziam muito sentido. E se a aplicação da fórmula quadrática levava você a um número negativo, significava que seu problema não tinha solução.

Um bom exemplo pode ser encontrado em *Ars Magna* (*A Grande Arte*) de Girolamo Cardano, publicado em 1545.[1] Ele discute o problema de achar dois números cuja soma seja 10 e o produto seja 40. Ele observa, corretamente, que não existem tais números. Então, observa que a fórmula quadrática leva aos números $5 + \sqrt{-15}$ e $5 - \sqrt{-15}$. Ele percebe que, se suprimir sua repugnância por tal absurdo e calcular com essas expressões, sua soma é de fato 10 e seu produto é 40. Mas Cardano despreza tais coisas como jogo intelectual sem sentido. Em outro livro, diz que "$\sqrt{9}$ é + 3 ou – 3, pois um mais [vezes um mais] ou um menos vezes um menos dão um mais. Portanto, $\sqrt{-9}$ não é nem + 3 nem – 3, mas alguma terceira espécie de coisa misteriosa".[2]

Como vários de seus quase contemporâneos observaram, havia um aspecto relevante no que ele dizia. Por exemplo, no início do século XVII, René Descartes lembrou que, quando se tenta achar o ponto de interseção de uma reta e um círculo, é preciso resolver uma equação quadrática. A fórmula quadrática leva à raiz quadrada de um número ne-

[1] Ver Esboço 11 para mais informação sobre Cardano.

[2] De *Ars Magna Arithmeticae*, problema 38, citado em [26], p. 220, nota 6.

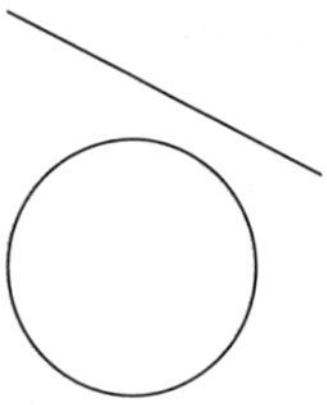

Figura 1

gativo exatamente quando a reta, de fato, não corta o círculo, como na Figura 1. Assim, na maioria das vezes, o sentimento era de que o aparecimento de soluções "impossíveis" ou "imaginárias" era simplesmente um sinal de que o problema em questão não tinha soluções.

Mesmo no tempo de Cardano, porém, havia indicações de que a vida (isto é, a vida matemática) não era tão simples. O maior triunfo matemático de Cardano foi achar uma fórmula para resolver uma equação cúbica (ver Esboço 11 para a história). Para uma equação[3] da forma $x^3 + px + q = 0$, a fórmula de Cardano para a solução, posta em notação moderna, era:

$$x = \sqrt[3]{-\frac{q}{2} + \sqrt{\frac{q^2}{4} + \frac{p^3}{27}}} + \sqrt[3]{-\frac{q}{2} - \sqrt{\frac{q^2}{4} + \frac{p^3}{27}}}.$$

Isso dava uma solução para muitas cúbicas, mas em certos casos havia uma aberração. Suponha, por exemplo, que a equação seja $x^3 = 15x + 4$. Nós a reescrevemos como $x^3 - 15x - 4 = 0$ e aplicamos a fórmula para obter:

$$x = \sqrt[3]{2 + \sqrt{-121}} + \sqrt[3]{2 - \sqrt{-121}}.$$

Com base em nossa experiência com quadráticas, a conclusão correta pareceria ser que não há solução (real). Mas se tentarmos $x = 4$, observamos que saltar para essa conclusão seria um erro: a equação tem uma raiz real (na verdade, tem três raízes reais).

Cardano observou esse problema, mas parece não ter sabido o que fazer a respeito. Ele o menciona duas vezes em seu livro. Na primeira, diz que esse caso precisa ser resolvido usando um método diferente a ser descrito em outro livro (em edição posterior, em vez disso, ele se refere a um capítulo descrevendo artifícios que poderiam ser usados para resolver certas equações). Na segunda vez, ele escreveu:[4] "Resolvendo $y^3 = 8y + 3$, de acordo com a regra precedente, eu obtenho 3". Isso deve ter intrigado qualquer leitor que tentasse obtê-la "de acordo com a regra", pois o cálculo envolvia $\sqrt{-1805/108}$.

Foi Rafael Bombelli quem, nos anos 1560, primeiro propôs uma saída para a questão. Ele argumentou que era possível simplesmente operar com essa "nova espécie de radical". Para falar da raiz quadrada de um número negativo, ele inventou uma estranha linguagem. Em vez de falar sobre $2 + \sqrt{-121}$ como "dois mais a raiz quadrada de menos 121", ele dizia "dois mais de menos a raiz quadrada de 121",[5] de modo que "mais

[3] Damos a equação e fórmulas em notação moderna; ver Esboço 8 para a história do simbolismo algébrico.

[4] Ver [26], p. 106.

[5] Em italiano, *piu di meno*.

de menos" se tornou o código para somar a raiz quadrada de um número negativo. Naturalmente, subtrair tal raiz quadrada ficou "menos de menos". Como $2 + \sqrt{-121} = 2 + 11\sqrt{-1}$, ele também se referia a isso como "dois mais de menos 11". E explicava as regras de operação tais como:

> mais de menos vezes mais de menos faz menos;
> menos de menos vezes menos de menos faz menos; e
> mais de menos vezes menos de menos faz mais.

É natural, para nós, interpretar isso como:

i vezes i é -1;
$-i$ vezes $-i$ é -1; e
i vezes $-i$ é 1.

Mas deveríamos ser mais cuidadosos. Bombelli não estava realmente pensando nesses "novos tipos de radicais" como números. Em vez disso, ele parecia propor regras formais que lhe permitissem transformar uma expressão complicada como:

$$\sqrt[3]{2 + \sqrt{-121}} + \sqrt[3]{2 - \sqrt{-121}}$$

em expressões mais simples. Ele mostrou que suas regras formais levavam a:

$$(2 \pm \sqrt{-1})^3 = 2 \pm \sqrt{-121},$$

de modo que:

$$\sqrt[3]{2 + \sqrt{-121}} + \sqrt[3]{2 - \sqrt{-121}} = (2 + \sqrt{-1}) + (2 - \sqrt{-1}) = 4,$$

que é a solução da equação cúbica que nos colocou nesse caminho.

O trabalho de Bombelli mostrou que algumas vezes as raízes quadradas de números negativos são necessárias para encontrar soluções *reais*. Em outras palavras, ele mostrou que a aparência de tais expressões nem sempre é um sinal de que o problema não é solúvel. Esse foi o primeiro sinal de que os números complexos poderiam na realidade ser ferramentas matemáticas úteis.

Mas o preconceito persistiu por um longo tempo. Meio século mais tarde, Albert Girard e Descartes parecem ter sabido que uma equação de grau n terá n raízes, desde que se permitam raízes "verdadeiras" (reais positivas), raízes "falsas" (reais negativas) e raízes "imaginárias" (complexas). Isso ajudou a tornar a teoria geral de equações mais simples e mais arrumada, mas as raízes complexas ainda eram frequentemente descritas como "sofísticas", "impossíveis", "imaginárias" e "inúteis".

O próximo passo parece ter vindo com o trabalho de Abraham De Moivre no início do século XVIII. Se você observar a fórmula de multiplicação de dois números complexos,

$$(a + ib)(c + id) = (ac - bd) + i(bc + da),$$

com o ponto de vista correto, pode observar a semelhança entre a parte real e a fórmula:

$$\cos(x + y) = \cos(x)\ cos(y) - \text{sen}(x)\ \text{sen}(y).$$

Os dois cossenos vêm juntos, como fazem as duas partes reais dos fatores apresentados, e também os dois senos e as duas partes imaginárias. A parte imaginária do produto traz à mente:

$$\text{sen}(x + y) = \text{sen}(x)\cos(y) + \text{sen}(y)\cos(x),$$

já que senos e cossenos estão misturados, como também estão as partes reais e imaginárias dos dois fatores. A partir daí, não é difícil obter a famosa fórmula de De Moivre:

$$(\cos(x) + i\ \text{sen}(x))^n = \cos(nx) + i\ \text{sen}(nx).$$

(Isso está implícito no trabalho de De Moivre mesmo que lá não seja enunciado dessa forma.) Alguns anos mais tarde, Leonhard Euler juntou todas as pontas quando descobriu (usando o cálculo) que:

$$e^{ix} = \cos(x) + i\ \text{sen}(x)$$

(quando x é medido em radianos). Com $x = \pi$ naquela expressão, obtemos

$$e^{i\pi} = -1 \quad \text{ou} \quad e^{i\pi} + 1 = 0,$$

uma fórmula famosa que relaciona alguns dos mais importantes números da matemática.

Em meados do século XVIII, então, sabia-se que algumas vezes os números complexos eram passos necessários em direção à solução de problemas sobre números reais. Era conhecido que eles desempenhavam um papel na teoria das equações e que havia uma ligação profunda entre números complexos, funções trigonométricas e exponenciais.

Mas persistiam muitos problemas. Por exemplo, Euler ainda se emaranhava todo em expressões do tipo $\sqrt{-2}$. Um radical real tem um significado definido: $\sqrt{2}$ significa a raiz quadrada *positiva* de 2. Mas, como os números complexos não são nem positivos nem negativos, não há nenhuma boa maneira de escolher qual das raízes você quer. Assim, encontramos Euler dizendo que:

$$\sqrt{-2} \cdot \sqrt{-2} = -2 \quad \text{e} \quad \sqrt{-3} \cdot \sqrt{-2} = \sqrt{(-3)\cdot(-2)} = \sqrt{6}$$

sem observar que, se ele aplicasse o segundo método à primeira equação, obteria o resultado incorreto:

$$\sqrt{-2} \cdot \sqrt{-2} = \sqrt{(-2) \cdot (-2)} = \sqrt{4} = 2.$$

Argumentações por analogia frequentemente funcionam, mas nem sempre!

Embora Euler usasse muito os números complexos, não resolveu a questão do que eles realmente eram. Em seu *Elements of Algebra*, disse:

> Como todos os números que são possíveis de conceber são maior que zero, menor que zero ou o próprio zero, é evidente que não podemos classificar a raiz quadrada de um número negativo entre os números possíveis e precisamos, portanto, dizer que isto é uma quantidade impossível. Dessa maneira, somos levados à ideia de números os quais por sua natureza são impossíveis; e, portanto, eles são usualmente chamados de *quantidades imaginárias,* porque elas existem apenas na imaginação.
> Todas as expressões tais como $\sqrt{-1}$, $\sqrt{-2}$, $\sqrt{-3}$, $\sqrt{-4}$ etc. são consequentemente impossíveis ou números imaginários, [...] e de tais números podemos verdadeiramente afirmar que eles não são nem nada, nem maior do que nada, nem menor do que nada; o que necessariamente os torna imaginários ou impossíveis.
> Mas, apesar disso, esses números se apresentam à mente; eles existem em nossa imaginação e nós ainda temos uma ideia suficiente deles...[6]

Essa atitude ilustra aquela típica da maioria dos matemáticos do século XVIII: os números complexos são basicamente uma ficção útil. O bispo George Berkeley[7] teria respondido que *todos* os números são ficções úteis... mas ele era certamente o único a pensar dessa forma naquela época.

No século XIX, as coisas começaram a ser postas em ordem. J. R. Argand, um livreiro de Paris, foi o primeiro a sugerir em um livreto publicado em 1806 que se poderia dissipar alguns dos mistérios desses números imaginários "fictícios" ou "monstruosos" representando-os geometricamente em um plano: o ponto com coordenadas (x, y) corresponde ao número complexo $x + iy$, como na Figura 2. A proposta de Argand foi ignorada até que Gauss propusesse quase a mesma ideia em 1831 e mostrasse que ela poderia ser útil matematicamente. Foi também Gauss quem propôs o termo "números complexos". Al-

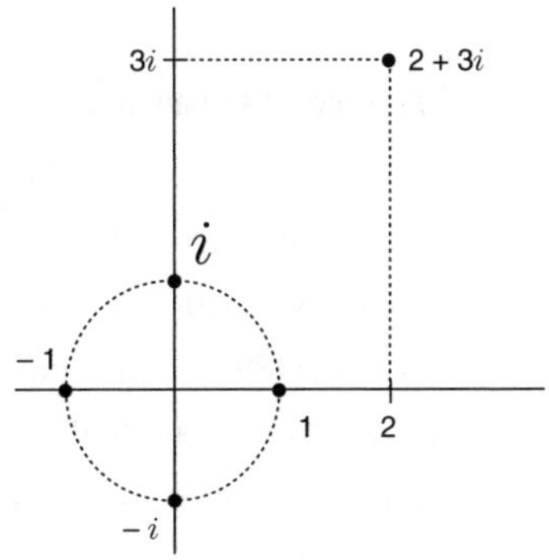

Figura 2

[6] De [43], p. 43.

[7] Famoso por sua crítica do cálculo; ver p. 47.

guns anos mais tarde, William Rowan Hamilton mostrou que se pode *começar* com o plano, definir a soma e o produto de pares ordenados de uma maneira conveniente e acabar com algo que é idêntico aos números complexos. A abordagem de Hamilton evita completamente o misterioso "i"; ele é simplesmente o ponto (0, 1).

Por que esses matemáticos se preocuparam em procurar uma base sólida para os números complexos? Porque nessa época eles já eram tão úteis que dificilmente se poderia evitar lidar com eles. Euler e Gauss tinham mostrado que se pode usá-los para resolver problemas na álgebra e na teoria dos números. Hamilton tinha remodelado partes significativas da física usando os números complexos. Cauchy e Gauss mostraram que se poderia delinear uma versão do cálculo que se aplicava aos números complexos. Esse "cálculo complexo" acabou sendo extremamente poderoso, em parte porque se mostrou *mais fácil* do que o cálculo que usa apenas números reais. Nas mãos de Riemann, Weierstrass e outros, ele se tornou uma ferramenta matemática poderosa que desempenhou um papel central tanto na matemática pura quanto na aplicada.

O poder dessas descobertas foi bem percebido pelo matemático francês Jacques Hadamard (1865-1963), que disse: "a menor trajetória entre duas verdades no domínio real passa pelo domínio complexo". Ele argumentou que mesmo que estejamos interessados apenas em problemas com números reais e respostas que sejam números reais, as soluções mais fáceis frequentemente envolvem números complexos.

Então, por que devemos "acreditar" em números complexos? Porque eles são muito úteis!

Para um olhar mais atento

A maioria dos grandes livros de referência histórica inclui discussões sobre a história dos números complexos. Ver [95] para um convite a imaginar o que os números complexos poderiam ser e [101] para um relato mais técnico da "história de $\sqrt{-1}$". O artigo [88] oferece uma discussão interessante do que Bombelli pensava exatamente sobre seus "radicais de um novo tipo". A referência [111] de Pycior conta as primeiras partes da história do debate sobre números negativos e imaginários na Inglaterra. Ele é bastante denso, mas fascinante.

QUESTÕES

1. Considere o problema de Cardano de encontrar dois números cuja soma seja 10 e o produto seja 40.

a. Cardano sabia antecipadamente que não havia tais números (reais). Como ele sabia? *Você* sabe demonstrar isso?

b. Resolva o sistema de equações $x + y = 10$ e $xy = 40$ para encontrar a solução (complexa) de Cardano.

c. Verifique que essa solução funciona – isto é, que a soma de seus dois números complexos é 10 e que seu produto é 40.

2. O círculo definido pela equação $x^2 + y^2 = 1$ e a reta definida por $y = x + 2$ não se interceptam. Verifique a afirmação de Descartes de que tentar resolver o sistema de equações para encontrar um ponto de intersecção leva a uma equação quadrática que tem apenas soluções complexas.

3. Verifique que $(2 + \sqrt{-1})^3 = 2 + \sqrt{-121}$, como afirmado no esboço.

4. Para resolver sua equação cúbica, Bombelli tinha que começar de um número complexo como $2 + \sqrt{-121}$ e descobrir sua raiz cúbica. Isso é muito mais difícil do que verificar que um certo número complexo é de fato a raiz cúbica. Você pode descobrir uma maneira de fazer isso?

5. Verifique que, multiplicando $\cos x + i \operatorname{sen} x$ por $\cos y + i \operatorname{sen} y$, obtém-se $\cos(x + y) + i \operatorname{sen}(x + y)$. Explique por que daí se segue a fórmula de De Moivre.

6. A representação planar de Argand dos números complexos leva a uma visualização útil dos números complexos. Se você pensar em cada ponto do plano como a ponta de uma flecha (um vetor) com sua outra ponta em (0,0), então aquele ponto pode ser especificado pelo comprimento da flecha e pelo ângulo que ela faz com o eixo x positivo.

a. Calcule os comprimentos dos vetores e os ângulos para $3 + 4i$, $-5 + 7i$, e $1 - i$. Descreva como fazer isso para qualquer número complexo $a + bi$.

b. Qual número complexo tem vetor de comprimento 6 e um ângulo de 45° ($\frac{\pi}{4}$ radianos)? Qual tem o comprimento de 1 e um ângulo de $\frac{\pi}{2}$ radianos?

c. Os vetores podem ser usados para representar a soma de dois números complexos como a "soma do paralelogramo" da adição de vetores. Ilustre isso desenhando diagramas para $(2 + 5i) + (4 + 3i)$ e $(3 + 6i) + (5 - 2i)$.

d. A multiplicação de números no círculo unitário (o círculo tracejado na Figura 2) é particularmente interessante. Demonstre que o produto de dois números complexos nesse círculo pode ser encontrado somando-se os seus ângulos.

e. A Figura 2 e a parte (d) desta questão deveriam tornar claro que existem quatro raízes de quarto grau distintas de 1. Generalize isso para explicar por que existem n raízes enésimas distintas de 1 para cada número natural n. Escreva as seis raízes sextas de 1.

f. (Para pessoas que conheçam um pouco de álgebra abstrata.) Demonstre que, para cada n, as raízes enésimas de 1 formam um grupo cíclico de n elementos pela multiplicação.

7. O desenvolvimento dos números complexos como descrito neste esboço levou quase quatro séculos, de Bombelli (1526-1572) até Euler (1707-1783) e Gauss (1777-1855). Cada um dos seguintes eventos ocorreu durante a vida de um desses três matemáticos; faça uma correspondência entre eles.
   a. Ludwig van Beethoven escreveu a Nona Sinfonia.
   b. Gerhard Kremer desenvolveu os mapas Mercator para melhorar a navegação.
   c. Charles Darwin fez sua famosa viagem a bordo do H.M.S. Beagle.
   d. Como resultado da guerra da França e da Índia, a Grã-Bretanha ganhou o Canadá da França e a Flórida da Espanha.
   e. Nicolau Copérnico publicou sua teoria de que a Terra e os outros planetas giram em torno do Sol.
   f. George Frederic Handel escreveu seu oratório *Messiah.*
   g. Karl Marx e Friedrich Engels produziram o *Manifesto Comunista.*
   h. James Watt patenteou a máquina a vapor.
   i. Giovanni Palestrina se tornou um compositor proeminente de música sacra.
   j. Robert Fulton construiu o primeiro barco a vapor comercialmente bem-sucedido.

PROJETOS

1. Os estudantes frequentemente têm problemas em lembrar as identidades trigonométricas como a fórmula para sen$(3x)$ em termos de sen(x) e cos(x). A conexão com as exponenciais complexas fornece uma maneira bastante simples de deduzir essas identidades. Afinal, sen$(3x)$ é a parte imaginária de $e^{i(3x)} = (e^{ix})^3$. Escreva $e^{ix} = \cos x + i \operatorname{sen} x$ e eleve ambos os lados ao cubo para obter a fórmula para sen$(3x)$. Você pode generalizar?
2. Imagine a reta numérica e considere o efeito de multiplicá-la por um número negativo. Geometricamente, podemos descrever o que acontece como uma rotação de 180° seguida por algum tipo de esticamento ou encolhimento (dependendo do valor absoluto do número). Multiplicar por números positivos simplesmente estica ou encolhe a reta. O efeito de multiplicar por um número e depois por outro é o mesmo efeito de multiplicar por seu produto. Use essas ideias para explicar por que tem sentido pensar em "multiplicar pela raiz quadrada de um número negativo" como uma rotação de 90°. Como isso leva à ideia do "plano complexo"?

Esboço 18

Seno e Cosseno

A história do seno remonta ao menos ao astrônomo grego Hiparco de Rodes (190-120 a.C.). Como outros astrônomos gregos, ele queria encontrar um modelo que descrevesse como os astros e os planetas se movem pelo céu da noite. O céu era representado como uma esfera gigantesca (ainda falamos em "esfera celeste"), e as posições dos astros eram especificadas por ângulos. Trabalhar com ângulos é difícil, assim, mostrou-se útil relacionar o ângulo com algum segmento (de reta). O segmento que escolheram foi a *corda*. Como mostra a Figura 1, um ângulo central β em um círculo de raio fixo determina sua corda, e a chamamos (ou ao seu comprimento) de a corda de β. Usando cordas, era possível calcular as posições, presente e futura, de astros e planetas.

É crença geral que Hiparco construiu uma tabela de tais cordas. Aparentemente ele trabalhou com um círculo de raio 3.438, e então escreveu os comprimentos das cordas correspondentes a vários ângulos diferentes (por que 3.438? Porque nesse caso, a circunferência é muito próxima de 21.600 = 360 × 60, de modo que cada minuto corresponde aproximadamente a uma unidade de comprimento sobre a circunferência). A tabela não sobreviveu, então não sabemos exatamente como as cordas eram calculadas. Sabemos dela só por referências de outros matemáticos gregos.

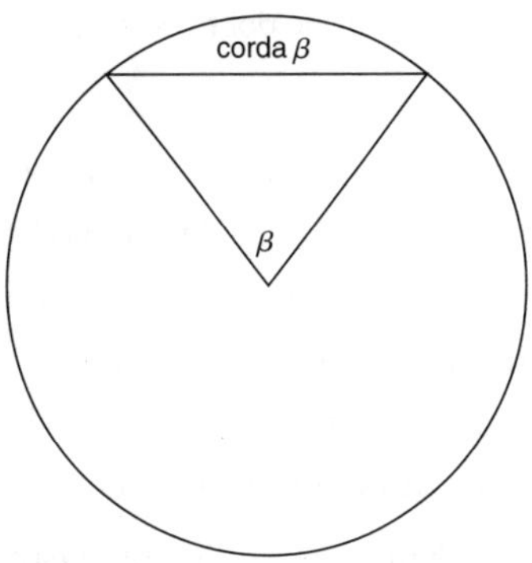

Figura 1 – A corda de um ângulo

O maior dos astrônomos gregos da Antiguidade foi certamente Claudius Ptolomeu (85-165 d.C.), e em *Almagest* podemos ler o começo da teoria das cordas. Todo o primeiro capítulo do livro é dedicado a demonstrar teoremas básicos sobre cordas e como podem ser usadas para obter informação sobre "triângulos esféricos", triângulos compostos por grandes círculos sobre a superfície de uma esfera. Além de elaborar teoremas, Ptolomeu explica como construir uma tabela de cordas. Partindo de alguns resultados exatos, ele então desenvolve um método que lhe permite calcular aproximações das cordas de ângulos de $\frac{1}{2}^{\circ}$ a 180°. Estes entraram em sua tabela.

O passo seguinte importante foi dado na Índia. Em um trabalho escrito no começo do século V d.C. encontramos uma tabela de "meias-cordas". Isso refletia uma importante percepção. Ao passo que a corda é o modo mais simples de relacionar um segmento de reta com um ângulo, verifica-se que, em muitas situações, o necessário é usar a *metade da corda do dobro do ângulo*. Parece que os astronômos da Índia tinham entendido isso e passaram da tabulação de cordas para a tabulação da metade das cordas. Chamavam--nas *jyā-ardha*, literalmente, meia-corda, mas frequentemente abreviavam a palavra para *jyā*.

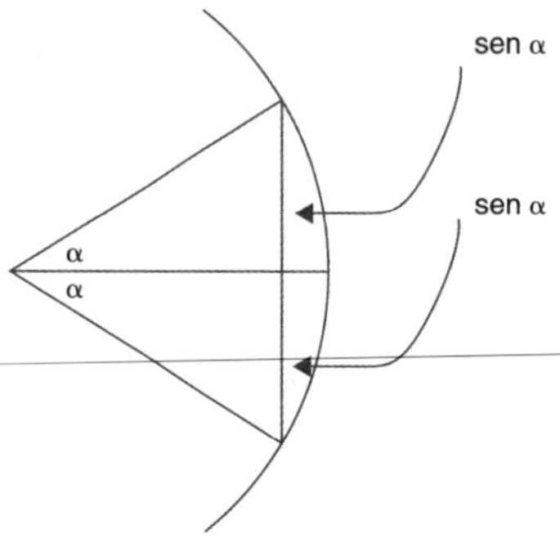

Figura 2 – O seno é a metade da corda do dobro do ângulo

Como se pode ver na Figura 2, as meias-cordas dos matemáticos da Índia são exatamente o mesmo que nossos senos, com uma diferença. Nós pensamos no seno como a razão entre o segmento indicado na figura e o raio do círculo. Eles pensavam na meia-corda como o real segmento em um círculo com um raio particular (Ptolomeu, por exemplo, faz todos os seus cálculos com um círculo de raio 60). Em outras palavras, a meia--corda é um segmento cujo comprimento é R sen α.

Sempre que meias-cordas são usadas, deve-se considerar o raio do círculo, utilizando a escala adequada se a situação exige um raio diferente. As mais antigas tabelas na Índia sugerem a influência de Hiparco.

Os matemáticos indianos desenvolveram métodos sofisticados para calcular tabelas de meias-cordas. Como não há meios para calcular exatamente o comprimento da corda de um ângulo arbitrário, esses métodos eram técnicas de aproximação. De Āryabhaṭa no século VI a Bhāskara no século XII, e daí em diante, encontram-se métodos cada vez mais sofisticados para aproximar cálculos. Muitos desses métodos antecipam ideias que mais tarde foram redescobertas por matemáticos europeus.

Em quase todos os casos, as ideias matemáticas da Índia chegaram à Europa por intermédio dos matemáticos árabes. Foi assim com a teoria das meias-cordas. Os árabes aprenderam sua astronomia da Índia, o que incluía aprender sobre as tabelas *jyā*. Era preferível a tradução da palavra do sânscrito, porém, os matemáticos árabes simplesmente inventaram uma palavra, transformando o *jyā* do sânscrito em *jiba*.

Como fizeram em todos os outros casos, os matemáticos árabes acrescentaram ao assunto suas próprias ideias. Na verdade, a trigonometria árabe tornou-se bastante sofisticada. Eles descobriram as conexões entre a trigonometria e a álgebra. Por exemplo, sabiam que o problema de calcular os senos de ângulos arbitrários se relacionava com o de poder resolver equações cúbicas. Aprofundaram e expandiram o que se sabia sobre os triângulos esféricos e também contribuíram para a teoria com várias outras funções trigonométricas (embora não fosse assim que as denominavam). Por exemplo, os matemáticos árabes acrescentaram uma função "sombra", que basicamente é a nossa tangente. Finalmente, eles aperfeiçoaram os métodos numéricos para calcular efetivamente as tabelas (tanto de meias-cordas quanto de "sombras").

Quando os matemáticos europeus descobriram esse material, houve, como de costume, uma corrida para traduzir e estudar as obras árabes. Quando se tratou de traduzir *jiba*, os tradutores se enganaram. Palavras árabes são frequentemente escritas sem vogais, de modo que viram no texto o equivalente de *jb*. Assumiram que isso era a palavra árabe *jaib*, que significa angra ou baía. Assim, escolheram a palavra *sinus* como tradução. Essa palavra, que originalmente significa "peito", era aplicada à cavidade criada pela dobra da túnica no peito, e daí para qualquer cavidade com essa forma, inclusive uma baía (nossa palavra "sinuoso" tem a mesma raiz latina: algo é sinuoso se tem muitas concavidades). É dessa má tradução que vem a palavra *seno*.

Durante esse tempo, o que chamamos de "trigonometria" agora era apenas parte da astronomia. No século XVI, a trigonometria se tornou objeto de interesse por si mesma. A mais importante obra de trigonometria do período foi um livro de Johannes Müller (1436-1476), usualmente conhecido como Regiomontanus, porque nasceu na cidade de Königsberg (Königsberg significa "a montanha do rei", e Regiomontanus é o latim para "da montanha do rei".)

Regiomontanus escreveu *Sobre Todos os Tipos de Triângulos*[1] por volta de 1463, mas a obra só foi publicada várias décadas depois. Embora seja claro que conhecia o trabalho árabe sobre a função tangente, em seu livro ele só usa o seno. O livro contém a teoria básica e aplicações à geometria dos triângulos, tanto planos quanto esféricos. Para Regiomontanus, o seno ainda não é uma razão; como nos antigos trabalhos da Índia, é o comprimento de um particular segmento. Esse livro inclui uma grande tabela de senos, calculada com relação a um círculo de raio 60.000. Esse raio era conhecido como "seno total", e os cálculos tinham que considerá-lo.

E o cosseno? Bem, de vez em quando era preciso usar o seno do ângulo complementar. Isto é, precisava-se de sen(90° – α). (Ver Figura 3). Mas a esse tempo ninguém parece ter

[1] O título original é em latim: *De Triangulis Omnimodis*.

dado um nome especial para essa quantidade. Era apenas o seno do complemento. No século seguinte, porém, *sinus complementi* tinha se tornado *co. sinus* e depois *cosinus*.

O livro de Regiomontanus teve enorme influência. Nas décadas seguintes, vários outros livros foram escritos sobre o assunto. Alguns deles eram somente o mesmo material reescrito, mas uns poucos introduziram novas ideias. George Joachim Rheticus (1514-1574) explicou como definir o seno e outras funções em termos de triângulos retângulos, sem referência a um círculo dado. Thomas Fincke (1561-1656) inventou as palavras *tangente* e *secante*. Finalmente, Bartholomeo Pitiscus (1561-1613) inventou o nome *trigonometria* e usou-o como título de seu livro, publicado pela primeira vez em 1595.

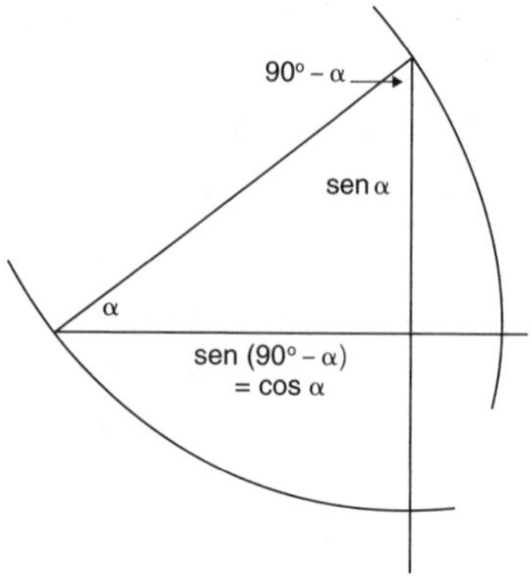

Figura 3 – O seno do complemento

A página de rosto do livro de Pitiscus, *Trigonometria, ou a Medida de Triângulos*, anuncia que inclui material que pode ser aplicado na medição de terras, na geografia e na astronomia. (Ver Figura 4.) Isso sinaliza uma grande inovação: além das aplicações usuais à astronomia, Pitiscus descreve modos de usar a trigonometria para resolver problemas práticos que envolvem triângulos sobre a terra. Assim, seu livro mostra que a trigonometria tinha se deslocado de ser uma parte auxiliar da astronomia para vir a ser um tópico matemático com muitas aplicações diferentes.

Figura 4 – Página de rosto da terceira edição da *Trigonometria* de Pitiscus

A trigonometria continuou a ser muito popular no século XVII. Essa foi a época do avanço da álgebra (ver Esboço 8), e a trigonometria oferecia modos de usar técnicas algébricas para resolver problemas geométricos. Também era às vezes usada para resolver problemas algébricos. Por exemplo, Viète mostrou que se podiam resolver equações cúbicas usando trigonometria, revertendo bem o que os matemáticos árabes tinham feito séculos antes.

Quanto a tudo isso, a trigonometria ainda parecia bem diferente do que aprendemos hoje. Um fato era que o seno ainda constituía um particular segmento de reta traçado em um círculo com um raio particular, não uma razão. Outro fato era que ninguém ainda tinha pensado no seno como uma *função* no sentido moderno da palavra. Essas duas mudanças ocorreram somente depois que foi inventado o cálculo, e foram realmente fixadas por Leonhard Euler (1707-1783) no século XVIII. Foi Euler quem convenceu as pessoas de que deveriam pensar no seno como função do arco em um círculo unitário (isto é, deveriam pensar nele como função do ângulo medido em radianos). A influência de Euler foi grande, e é por causa de seu trabalho que abordamos a trigonometria como o fazemos hoje.

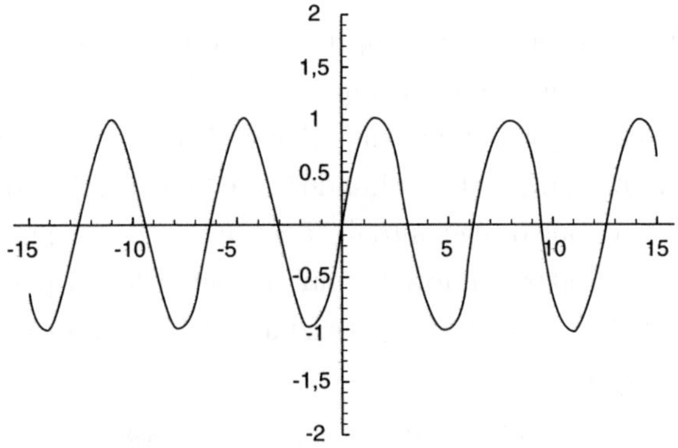

Figura 5 – Gráfico de $y = \text{sen}\, x$

E quanto à curva seno, o gráfico do seno, como a curva na Figura 5? Bem, no século XVII, Gilles de Roberval (1602-1675) esboçou uma curva seno quando estava calculando a área sob uma cicloide, mas não é claro que ele tenha entendido o que tinha feito. Foi só depois de Euler que a forma sinuosa da curva do seno ficou visível.

Para um olhar mais atento

Aprendemos a etimologia da palavra "seno" inicialmente em um capítulo de "Historical Notes for the Calculus Classroom", de V. Frederick Rickey (ainda não publicada). Um tratamento mais detalhado disso e da evolução da trigonometria em geral pode ser encontrado em [80], [66] e outras referências padrão. O relato de Maor [93] é mais popular e agradável de ler. O exemplar do livro, cuja página de rosto é mostrada na Figura 4, está na Coleção Especial do Colby College; a fotografia é de autoria de Margaret Libby.

QUESTÕES

1. Nos maus velhos tempos antes das calculadoras, muitas pessoas usavam tabelas de logaritmos. Uma delas, publicada em 1910, incluía uma tabela de logaritmos de senos. Ela diz que:

$$\log \text{sen}(30^\circ) = 9{,}6989700.$$

Como é possível?

2. Suponha que α e β são dois ângulos cuja soma é 180°. Mostre que:

$$\text{corda}^2(\alpha) + \text{corda}^2(\beta) = 4R^2,$$

em que R é o raio do círculo de referência. Você conhece essa identidade? Como você a expressaria em termos modernos?

3. Para explicar como encontrar os comprimentos dos catetos de um triângulo retângulo ABC quando o comprimento da hipotenusa AB e o tamanho de um ângulo agudo são conhecidos, Regiomontanus diz: "Sejam dados $\angle ABC$ como 36° e o lado AB como 20 pés. Subtraia 36 de 90, resultando 54°, o tamanho do $\angle BAC$. Ainda mais, da tabela de senos se vê que o segmento AC é 35.267, ao passo que BC é 48.541, quando AB, o seno todo, é 60.000. Portanto, multiplicando 35.267 por 20 dá 705.340, que dividido por 60.000 dá cerca de $11\frac{45}{60}$. Assim, o lado AC terá 11 pés e $\frac{45}{60}$ –, isto é, três quartos de um pé".[2]

a. Explique como esse cálculo se relaciona com nossa visão atual do seno de um ângulo. Desse ponto de vista, quão perto estava o valor encontrado por Regiomontanus de sen 36° do valor de sen 36° em sua calculadora ou computador?

b. Use o método de Regiomontanus para encontrar o comprimento do lado BC. Então, reescreva sua solução em termos modernos e compare os resultados.

c. Qual valor você acha que a tabela de senos de Regiomontanus daria para 45°? Explique.

4. O esboço diz que: "Matemáticos árabes acrescentaram uma função 'sombra', que é basicamente nossa tangente".

a. Qual a relação entre as funções sombra e tangente?

b. Se a função tangente era originalmente ligada a sombras, como recebeu seu nome? Qual a conexão entre a função tangente e retas tangentes?

5. Regiomontanus nasceu no Sacro Império Romano. O que era esse império? Qual a sua extensão? Quem era o imperador na época?

[2] Citado da p. 69 de *Regiomontanus on Triangles*. Trad. e ed. por Barnabas Hughes, O.F.M. Madison, WI: University of Wisconsin Press, 1967.

PROJETOS

1. Em seu *Almagest*, Ptolomeu construiu uma tabela de cordas usando um círculo de raio 60. É bastante fácil ver como se começaria.

a. Qual é a corda(180°)?

b. Imagine um quadrado inscrito em um círculo. Cada lado do quadrado é uma corda correspondente a um triângulo central de 90°. O raio do círculo é a metade da diagonal do quadrado. Use isso para calcular a corda(90°).

c. Que outras cordas podem ser calculadas dessa maneira?

d. Para obter cordas para outros ângulos, podemos usar várias identidades que relacionam cordas de somas e diferenças de ângulos às cordas dos ângulos de partida. Você pode achar essas identidades? Existe uma "fórmula para metade do ângulo"?

e. Mesmo com tudo isso, não é possível calcular exatamente a corda de um ângulo de 1°. Pesquise para descobrir como Ptolomeu resolveu esse problema.

2. Muito do desenvolvimento inicial da trigonometria aconteceu na Índia entre os tempos de Āryabhaṭa, no século VI, e Bhāskara, no XII. Pesquise a história da Índia nesse período e escreva um breve ensaio sobre isso.

3. A fórmula para o seno da soma de dois ângulos é uma das mais importantes identidades trigonométricas. Este projeto lhe pede para construir um relato de por que essa afirmação é verdadeira, com base na abordagem de Ptolomeu. Tudo se baseia no *Teorema de Ptolomeu*:

> Em um quadrilátero inscrito em um círculo, o produto das diagonais é igual à soma dos produtos dos lados opostos.

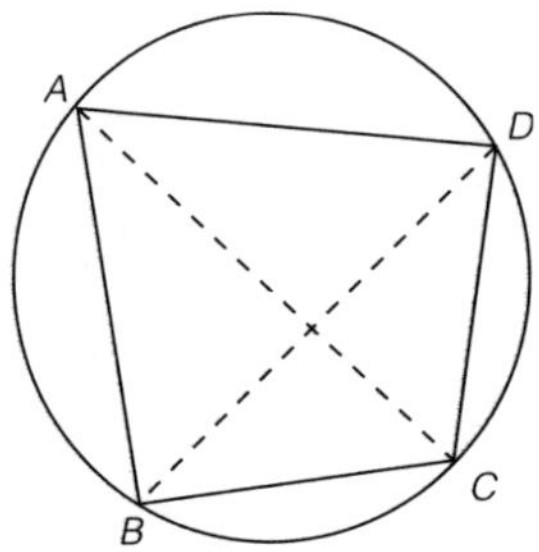

$$AC \cdot BD = AB \cdot CD + BC \cdot DA$$

a. Mostre que, se um triângulo é inscrito em um círculo de diâmetro 1, o seno de qualquer de seus ângulos é igual ao comprimento do lado oposto.

b. Dados dois ângulos α e β, trace um círculo de diâmetro 1 cujo segmento AC seja seu diâmetro. Ache pontos B e D sobre o círculo tais que $\angle CAB$ seja α e $\angle CAD$ seja β.

c. Por que $\angle ABC$ e $\angle ADC$ são ângulos retos?

d. Mostre que $BD = \text{sen}(\alpha + \beta)$, $AB = \cos \alpha$, $BC = \text{sen } \alpha$, $CD = \text{sen } \beta$ e $DA = \cos \beta$.

e. Agora, aplique o Teorema de Ptolomeu para obter a fórmula de adição.

Esboço 19

ESTRANHOS NOVOS MUNDOS

As Geometrias Não Euclidianas

A abordagem sistemática de Euclides à geometria plana (ver Esboço 14) foi tão boa que foram necessários mais de 2 mil anos para resolver um mistério bem no seu cerne. Este esboço trata da história desse mistério e da busca por sua solução. Começa com o Quinto Postulado de Euclides, que diz:

> Se uma reta cortando duas outras tem a soma dos ângulos internos de um mesmo lado menor do que dois ângulos retos, então as duas retas, se estendidas indefinidamente, se encontrarão no lado em que a soma dos ângulos for menor que dois ângulos retos. (Ver Figura 1.)

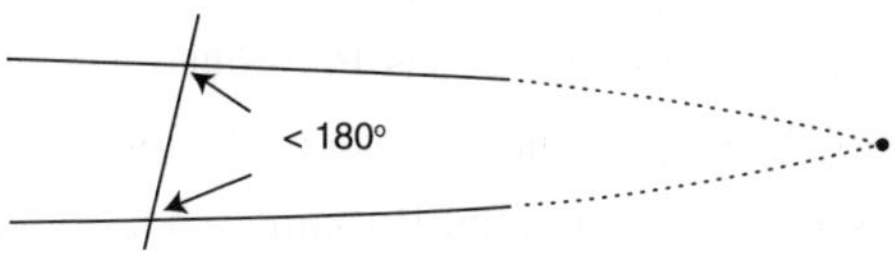

Figura 1

Esse postulado é sobre retas paralelas. Não diz explicitamente que existem retas paralelas; só indica uma propriedade de pares de retas que *não* são paralelas. No entanto, tem um papel crucial nas demonstrações de muitas propriedades desse tipo de reta, de modo que é usualmente chamado de *Postulado das Paralelas*.

Uma das definições iniciais de Euclides diz que *retas paralelas* são retas em um mesmo plano que, se estendidas indefinidamente em ambas as direções, não se encontram em nenhuma delas. Mas não trata da existência de paralelas senão muito mais tarde. De fato, Euclides demonstra 28 proposições antes, sequer, de usar seu Quinto Postulado. Ele estava procurando um modo de demonstrar o postulado como um teorema ou simplesmente achava que era a melhor organização das proposições? Ninguém sabe. No entanto, quando começa a usar seu postulado, Euclides o usa poderosamente. As demais 20 proposições de seu Livro I estabelecem as propriedades principais de retas paralelas, paralelogramas

e quadrados, incluindo o fato familiar de que retas paralelas são equidistantes em toda parte. Também o usa para demonstrar algumas ideias geométricas fundamentais cuja conexão com paralelas não é tão evidente, inclusive o Teorema de Pitágoras, e o fato de que a soma dos ângulos de um triângulo é exatamente 180° (dois ângulos retos).

De certo modo, o Postulado das Paralelas parece mais um teorema que um postulado. Não é simples ou evidente como os outros quatro postulados. No entanto, não havia dúvida de que devia ser válido para o sistema grego de geometria. Euclides era um mestre em demonstrar teoremas e organizar ideias.

Por que ele foi incapaz de demonstrar a afirmação? Por mais de 2 mil anos a maior parte dos matemáticos estava convencida de que era porque Euclides simplesmente não era suficientemente esperto. Estavam convencidos de que o Postulado das Paralelas era, na verdade, um teorema, e muitos propuseram demonstrações para ele. Por exemplo, o filósofo grego do século V, Proclus, que escreveu uma exposição histórica da geometria grega, cita uma tentativa de demonstração de Ptolomeu no século II. Após apontar defeitos no argumento de Ptolomeu, ele fornece uma "demonstração" sua, que também acabou sendo falha. Depois que estudiosos árabes dos séculos VIII e IX traduziram Euclides e outros trabalhos clássicos gregos para o árabe, eles e seus seguidores também tentaram demonstrar o Postulado das Paralelas. Essa busca por uma demonstração continuou tanto no Oriente Médio quanto no Ocidente por muitos séculos. Mas em cada caso as demonstrações propostas tinham falhas. Uma compreensão correta desse enlouquecedor postulado, que parecia um teorema, só surgiu no século XIX.

Enquanto tentavam demonstrar o postulado, alguns matemáticos propuseram enunciados logicamente equivalentes a ele, mas que consideravam mais claros ou mais fáceis de trabalhar. O mais famoso desses substitutos veio a ser conhecido como *Postulado de Playfair*, nome tirado do cientista escocês John Playfair, que o popularizou no século XVIII (embora Proclus o tivesse enunciado e explorado no século V).

> **Forma de Playfair do Postulado das Paralelas**: por um ponto fora de uma reta, existe exatamente uma reta paralela à reta dada.

O Postulado de Playfair é tão bem conhecido que muitos livros atuais de geometria o apresentam como o Postulado das Paralelas, em lugar do enunciado original de Euclides. Pelo resto deste esboço faremos o mesmo.

No começo do século XVIII, um professor e erudito italiano chamado Girolamo Saccheri tentou uma abordagem inteligente e nova para a questão do Postulado das Paralelas. Argumentou assim:

- Sabemos que o axioma de Euclides não contém contradição porque temos no mundo real modelos do sistema.
- Acreditamos que o Postulado das Paralelas pode ser demonstrado a partir dos outros axiomas, mas até agora ninguém conseguiu fazê-lo.
- Suponha que possa ser demonstrado. Então, se substituirmos o Postulado por sua negação, estaremos pondo uma contradição no sistema.
- Portanto, se eu usar a negação do Postulado das Paralelas como axioma e encontrar uma contradição nesse novo sistema, terei mostrado que o Postulado das Paralelas pode ser demonstrado a partir dos outros axiomas, embora eu não tenha uma demonstração direta disso!

Agora, a negação do Postulado de Playfair tem duas partes. Por um ponto fora de uma reta:

1. não passam retas paralelas a esta reta dada, ou
2. passa mais de uma reta paralela a ela.

Assim, Saccheri tinha que mostrar que cada um desses dois casos resulta em uma contradição. A primeira possibilidade era fácil de tratar. Euclides já tinha demonstrado, sem usar o Postulado das Paralelas, que retas paralelas devem existir. (Isso dependia da hipótese não explícita de Euclides de que o segundo Postulado – "Um segmento de reta finito pode ser estendido continuamente para uma reta" – implicava que retas não são finitas, questão que será discutida mais tarde.) A segunda possibilidade era um caso mais difícil de se tratar. Saccheri provou muitos resultados interessantes mas, ao que parece, não conseguia encontrar uma clara contradição. Finalmente, ele distorceu um resultado fraco para algo que se parecia vagamente com uma contradição, mas não convenceu quase ninguém. Seus resultados foram publicados em 1733 em um livro chamado *Euclides Vindicatus* (literalmente, Euclides Justificado),[1] que foi logo esquecido por quase cem anos.

No século XIX, a abordagem de Saccheri foi ressuscitada por quatro pessoas, três das quais começaram por considerar a questão:

> Pode existir um sistema de geometria plana no qual, por um ponto fora de uma reta, exista mais de uma reta paralela à reta dada?

O grande matemático alemão Carl Friedrich Gauss explorou essa possibilidade por volta de 1810. Porém, ele não publicou seus resultados, de modo que quase ninguém sabia

[1] A edição em inglês chamou-se *Euclid Freed from Every Flaw*.

de seu trabalho naquela época. A primeira investigação publicada de uma tão diferente geometria apareceu em 1829. Foi escrita por Nicolai Lobachevsky, um matemático russo que dedicou muito de sua vida a estudar o assunto. Mais ou menos ao mesmo tempo, János Bólyai, um jovem oficial do exército húngaro, estava trabalhando nas mesmas ideias, as quais publicou em 1832. Todos eles chegaram à mesma conclusão assombrosa: *se o Postulado das Paralelas for substituído pela parte 2 de sua negação nos postulados de Euclides, o sistema resultante não contém contradições*. Isso resolveu de uma vez por todas a questão de dois mil anos sobre o Quinto Postulado de Euclides:

> O Postulado das Paralelas não pode ser demonstrado a partir dos outros quatro postulados da geometria euclidiana!

Mais importante, isso levou a uma geometria plana inteiramente nova – uma teoria inteiramente inédita de formas sobre uma superfície. Naturalmente, a superfície desse sistema não é o plano usual da imaginação de Euclides (e da nossa): mas *existe* uma superfície para a qual esse sistema de postulados faz sentido.

A quarta pessoa no século XIX a seguir os passos de Saccheri foi Bernhard Riemann. Examinando a parte 1 da negação do Postulado das Paralelas, ele pensou:

> Pode existir um sistema de geometria plana no qual, por um ponto fora de uma reta, não haja *nenhuma* paralela à reta dada?

Saccheri tinha encontrado uma contradição nesse caso, mas que dependia de supor (como fazia Euclides) que as retas eram infinitas. Riemann observou que "estendidas continuamente" não implicava necessariamente "infinitamente longas". Por exemplo, um arco de um círculo pode ser estendido continuamente tanto quanto quisermos; não tem um ponto final, mas seu comprimento é finito (naturalmente, estender o arco significa apenas que traçamos sobre uma parte do arco que já está ali). Isso claramente contradiz o modo do próprio Euclides de usar o Postulado 2, de maneira que significava uma versão diferente deste. Assumindo essa versão mais fraca do Postulado 2, ele conseguiu construir um modelo matemático satisfazendo os primeiros quatro postulados de Euclides e a parte (1) da negação do Postulado das Paralelas. Riemann publicou seu novo sistema de geometria em 1854.

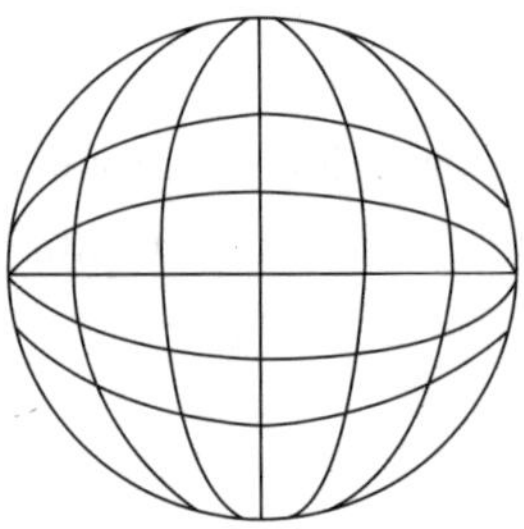

Para visualizar um modelo da geometria riemanniana, visualise a superfície de uma esfera como o "plano" e posições em sua superfície como "pontos". As "retas" dessa geometria são os *círculos máximos*, os quais dividem a esfera em duas partes iguais, como o equador ou as linhas de longitude sobre a Terra. Tais círculos são chamados de "máximos" porque são os maiores círculos que podem ser traçados sobre a esfera e, portanto, são os caminhos com menor curvatura. Isso significa que o caminho mais curto entre os dois pontos da esfera é um arco do círculo máximo por esses pontos, de modo que é natural que esses círculos sejam análogos às retas do plano euclidiano. Agora, dois quaisquer grandes círculos se interceptam (pense em cortar a Terra exatamente pela metade, sem cortar o Equador), de modo que esta geometria não tem paralelas.[2]

Assim, nos meados do século XIX, havia três "marcas" diferentes de geometria, que se distinguiam pela maneira de tratar retas paralelas. Os novos sistemas de Lobachevsky e Riemann foram chamados de *geometrias não euclidianas* para enfatizar sua oposição lógica à geometria de Euclides. Todas essas três geometrias são sistemas consistentes na geometria riemanniana, mas seu desacordo quanto ao paralelismo lhes dá propriedades notavelmente diferentes. Por exemplo, só na geometria euclidiana é possível ter triângulos semelhantes, mas não congruentes. Nas geometrias não euclidianas, se os ângulos correspondentes de dois triângulos forem iguais, então os triângulos *têm* que ser congruentes. Outra diferença peculiar entre essas geometrias é o fato de que a soma dos ângulos de um triângulo varia de acordo com o tipo de geometria considerado:

na geometria euclidiana, é exatamente 180°;
na geometria de Lobachevsky, é menor que 180°;
na geometria riemanniana, é maior que 180°.

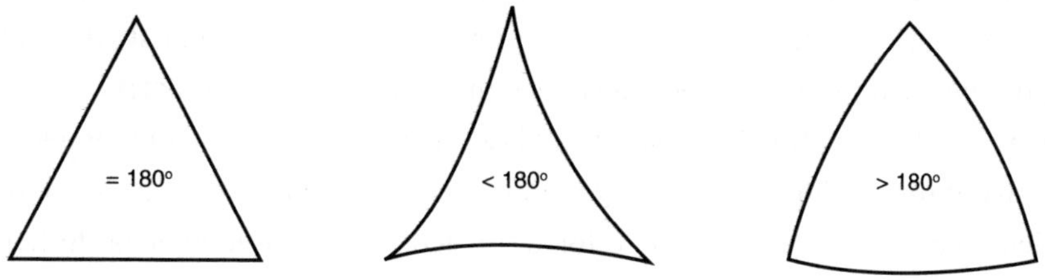

Figura 2

Observando a Figura 2 você poderia ficar tentado a dizer que o segundo e o terceiro desenhos não são realmente triângulos porque seus lados não parecem retos. Mas são. São os caminhos mais curtos entre os vértices *sobre a superfície para essa geometria*. Eles parecem curvos porque "achatá-los" para representar todos os três nessa página

[2] Esta descrição simplificada ignora uma dificuldade técnica: pontos diametricamente opostos devem ser tratados como idênticos, de outro modo, dois pontos não determinam uma reta única (círculo máximo). Uma relação de equivalência adequada resolve a questão; os detalhes não precisam nos preocupar aqui.

(que é uma superfície euclidiana) distorce as distâncias relativas entre os pontos nos triângulos não euclidianos. Para obter um melhor entendimento disso, tente visualizar o terceiro triângulo, o da geometria riemanniana, sendo traçado sobre uma esfera (ou balão). Sobre essa superfície fica claro que os lados são os caminhos mais curtos entre os vértices.

É válido observar mais uma diferença, pois ela parece não ter relação com retas paralelas, nem sequer com retas: a razão entre a circunferência, C, de um círculo e seu diâmetro, d, depende também do tipo de geometria:

na geometria euclidiana é exatamente π;
na geometria de Lobachevsky é maior que π;
na geometria riemanniana é menor que π.

Perante os três sistemas geométricos que conflitam entre si, é uma tentação escolher a velha e familiar geometria como a geometria "verdadeira" e pensar nas outras como invenções extravagantes. Mas o fato de o sistema de Euclides ter vindo antes o torna verdadeiro? (Pense nas primeiras teorias da medicina, por exemplo.) Na verdade, a questão é irrespondível. A verdadeira questão não é o que é "verdadeiro", mas o que "funciona". As geometrias são instrumentos, criados por humanos, para nos ajudar a lidar com o nosso mundo. Como quaisquer outros instrumentos, alguns são convenientes para uma tarefa, outros para outras. Se você for um construtor, um agrimensor ou um carpinteiro do tipo "faça você mesmo", então a geometria euclidiana é a mais simples de usar; funciona para tudo isso. Se você for um astrônomo estudando galáxias distantes, poderia preferir a geometria riemanniana; ela é mais eficiente que a euclidiana para tais coisas. Se você for um físico teórico, a geometria de Lobachevsky poderia ser melhor para você que qualquer uma das outras. De qualquer forma, a geometria é um instrumento a ser escolhido por quem trabalha, não um aspecto fixo do local de trabalho.

Para um olhar mais atento

Há muitos livros que discutem a história da geometria não euclidiana. *Poetry of the Universe* [106], de Osserman, é um relato popular, bem escrito, de como as ideias geométricas afetaram o modo como entendemos o universo; os Capítulos de III a V tratam da geometria não euclidiana. Também são úteis as conferências 26 e 27 em [51]. Há muitos tratamentos longos, incluindo [18], [29], [68], [117] e [137]. Estes variam em como estabelecem o equilíbrio entre a discussão histórica e o desenvolvimento da própria geometria. O mais geométrico é provavelmente [29], e o mais completamente histórico é [117].

QUESTÕES

1. Imaginar uma geometria não euclidiana é mais fácil se você traduzir "plano" como "superfície" e pensar em retitude em termos de distância mínima. Linhas que seguem a menor distância são chamadas de *geodésicas*. O modelo esférico da geometria de Riemann é talvez o mais simples modelo não euclidiano para se visualizar. Para perceber como funcionam as geodésicas sobre uma esfera, use um globo terrestre e um barbante para responder a estas questões.

a. Tóquio está só a poucos graus ao sul de Nova York na latitude. Use seu barbante para achar o caminho mais curto, direto, entre essas duas cidades (com o barbante teso). Até quão ao norte vai esse caminho? Agora estenda seu barbante a toda volta do globo, formando um círculo. Qual é seu comprimento? Onde ele cruza o Equador?

b. Repita a parte (a) usando São Francisco, Califórnia e Bagdá, no Iraque.

c. Repita a parte (a) usando Kampala, Uganda (na África Central) e a embocadura do Amazonas, ao norte do Brasil.

d. Quaisquer desses três círculos das partes (a), (b) e (c) são (aproximadamente) linhas de latitude? Como se comparam seus comprimentos?

e. Toda linha de latitude no globo é um círculo. Alguns deles são círculos máximos? São todos eles círculos máximos?

f. Um vôo direto para oeste a partir de Columbia, Carolina do Sul, levará você a Los Angeles. É esse o caminho mais curto? Por que sim ou por que não?

2. Em um modelo esférico da geometria riemanniana, os lados de um triângulo são arcos de grandes círculos. Suponha aqui que o modelo é uma esfera com 1 pé de raio.

a. Escolha um círculo máximo particular (pense no Equador) e marque um arco AB de comprimento $\frac{\pi}{2}$ pés. Em cada extremidade, construa um segmento (geodésico) perpendicular e estenda os dois segmentos até que se encontrem. (Por que têm que se encontrar? Onde se encontrarão?) Chame de C esse ponto. Qual é a soma dos ângulos do $\triangle ABC$? O triângulo $\triangle ABC$ é equilátero? Justifique suas respostas.

b. No ponto C, forme um ângulo de 60°, com um lado sendo AC. Estenda o outro lado até encontrar AB; chame de D esse ponto. Qual é a soma dos ângulos do $\triangle ACD$? Qual o comprimento de AD? Qual o comprimento de CD?

c. Seja M o ponto médio de AB. Você pode construir um triângulo com base AM que seja semelhante ao $\triangle ABC$? Pode construir um triângulo semelhante, mas não congruente, ao $\triangle ABC$? Explique.

3. Perto do fim deste esboço, afirmamos que a razão – em uma geometria não euclidiana – da circunferência de um círculo para seu diâmetro não é π. Na verdade, essa razão não é uma constante em nenhum dos tipos de geometria não euclidiana. As questões seguintes ilustram esse fato para a geometria riemanniana. Suponha que seu "plano" é uma esfera de raio 1 metro. Chame de N algum ponto nela (como o pólo norte) e pense no círculo máximo de centro N como equador.

a. Um círculo de diâmetro riemanniano $\frac{\pi}{2}$ centrado em N é uma linha de latitude a meio caminho ao equador; em termos geográficos, é a linha a 45° N (o diâmetro riemanniano deve ser medido ao longo da superfície esférica). Qual é sua circunferência? Qual é a razão de sua circunferência, C, para seu diâmetro riemanniano, d_r? De quanto $\frac{C}{d_r}$ difere de π? (Dê uma aproximação decimal para essa última resposta.)

b. Qual é d_r para o círculo de latitude 60° N? Calcule $\frac{C}{d_r}$ e uma aproximação decimal de $\pi - \frac{C}{d_r}$.

c. Como $\frac{C}{d_r}$ varia quando a latitude dos círculos vai para o sul do pólo norte, em direção ao equador? Se puder, construa uma fórmula para calcular esse valor a partir do ângulo de latitude.

4. Lobachevsky, Bolyai e Riemann publicaram todos suas teorias no segundo quarto do século XIX. Essa foi uma época de agitação sociopolítica na Europa. Procure e identifique uma grande convulsão política durante esse quarto de século no país de cada matemático.

PROJETOS

1. Pesquise e descreva algum modelo da geometria de Lobachevsky. Especifique a superfície "plana" e o que são as "retas", e explique detalhadamente como duas retas passando por um ponto podem ambas ser paralelas a uma outra reta.

2. Este esboço diz que cada um dos três tipos de geometria descritos aqui – euclidiana, riemanniana e de Lobachevsky – é melhor que os outros dois para certos objetivos. Escreva um texto que tenha três seções semelhantes, uma para cada tipo. Em cada seção, descreva uma situação ou um contexto em que aquele tipo de geometria é mais conveniente que os outros dois e explique as razões para fazer essa afirmação. Cite quaisquer fontes e expresse todas as ideias em suas próprias palavras.

3. A primeira metade do século XIX na Europa foi um período de extraordinárias realizações em artes, grandes avanços em ciência e profundas modificações no pensamento social. Essa profusão de criatividade foi apenas coincidência ou haveria influências mais amplas em operação? Escreva um breve texto expandindo esse tema.

Quando as tendências libertárias do Renascimento se espalharam pela Europa, levando os cientistas e filósofos a explorar com vigor renovado o mundo que os cercava, os artistas procuraram modos de espelhar essa realidade sobre papel e telas. Seu problema maior era a perspectiva – como representar profundidade sobre uma superfície plana. Os artistas do século XV perceberam que a questão era geométrica, e começaram a estudar propriedades matemáticas das figuras espaciais como vistas pelos olhos. Filippo Brunelleschi (1377-1446) fez os primeiros esforços intensivos nessa direção, e logo outros pintores italianos o acompanharam.

O artista mais influente no estudo da perspectiva matemática foi Leone Battista Alberti (1404-1472), que escreveu dois livros sobre o tema. Foi ele quem propôs o princípio de pintar o que os olhos veem. Isto é, pensou a superfície de uma pintura como uma janela ou tela através da qual o artista vê o objeto a ser pintado. Como as linhas de visão convergem ao ponto onde o olho vê a cena, as pinturas no anteparo capturam uma secção delas. (Ver Figura 1).

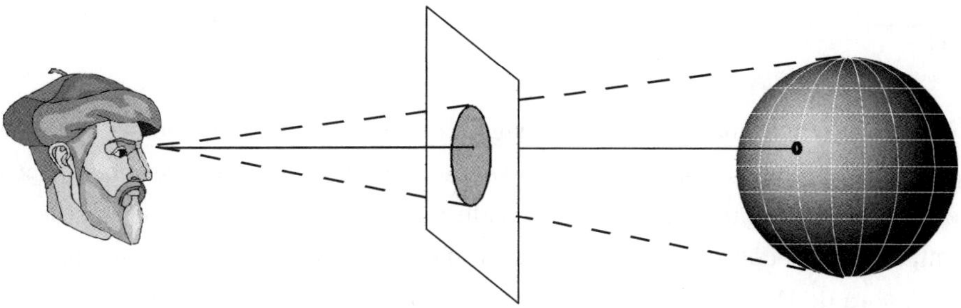

Figura 1

Alberti desenvolveu várias regras matemáticas para aplicar esse princípio. Também abordou uma questão fundamental: se um objeto é visto de lugares diferentes, então as duas imagens sobre anteparos serão diferentes. Como se relacionam essas imagens e como podemos descrever matematicamente essa relação? As imagens sobre anteparos são chamadas *projeções* do objeto; o estudo de como essas projeções se relacionam tornou-se a questão motivadora para uma nova área da matemática, chamada *geometria projetiva*. Entre os mais proeminentes daqueles que, no século XV e começo do XVI, estudaram, usaram e fizeram progredir essa teoria matemática da perspectiva estavam os artistas italianos Piero della Francesca (c. 1410-1492) e Leonardo da Vinci (1452-1519), assim como o artista alemão Albrecht Dürer (1471-1528), que escreveu um livro amplamente usado sobre o assunto.

Agora pense em projeções "na outra direção", digamos assim. Isto é, pense no "olho" como uma fonte de luz que projeta a figura de um plano em sua imagem de outro, do mesmo modo como um projetor de slides mostra uma figura em um filme como uma imagem sobre uma tela. Se você inclinar a tela, distorcerá a imagem de vários modos. (Ver Figura 2). Você pode mudar as distâncias e os ângulos, por exemplo, mas há algumas propriedades fundamentais das figuras que você não pode mudar. Por exemplo, uma reta sempre vai se projetar sobre uma reta.

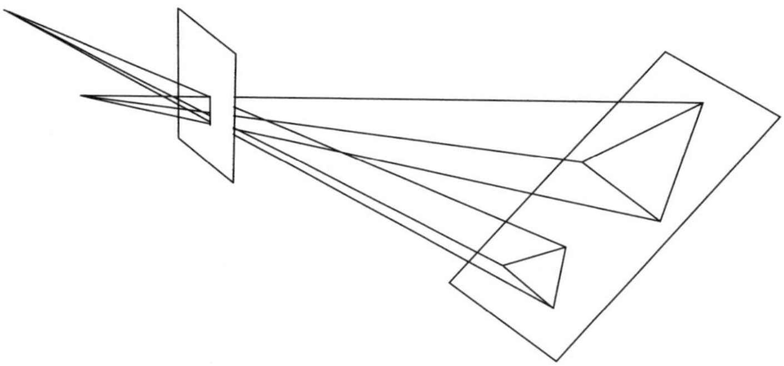

Figura 2

Eis um exemplo mais notável. A imagem de um círculo pode não ser um círculo, mas *sempre* será uma seção cônica.[1] Na verdade, a imagem de uma seção cônica será sempre uma seção cônica! Essa propriedade notável foi a base para um estudo fundamental das projeções pelo engenheiro e arquiteto francês Gérard Desargues (1593-1662). A obra de Desargues, de modo geral, foi pouco considerada em sua época, mas foi redescoberta e finalmente apreciada em meados do século XIX. Assim, Jean Victor Poncelet (1788-1867) publicou um livro muito influente sobre geometria projetiva, que

[1] As seções cônicas são círculos, elipses, parábolas e hipérboles.

ele havia planejado (sem ter qualquer livro de referência) enquanto era prisioneiro de guerra dos russos depois da derrota de Napoleão em Moscou.

Trabalhando sobre a obra de Desargues e Poncelet, vários matemáticos franceses e alemães transformaram a geometria projetiva em importante área de estudo. Suas generalizações matemáticas das ideias de perspectiva e projeção levaram a percepções surpreendentes. Uma das mais importantes e poderosas foi o *princípio da dualidade*.

Para explicar essa ideia, voltemos por um momento à visão do artista das projeções. Um exemplo bem conhecido de desenho em perspectiva é a imagem de trilhos de estrada de ferro estendendo-se a um horizonte distante. Os trilhos, que são paralelos, parecem encontrar-se em um ponto localizado no horizonte, ou além dele. Na verdade, no plano da tela do artista, essas linhas *se encontram*. Isto é, para que essas retas pareçam estar à mesma distância uma da outra, quando se afastam do observador, elas devem encontrar-se "no infinito". Todas as retas que parecem paralelas a uma reta particular devem encontrar-se no mesmo ponto no infinito. A geometria projetiva leva a sério esses pontos no infinito. O plano da geometria projetiva bidimensional é um plano euclidiano usual a que se acrescenta uma reta – uma reta *ideal* que contém exatamente um ponto de cada "família" de retas paralelas no plano euclidiano.[2] Desse modo, *todo* par de retas no plano projetivo se cruza exatamente em um ponto.

Isso nos traz de volta à dualidade. Na geometria euclidiana, o fato de que "dois pontos determinam exatamente uma reta" é bem conhecido. Ele é verdade também na geometria projetiva, como também é verdade que "duas retas determinam exatamente um ponto". Na verdade, qualquer asserção sobre pontos e retas que seja verdadeira na geometria projetiva *permanece verdadeira se as palavras "ponto" e "reta" forem trocadas uma pela outra* (supondo que você faça os ajustes apropriados na terminologia). Esse é o *princípio da dualidade,* e cada uma das duas afirmações é chamada de *dual* da outra. Foi reconhecido pela primeira vez em meados do século XIV e definitivamente estabelecido no começo do XX pela construção de um sistema de axiomas para a geometria projetiva em que o dual de cada axioma é um axioma.

Por exemplo, eis um sistema de axiomas para a geometria projetiva em que cada axioma é seu próprio dual:[3]

---

[2] Cada família de retas paralelas pode ser associada a um único número real, de modo bem parecido ao de como todas as retas de cada família são relacionadas com sua inclinação comum.

[3] Ver [53], p. 116.

1. Por cada par de pontos distintos há exatamente uma reta, e cada par de retas distintas se intercepta exatamente em um ponto.
2. Existem dois pontos e duas retas tais que cada um dos pontos está sobre apenas uma das retas, e cada uma das retas está sobre apenas um dos pontos.
3. Existem duas retas e dois pontos que não estão sobre essas retas tais que o ponto de interseção de duas retas está sobre a reta pelos dois pontos.

O fato de o Axioma 3 ser seu próprio dual pode não ser óbvio inicialmente. Porém, tenha em mente que o ponto de interseção de duas retas é o dual da reta pelos dois pontos. Agora, se você permutar "ponto" e "reta" no Axioma 3 e fizer os ajustes de linguagem, pode ver que a afirmação resultante é a mesma: "Existem dois pontos e duas retas que não estão sobre esses pontos tais que a reta pelos dois pontos passa pelo ponto de interseção das duas retas".

As afirmações duais que apresentamos até agora não ilustram a força da dualidade muito bem, são muito simples. Terminamos este breve esboço com um exemplo muito mais interessante, o chamado teorema do "hexagrama místico", de Blaise Pascal (1623-1662), que se originou do trabalho de Desargues sobre seções cônicas:

> Um hexágono pode ser inscrito em uma seção cônica se e somente se os pontos (de interseção) determinados por seus três pares de lados opostos estão sobre a mesma linha (reta). (A Figura 3 ilustra o teorema de Pascal para uma elipse.)

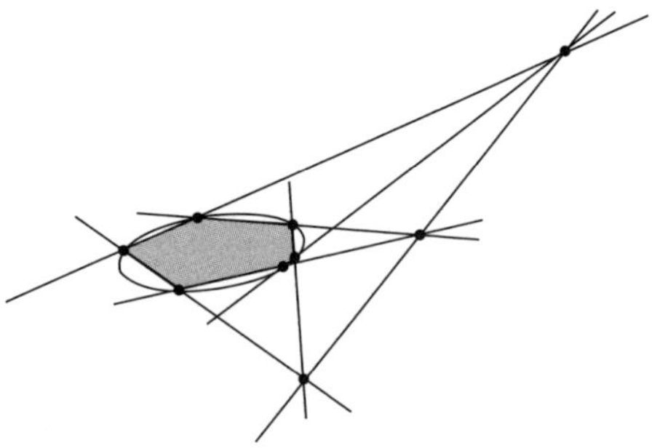

Figura 3

Quando se aplica a dualidade ponto-reta, os lados de um polígono se tornam vértices e vice-versa, e "inscrito" (vértices sobre cônica) se torna "circunscrito" (lados tangentes à cônica). Assim, o dual do teorema de Pascal é:

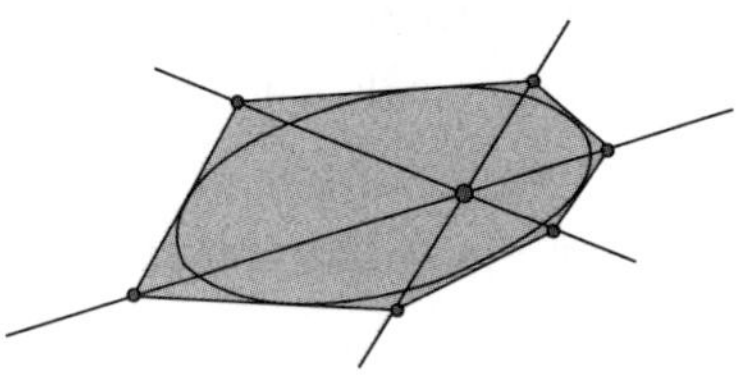

Figura 4

> Um hexágono pode ser circunscrito a uma cônica se e somente se as retas determinadas por seus três pares de vértices opostos se encontram no mesmo ponto. (A Figura 4 ilustra o dual do teorema de Pascal para uma elipse.)

Uma demonstração desse teorema foi publicada pela primeira vez em 1806, quase 200 anos depois que Pascal provou seu teorema, mas antes que fosse compreendido o princípio de dualidade. Com a dualidade, sabemos agora que a demonstração original de Pascal garantia *automaticamente* a validade também do teorema dual!

Para um olhar mais atento

Além das referências padrão, veja [56] e [53] para mais informação sobre esse assunto.

QUESTÕES

1. A Figura 2 mostra como mudar a posição da "fonte de luz" pode alterar a forma de um triângulo quando é projetado sobre o plano imagem. Se a fonte de luz for posicionada de modo que a reta que passa por ela e pelo vértice superior do triângulo original seja paralela ao plano imagem, como será a imagem projetada?

2. Escreva os duais das afirmações seguintes:

a. Dois pontos distintos estão sobre uma, e apenas uma reta.

b. Existem pelo menos três pontos distintos que não estão sobre a mesma reta.

c. Pontos são *colineares* se estão sobre a mesma reta. (O dual é a definição de *concorrente*.)

d. (Teorema de Desargues) Se dois triângulos estão situados de modo que as três retas por pares de vértices correspondentes são concorrentes, então os três pontos de interseção dos pares dos lados correspondentes são colinerares.

3. A Figura 3 ilustra o teorema do hexagrama místico de Pascal para a elipse. Trace diagramas para ilustrar o teorema para um círculo e uma parábola.

4. Trace um diagrama do teorema do hexagrama místico de Pascal para um hexágono regular inscrito em um círculo.

a. Por que esse caso não é um contra exemplo para o teorema?

b. Qual é o dual desse caso? Cite as correspondências ponto-reta.

5. Seja L uma reta fixa de um plano $\mathcal{P}$. Denote por L_p o conjunto de todas as outras retas em $\mathcal{P}$ que passam por um particular ponto p em L.

a. Demonstre: se q está sobre L, e $p \neq q$, então $L_p \cap L_q = \emptyset$.

b. Seja Λ o conjunto de todas as retas em $\mathcal{P}$. Justifique a afirmação:

$$\{L\} \cup \bigcup_{p \in L} L_p = \Lambda$$

se $\mathcal{P}$ for um plano projetivo, mas não se $\mathcal{P}$ for um plano euclidiano.

c. Se $\mathcal{P}$ for um plano projetivo, e L sua reta no infinito, como as retas em um conjunto particular L_p se relacionam umas com as outras?

6. A geometria projetiva estuda propriedades de figuras que não mudam quando a figura é projetada de um plano para outro. O comprimento não é uma tal propriedade, nem a razão de comprimentos. Assim, é um tanto surpreendente que algo construído a partir de razões de segmentos *seja* uma tal propriedade. Esse algo, chamado a *razão dupla*, tem sido um instrumento poderoso na geometria projetiva desde o começo do século XIX. O seguinte exemplo, cuidadosamente escolhido, ilustra a razão dupla.

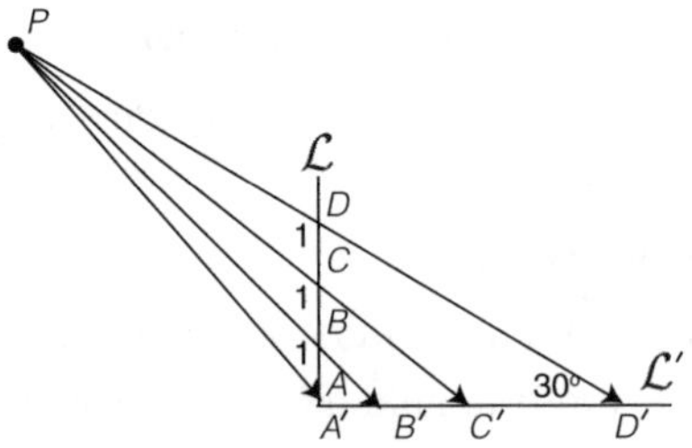

Sejam $\mathcal{L}$ e $\mathcal{L}'$ duas retas perpendiculares que se cruzam em A, e sejam B, C, D pontos de unidades sucessivas acima de A sobre $\mathcal{L}$. Escolha uma reta por D que faça um ângulo de 30° com $\mathcal{L}'$, e seja P o ponto dessa reta 6 unidades para além de D. (Veja a figura.) De P, projete $\mathcal{L}$ sobre a $\mathcal{L}'$.

a. A razão dupla de A, B, C, D (nessa ordem) é $\frac{AC/CB}{AD/DB}$, em que cada par de letras representa o comprimento (positivo) daquele segmento de reta. Calcule a razão dupla desses pontos sobre a reta $\mathcal{L}$.

b. Ache os comprimentos $A'C'$, $C'B'$, $A'D'$ e $D'B'$ e use-os para mostrar que essa projeção muda comprimentos e razões de comprimentos.

c. Calcule a razão dupla de A, B, C e D e compare seu resultado com o que achou na resposta à parte (a). (Sugestão: tente evitar o uso de aproximações para seus cálculos.)

7. O trabalho de Desargues sobre geometria projetiva não teve realmente muito impacto sobre seus contemporâneos, talvez com a exceção de Pascal. Especule sobre as razões para isso.

8. A geometria projetiva foi recuperada no século XIX por Gaspard Monge, Michel Chasles e Jean-Victor Poncelet. Como Desargues e Pascal, aqueles homens viviam na França. Como era a França no tempo de Desargues e Pascal? Como era no século XIX?

PROJETOS

1. Escreva um texto sobre os primórdios do uso da geometria projetiva na arte. Encontre exemplos de obras de alguns dos artistas mencionados neste esboço e descreva como essas obras usam os princípios da geometria projetiva.

2. O poema de Marie Ponsot, "The Royal Gate" (O portão real), diz que:

> A pequena Jaqueline Pascal brincava com Blaise
> reinventando Euclides (o Papai mandou).
> Enquanto ele fazia seções cônicas, ela fazia peças
> e da cadeia o papai tirou, quando Richelieu
> gostou de seu longo poema improvisado em seu louvor.[4]

Encontre mais sobre Étienne (Papai), Blaise e Jaqueline e escreva um ensaio sobre suas contribuições à matemática e à cultura.

[4] Little Jacqueline Pascal played with Blaise
re-inventing Euclid (Papa told them to).
While he made up conic sections, she wrote plays
& got papa out of jail when Richelieu
liked her long impromptu poem in his praise.

O QUE HÁ EM UM JOGO?

Esboço 21 *O Início da Teoria da Probabilidade*

Em 1654, Chevalier de Méré, um rico nobre francês com gosto pelo jogo, propôs um problema de jogatina ao matemático Blaise Pascal: como distribuir as apostas em um jogo de azar não terminado. As "apostas" são as quantidades de dinheiro que cada jogador arrisca no começo do jogo. É costume que, assim que as apostas são feitas, o dinheiro não pertença a ninguém até que o jogo termine, e então o ganhador fica com tudo. A pergunta de De Méré, agora conhecido como o "Problema dos Pontos", era como dividir as apostas de um jogo não terminado se os resultados parciais dos jogadores forem conhecidos. Para ser "justa", a resposta deveria, de alguma maneira, refletir as possibilidades de cada um ganhar o jogo se ele fosse terminado. Aqui está uma versão simples do Problema de De Méré dos Pontos.[1]

> Xavier e Yvone apostaram cada um \$10 em um jogo de arremesso de moedas. Cada jogador joga uma moeda em sua vez. Se der cara, o jogador que lançou a moeda ganha um ponto, se não, o outro jogador ganha um ponto. O primeiro jogador a obter três pontos ganha os \$20. Agora, suponha que o jogo tenha que ser interrompido quando Yvone tem 1 ponto, Xavier tem 2 pontos e está prestes a lançar a moeda. Qual é o modo justo de dividir os \$20?

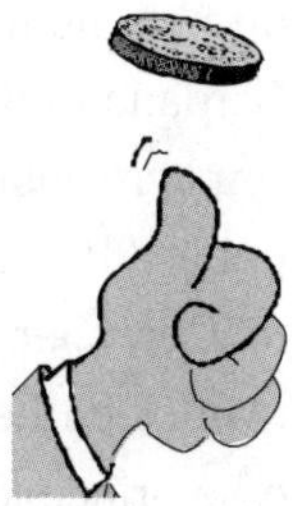

O problema de pontos efetivamente considerado por Pascal põe essa pergunta para todos os possíveis resultados em jogo interrompido dessa espécie. Pascal comunicou o problema a Pierre de Fermat, outro importante matemático francês, e da correspondência entre eles surgiu um campo da matemática. Usando métodos um tanto diferentes, os dois matemáticos chegaram à mesma resposta para o problema. Aqui vemos o modo de Pascal de resolver nosso caso simples:[2]

---

[1] Adaptação de [2], p. 14.

[2] [2], p. 243.

> Uma moeda não viciada tem probabilidades iguais de dar cara ou coroa. Assim, se cada jogador tivesse dois pontos, cada um teria uma probabilidade igual de ganhar o jogo na próxima jogada, portanto, seria justo que cada jogador recebesse a metade da quantia apostada a essa altura. Neste caso, Xavier tem 2 pontos e Yvone 1. Se Xavier lançar a moeda e ganhar, ele terá 3 pontos, portanto terá os \$20. Se Xavier perder, cada jogador terá 2 pontos, portanto cada um terá direito a \$10. Assim, Xavier tem direito a pelo menos \$10 dessa aposta. Como é igualmente provável que Xavier ganhe ou perca o lance, os outros \$10 devem ser divididos igualmente entre os jogadores. Logo, Xavier deve receber \$15 e Yvone \$5.

Pascal lidou com outros casos de jogos interrompidos, reduzindo cada um a uma situação previamente resolvida e dividindo o dinheiro de acordo com isso. Pascal e Fermat, então, generalizaram o problema e sua solução, estendendo suas investigações a outros jogos de azar. O trabalho deles despertou o interesse entre a comunidade científica na Europa, e logo outros estudiosos enfrentaram o desafio de analisar jogos de azar.

Colocar uma medida numérica na probabilidade de que algo desconhecido possa acontecer ou poderia ter acontecido é a ideia central da probabilidade. A chave para entender tudo isso começa com a ideia de resultados igualmente prováveis, como sugere a solução de Pascal. Se uma situação pode ser descrita em termos de desfechos possíveis que são igualmente prováveis, então a probabilidade de um deles acontecer é 1 dividido pelo número total deles. Esse princípio foi reconhecido e explorado por Girolamo Cardano (1501-1570) mais de um século antes de Chevalier de Méré jogar dados, mas seu livro sobre o assunto, *Liber de Ludo Aleae* (Manual sobre Jogos de Azar), não foi publicado senão nove anos depois que Pascal e Fermat tivessem resolvido o problema do Chevalier. Nesse livro, Cardano reconheceu um princípio relacionado que agora chamamos de Lei dos Grandes Números. Em termos de resultados igualmente prováveis, esse princípio é simplesmente uma afirmação de nosso senso comum:

> Se um jogo (ou outra experiência) com n resultados igualmente prováveis for repetido um grande número de vezes, então o número real de vezes que cada resultado efetivamente ocorre tenderá a ser próximo de $\frac{1}{n}$. Quanto mais vezes o jogo for jogado, mais perto o resultado virá a ficar dessa razão.

Se um único dado não viciado for jogado, qualquer uma de suas seis faces tem igual possibilidade de aparecer. Assim, por exemplo, temos uma chance em seis de lançar um 5; sua probabilidade é $\frac{1}{6}$. Isso não garante que 5 vá aparecer exatamente uma vez se lançarmos o dado seis vezes, mas a Lei dos Grandes Números diz que, se lançarmos o dado cem ou mil ou um milhão de vezes, o número de vezes que aparece 5 tenderá a ficar cada vez mais próximo de $\frac{1}{6}$ do número total de arremessos.

Associar probabilidades a tais resultados depende de podermos contar com precisão o número total de possibilidades *igualmente prováveis*. Isso pode ser um tanto complicado às vezes. Por exemplo, há onze possíveis resultados ao lançar um par de dados (obter 2 ou 3 ou... ou 12 marcas). Mas não são todas igualmente prováveis. Se você contar todos os possíveis emparelhamentos de números de 1 a 6 para cada dado, seis deles somam 7, mas só um soma 12. Assim, a probabilidade de lançar 7 é $\frac{6}{36}$, ou $\frac{1}{6}$, mas a probabilidade de lançar 12 é $\frac{1}{36}$. Em certo sentido, cada um dos resultados numéricos deve ter "um peso" diferente, considerando o número de modos igualmente prováveis diferentes em que pode aparecer.

O princípio de conferir peso a ocorrências desse modo pode ser estendido a situações em que contar possibilidades igualmente prováveis não funciona. Por exemplo, uma roleta com segmentos vermelhos, amarelos e azuis de tamanhos diferentes não tem probabilidades iguais de parar em uma dada cor. Em vez disso, é o tamanho de cada segmento que deve "dar o peso" da probabilidade de sua ocorrência. Se metade do disco tem cor vermelha, então a probabilidade de parar é $\frac{1}{2}$, e assim por diante. O princípio subjacente da probabilidade, reconhecido por Cardano, Fermat e Pascal, é que a medida de probabilidade atribuída a qualquer possível resultado tem de ser um número menor que 1 (refletindo a probabilidade relativa de ocorrência), e que os números para todas as possibilidades devem somar exatamente 1. (Se você pensar em probabilidades como "porcentagens de probabilidade", então o total deve ser 100%.)

Em 1657, o cientista holandês Christiaan Huygens escreveu "On Reasoning in a Dice Game" (Sobre raciocinar em um jogo de dados), um tratado que juntava as ideias de Pascal e Fermat e as estendia a situações envolvendo três ou mais jogadores. A abordagem de Huygens partia da ideia de resultados "igualmente prováveis". Seu instrumento central não era a ideia moderna de probabilidade, mas antes a ideia de *expectativa* ou "resultado esperado". Eis um exemplo simples.

> Oferecem-lhe a chance de jogar um único dado. Se aparecer o 6, você ganha \$10; se aparecer 3, você ganha \$5; de outro modo, você não ganha nada. Qual é um preço justo para jogar esse jogo?

De um ponto de vista moderno, a expectativa matemática de um jogo é encontrada somando os produtos de cada recompensa possível pela probabilidade de você a obter. Nesse caso, cada uma das seis faces tem igual possibilidade de aparecer (supondo que o dado não é viciado), de modo que você tem uma chance em seis de receber \$10, uma chance em seis de ganhar \$5, e quatro em seis de nada ganhar. Portanto, a expectativa matemática é:

$$\frac{1}{6} \cdot \$10 + \frac{1}{6} \cdot \$5 + \frac{4}{6} \cdot \$0 = \$2{,}50.$$

Isso significa que, se um cassino oferecesse esse jogo a seus frequentadores por uma taxa de \$2,50, ele esperaria, a longo prazo, o equilíbrio. Se cobrar \$3 para participar do jogo, ele esperaria ganhar \$0,50 por jogador, a longo prazo. (Se você comprar um bilhete de loteria de \$1 e usar os dados em seu dorso para calcular sua expectativa matemática, descobrirá que é muito menor que \$1. É por isso que os governos mantêm as loterias.)

Huygens inverteu o processo, usando a expectativa para calcular a probabilidade, em vez do contrário. Mas a ideia fundamental era a mesma: resultados igualmente prováveis significam expectativas iguais.

A expectativa matemática, como a maior parte da teoria da probabilidade, aplica-se a muito mais que loterias e jogos de azar em cassinos. Entre outras coisas, é fundamental para o modo como as companhias de seguros avaliam seus riscos quando subscrevem apólices. Jakob Bernoulli reconheceu a ampla aplicabilidade das probabilidades em seu livro *Ars Conjectandi* ("A Arte de Conjeturar"), que foi publicado em 1713, oito anos depois de sua morte. Nesse livro, Bernoulli examinou a relação entre probabilidade teórica e sua relevância para várias situações práticas. Em particular, percebeu que a hipótese de resultados igualmente prováveis era uma séria limitação quando se discutem duração de vida humana, saúde e coisas análogas, sugerindo, em vez disso, uma abordagem baseada em dados estatísticos. Ao fazê-lo, Bernoulli também aprimorou a ideia de Cardano da Lei dos Grandes Números. Ele afirmou que, se uma experiência reproduzível tivesse uma probabilidade teórica p de resultar em um certo modo "favorável", então, para qualquer margem de erro especificada, a razão dos resultados favoráveis para o total de resultados em algum número (grande) de tentativas repetidas desse experimento estaria dentro daquela margem de erro. Por esse princípio, dados observados podem ser usados para estimar a probabilidade de acontecimentos em situações do mundo real.

Se quisermos fazer isso com alguma precisão, precisamos ser capazes de decidir quantas observações são necessárias. Bernoulli tentou fazê-lo em seu livro, mas encontrou sérios problemas. Ele conseguiu calcular um número de medições que podia mostrar que seriam o suficiente, mas o número era enorme – tão grande que deve ter sido muito desapontador. Se obter uma estimativa razoável de uma probabilidade exige um número ridiculamente grande de tentativas, então isso não pode realmente ser feito na prática. Talvez seja por esse motivo que o livro de Bernoulli permaneceu sem publicação até sua morte. Uma vez publicado, porém, outros matemáticos conseguiram aperfeiçoar seus métodos e mostrar que o número de observações não precisava ser tão grande quanto Bernoulli pensava.

O ponto de vista probabilístico não foi aceito facilmente. Pense em seguros de vida, por exemplo. Nós achamos óbvio que pensar probabilisticamente ajudará as companhias a fazer dinheiro vendendo seguros de vida. Em particular, porque acreditamos na Lei dos Grandes Números, entendemos que uma companhia vai melhor se vender muitas apólices. Quanto mais apólices vender, mais provável será que as taxas de mortalidade se comportem da maneira prevista, de modo que a companhia terá lucro. Porém, no século XVIII muitas companhias pareciam sentir que cada nova apólice vendida aumentava o risco para a empresa. Portanto, sentiam que vender apólices demais era positivamente perigoso!

O interesse por questões de probabilidade levou a vários resultados por diversas pessoas no século XVIII. No final do século, Pierre Simon Laplace, um matemático francês de interesses amplos e prodigioso talento, começou a trabalhar com probabilidade. Escreveu uma série de artigos sobre o assunto entre 1774 e 1786, antes de centrar seus esforços na matemática subjacente ao funcionamento do sistema solar. Em 1809, Laplace retornou à probabilidade devido a uma questão estatística, a análise do erro provável ao reunir dados científicos. Três anos depois, publicou a *Teoria Analítica das Probabilidades,* um *tour de force* enciclopédico que reunia tudo o que ele e outros tinham feito quanto a probabilidade e estatística até então. Era realmente uma obra mestra, mas seu estilo técnico, denso, tornava muito dela inacessível a todos, exceto os leitores mais determinados e matematicamente sofisticados. O matemático britânico Augustus De Morgan escreveu sobre ele:[3]

> A *Théorie Analytique des Probabilités* é o Monte Blanc da análise matemática; mas a montanha tem essa vantagem sobre o livro: sempre há por perto guias para a primeira, ao passo que o estudante é deixado a seu próprio método para enfrentar a segunda.

Para tornar suas ideias mais acessíveis a uma audiência maior, Laplace escreveu um prefácio expositório de 153 páginas para a segunda edição, em 1814. Esse prefácio, que continha muito poucos símbolos matemáticos ou fórmulas, foi também publicado como um pequeno livro separado, chamado *Ensaio Filosófico sobre Probabilidades.* Nele

[3] De uma resenha de 1837, como citado em [21], p. 455.

Laplace defendia a aplicabilidade da probabilidade matemática a um amplo leque de atividades humanas, incluindo política e o que agora pensamos como ciências sociais.

Nisso ele fazia eco às ideias de Jakob Bernoulli, cuja *Ars Conjectandi*, de um século antes, tinha sugerido modos de aplicar princípios probabilísticos a governo, lei, economia e moralidade. Conforme o estudo de estatística foi se desenvolvendo nos dois últimos séculos, ele forneceu os meios pelos quais a visão de Bernoulli e Laplace se tornou realidade. Hoje em dia as ideias da probabilidade são aplicadas não só nos campos que eles sugeriram, mas em educação, negócios, medicina e muitas outras áreas. (Para mais informação sobre história da estatística, ver Esboço 22.)

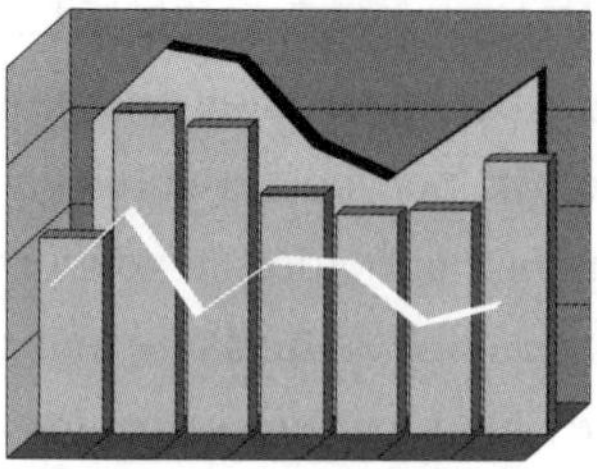

Para um olhar mais atento

Ver [14] para uma discussão bem legível da probabilidade e sua história. Há vários bons relatos eruditos sobre a história da probabilidade: [132] é mais matemático, ao passo que [34] e [70] têm (cada um de seu modo) uma visão mais ampla.

QUESTÕES

1. Estas questões se referem ao Problema de Pontos simplificado do início deste esboço.

a. Chamamos o caso do jogo interrompido descrito de ($X2$, $Y1$), significando que Xavier tem 2 pontos e Yvone tem 1. Quantos outros casos existem? Quais são eles?

b. Analise os demais casos da parte (a). (*Sugestão*: só dois outros casos são “interessantes”; você pode começar passando rapidamente pelos outros casos).

c. Enuncie suas respostas à parte (b) como frações ou porcentagens que se apliquem a qualquer quantidade de dinheiro apostado.

d. Suponha que o jogo exija 4 pontos para ganhar. Qual caso não terminado é análogo ao caso ($X2$, $Y1$) do jogo de 3 pontos? Generalize suas respostas para descrever casos que resultem em uma divisão $\frac{3}{4}$ para $\frac{1}{4}$ das apostas para um jogo não terminado de n pontos.

e. Analise ($X2$, $Y1$) para um jogo de 4 pontos (com as mesmas apostas).

f. Generalize as partes (b) e (e) para um jogo de n pontos.

2. Até agora usamos a abordagem de Pascal para analisar o problema de pontos: sempre reduzir a casos que entendemos. A abordagem de Fermat era diferente; ele calculava a probabilidade de cada jogador ganhar. No caso ($X2$, $Y1$), ele teria raciocinado da seguinte maneira. Há duas possibilidades para a próxima jogada: X pode ganhar de vez ou podemos ter ($X2$, $Y2$). No último caso, cada jogador tem uma chance de 50% de ganhar. Assim, X ganha em $\frac{1}{2} + \frac{1}{2} \cdot \frac{1}{2} = \frac{3}{4}$ dos casos. Logo, deveríamos dar $\frac{3}{4}$ das apostas a X e $\frac{1}{4}$ a Y.

a. Use esse método para analisar os casos "interessantes" na Questão 1(a) e resolva a Questão 1(e). Compare suas respostas às que você obteve antes.

b. Compare os dois métodos. Qual é mais persuasivo? Qual é mais fácil?

3. Alguns dos trabalhos mais antigos sobre probabilidades tinham foco em jogos de dados e outros jogos de azar.

a. Liste as probabilidades para os 11 possíveis resultados de jogar um par de dados. Verifique que somam 1.

b. Uma lei básica de probabilidades diz que a probabilidade de que dois (ou mais) eventos ocorram é o produto de suas (individuais) probabilidades. Use esse fato e os resultados da parte (a) para calcular a probabilidade de (i) lançar 7 três vezes em seguida, (ii) lançar 2 três vezes e (iii) lançar 3, depois 4 e então 5.

4. Um sorteio de caridade de 1.000 bilhetes tem um 1° prêmio de \$100, 2 segundos prêmios valendo \$50 cada e 100 terceiros prêmios valendo \$2 cada um.

a. Se você comprar um bilhete, qual é a probabilidade de ganhar o 1° prêmio?... segundo prêmio? ...algum prêmio?

b. Qual o valor esperado do seu bilhete? Quanto você estaria disposto a pagar? Por quê?

5. Laplace viveu na França de 1749 a 1827. Essa foi uma época de grande mudança política na França. Quais foram alguns eventos políticos importantes na França nessa época? O que estava acontecendo na América?

PROJETOS

1. Um amigo o convida para um jogo. Ele propõe que você lance uma moeda repetidamente até dar cara. Se você tirar cara imediatamente, ele lhe pagará \$2. Se você tirar cara no segundo lance, ganha \$4. Se você tirar cara no terceiro lance, ganha \$8, e assim por diante; se forem necessários n lances até você tirar cara pela primeira vez, você ganha $\$2^n$. É claro que você tem que pagar para entrar no jogo. Claramente, tem que pagar mais de \$2 para que o jogo seja justo (afinal, seu amigo deve tirar uma chance de ganhar). Quanto você estaria disposto a pagar para entrar nesse jogo? Quanto você *deveria* estar disposto a pagar? Escreva uma explicação detalhada de seu raciocínio.

2. Em seu *Ensaio Filosófico sobre Probabilidades*, Laplace diz que as humanidades e as ciências sociais são inerentemente não confiáveis. Imagine um argumento complexo que envolva muitos passos (como se encontra frequentemente, digamos, em um caso no tribunal). Por causa da natureza do tema, nenhum desses passos é uma consequência absolutamente certa do passo precedente. São apenas consequências muito prováveis. Digamos que cada passo siga do precedente com 90% de probabilidade e que haja 20 passos. Então a probabilidade de que a conclusão final siga da hipótese inicial é $(0{,}90)^{20} = 0{,}12$, isto é, 12%. Assim, é muito mais provável que alguma outra conclusão seja verdadeira além desta. Você aceita isso? Por que sim ou por que não?

3. Suponha que você entre em uma sala de aula e veja:

s i z d j u i n c v k l j e

escrito na lousa. Você provavelmente concluiria que alguém escreveu uma sequência de letras ao acaso. Mas se visse:

c o n s t a n t i n o p l a,

você provavelmente concluiria que as letras tinham sido escolhidas deliberadamente nessa ordem. Por quê? Não são todas as sequências de igual número de letras igualmente prováveis?

Esboço 22 A Estatística se Torna uma Ciência

Estatística é uma palavra usada em uma variedade de sentidos, e muitas vezes invocada para emprestar credibilidade a outras opiniões que, de outra forma, seriam duvidosas. Nós às vezes a usamos para fazer referência a *dados*, especialmente dados numéricos – coisas como: "52% dos norte-americanos gostam de M & M's azuis", ou "93% das estatísticas são fabricadas". Quando usadas nesse sentido, *estatísticas* está no plural: cada um dos dados é uma estatística.[1] Quando está no singular, refere-se à ciência que produz e analisa tais dados. Essa ciência tem raízes históricas profundas, mas floresceu realmente no começo do século XX.

Reunir dados numéricos – tamanho de rebanhos, suprimento de grãos, força de exércitos etc. – é uma tradição realmente antiga. Tabulações desse tipo podem ser achadas entre os mais antigos registros sobreviventes das primeiras civilizações. Eram usadas por líderes políticos e militares para predizer e se preparar para possíveis fomes, guerras, alianças políticas ou outros negócios de Estado. Na verdade, a palavra *estatística* vem de *estado*: foi inventada no século XVIII para significar o estudo científico do Estado, e rapidamente deslocou seu foco para dados políticos e demográficos de interesse para o governo.

Coleta de dados existe desde que existiram governos (na verdade, alguns estudiosos veem a necessidade de tais dados como uma razão para a invenção dos próprios números). Mas somente há poucos séculos começou-se a pensar em como analisar e entender dados. Nós começamos a história em Londres, em 1662, quando um dono de loja chamado John Graunt publicou um panfleto com o título *Natural and Political Observations Made upon Bills of Mortality* (Observações Naturais e Políticas Feitas sobre Taxas de

[1] Há um sentido técnico de *estatística* que é mais preciso do que isso, mas aqui estamos focalizando o uso popular.

Mortalidade). As taxas de mortalidade eram registros, semanais e anuais, de enterros em Londres, estatísticas (plural) que tinham sido coletadas pelo governo e arquivadas desde meados do século XVI. Graunt resumiu esses registros para os anos 1604 a 1661 como tabelas numéricas. Então fez algumas observações sobre as regularidades que notava: nascem mais homens que mulheres, as mulheres vivem mais tempo, a taxa de mortalidade anual (exceto em anos de epidemia) é bastante constante etc. Ele também estimou o número de mortes, década por década, em um grupo "típico" de 100 londrinos nascidos ao mesmo tempo. Seus resultados tabulados, chamados Tabela de Vida de Londres, sinalizaram o início da estimativa, baseada em dados, da expectativa de vida.[2]

Graunt, com seu amigo William Petty (1653-1687), fundou a área chamada "Aritmética Política", isto é, a tentativa de obter informação sobre a população de um país pela análise de dados como os registros de mortalidade. A abordagem deles era sem sofisticação. Em particular, Graunt não tinha meios para saber se certos aspectos de seus dados eram significativos ou variações acidentais. As questões levantadas por Graunt em sua análise dos dados de mortalidade logo levaram outros a aplicar melhores métodos matemáticos ao problema. Por exemplo, o astrônomo britânico Edmund Halley (que deu nome ao famoso cometa) compilou um importante conjunto de tabelas de mortalidade em 1693 como base para seu estudo de anuidades. Ele, assim, tornou-se o fundador da *ciência atuarial*, o estudo matemático de expectativas de vida e outras tendências demográficas. Isso rapidamente se tornou a base científica da indústria de seguros, que confia em atuários (hoje armados de instrumentos analíticos muito mais sofisticados) para analisar os riscos envolvidos em vários tipos de apólices de seguro.

Na primeira parte do século XVIII, a estatística e a probabilidade se desenvolveram juntas como duas áreas intimamente relacionadas com a matemática da incerteza. Na verdade, elas se dedicavam a investigar lados opostos da mesma situação. A probabilidade explora o que pode ser dito sobre uma amostra desconhecida de coleção conhecida. Por exemplo, conhecendo todas as possíveis combinações numéricas de um par de dados, qual é a probabilidade de obter 7 na próxima jogada? A estatística explora o que pode ser dito sobre uma coleção desconhecida investigando uma pequena amostra. Por exemplo, conhecendo a duração da vida de 100 londrinos, no começo do século XVI, podemos extrapolar para estimar quanto tempo de vida os londrinos (ou europeus, ou as pessoas em geral) provavelmente terão?

[2] Ver [21], Capítulo 9, ou [74] para mais informação sobre Graunt e *Bills of Mortality*.

O primeiro livro abrangente sobre estatística e probabilidade foi o *Ars Conjectandi*, de Jakob Bernoulli, publicado em 1713. Nesse livro, dividido em quatro partes, com as três primeiras examinando permutações, combinações e a teoria popular de jogos de azar. Na quarta parte, Bernoulli propunha que essas ideias matemáticas tinham aplicabilidade muito mais séria e valiosa em áreas como política, economia e moralidade. Isso levantava a questão matemática fundamental: quantos dados são necessários recolher antes de se ter razoável certeza de que as conclusões que se obtêm a partir dos dados são corretas? (Por exemplo, quantas pessoas devem ser consultadas para prever corretamente o resultado de uma eleição?) Bernoulli mostrou que quanto maior a amostra, mais provável será que as conclusões sejam corretas. O enunciado preciso demonstrado por Bernoulli é agora conhecido como "Lei dos Grandes Números" (ele o chamou de "Teorema Áureo").

A confiabilidade de dados era uma questão importante tanto para a ciência quanto para o comércio do século XVIII na Europa. A astronomia era vista como a chave para determinar a longitude, e a medida confiável desta era vista como o acesso para a navegação marítima segura.[3] Astrônomos fizeram grande número de observações para determinar as órbitas dos planetas. Mas observações são sujeitas a erros e tornou-se importante saber como tirar conclusões corretas de dados "duvidosos". Um problema semelhante ocorreu na controvérsia sobre a forma da Terra – se ela seria ligeiramente achatada nos polos (como Newton tinha afirmado) ou no Equador (como o diretor do Observatório Real em Paris sustentava). A resolução da questão dependia de medidas muito precisas "no campo", e expedições diversas frequentemente tinham respostas diferentes. Enquanto isso, companhias de seguros começaram a coletar dados de todos os tipos, mas tais dados incluíam variações devidas ao acaso e tinha-se que distinguir de algum modo entre o que realmente estava ocorrendo e flutuações causadas por erro e variação ocasional.

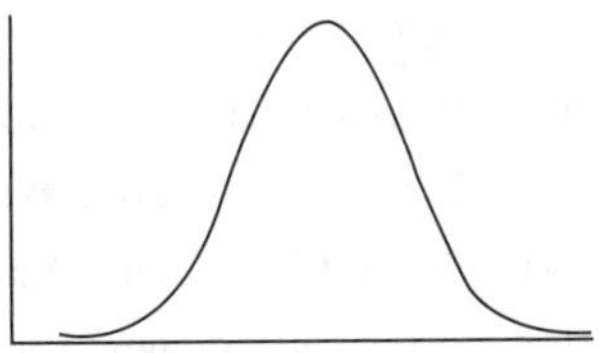

Figura 1 – Uma curva normal

Em 1733, Abraham De Moivre, um francês vivendo em Londres, descreveu o que agora chamamos de *curva normal* como uma aproximação para distribuições binominais. Ele usou essa ideia (mais tarde redescoberta por Gauss e Laplace) para melhorar a estimativa de Bernoulli quanto ao número de observações necessárias para se tirar conclusões precisas. No entanto, os resultados de De Moivre e seus contemporâneos nem sempre eram poderosos o bastante para fornecer respostas satisfatórias para a questão fundamental em situações do mundo real: como eu posso, de modo confiável, inferir que certas características de meus dados observados refletem acu-

[3] Ver o fascinante livro de Dava Sobel [131] para mais informação sobre isso.

radamente a população ou o fenômeno que estou estudando? Instrumentos mais poderosos para isso e outras aplicações ainda teriam que esperar mais de um século.

De que se necessitava anteriormente era de mais matemática. Especificamente, a teoria de probabilidades tinha que ser desenvolvida até o ponto em que pudesse ser aplicada frutiferamente a questões práticas. Isso foi feito por muitas mãos no decorrer do século XVIII. O processo culminou com a publicação em 1812 da *Analytical Theory of Probabilities* (Teoria Analítica da Probabilidade) de Pierre Simon Laplace, um enorme livro que reunia e estendia tudo o que se sabia até então. Era pesadamente matemático, de modo que Laplace escreveu também um *Philosophical Essay on Probabilities* (Ensaio Filosófico sobre Probabilidades), que tentava explicar as ideias em termos menos sofisticados e defender sua ampla aplicabilidade.

A França no começo do século XIX tinha mais do que um matemático brilhante. A obra de Adrien Marie Legendre disputa com a de Laplace em abrangência, profundidade e visão. Ele fez importantes contribuições à análise, teoria dos números, geometria e astronomia e era da comissão francesa que em 1795 mediu o arco de meridiano que definiu a unidade básica de comprimento para o sistema métrico. Para a estatística, Legendre contribuiu com um método que definiu o curso da teoria estatística no século XIX e se tornou o instrumento padrão para os estatísticos desde então. Em um apêndice a um pequeno livro sobre a determinação das órbitas dos cometas, publicado em 1805, Legendre apresentou o que ele chamou de "la méthode des moindres quarrés" (o método dos mínimos quadrados) para extrair informação confiável de dados de medidas, dizendo:

> Por esse método é estabelecido um certo equilíbrio entre erros, o qual, como impede que os extremos dominem, é apropriado para revelar o estado do sistema que se aproxima mais da verdade.[4]

Logo depois, Gauss e Laplace, independentemente, usaram a teoria da probabilidade para justificar o método de Legendre. Eles também o reformularam e tornaram mais fácil de usar. Conforme avançava o século XIX, esse poderoso instrumento se espalhou pela comunidade científica europeia como um modo eficaz de lidar com estudos baseados em uma grande quantidade de dados, particularmente astronomia e geodésia.

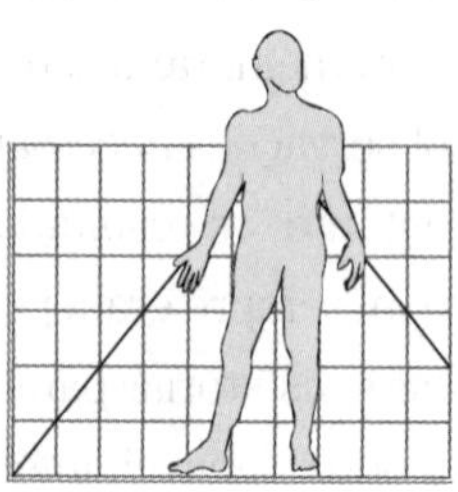

Métodos estatísticos começaram a penetrar nas ciências sociais com o trabalho pioneiro de Lambert Quetelet, da Bélgica. Em 1835, Quetelet publicou um livro sobre o que ele chamava

[4] Citado por [132], p. 13.

de "física social", no qual tentava aplicar as leis da probabilidade ao estudo de características humanas. Seu conceito novo do "homem médio", uma construção estatística fundamentada em dados de atributos humanos sendo estudados em uma dada situação, tornou-se um cativante ponto focal para mais investigações. Mas também atraiu críticas por estender demais os métodos matemáticos a áreas do comportamento humano (como moralidade), as quais a maioria das pessoas considerava não quantificáveis. Na verdade, com exceção da psicologia, a maior parte das áreas das ciências sociais era muito resistente aos avanços dos métodos estatísticos durante a maior parte do século XIX.

Talvez porque pudessem controlar as fontes experimentais de seus dados, os psicólogos abraçaram a análise estatística. Primeiro a usaram para estudar um fenômeno intrigante da astronomia: o padrão de erros de observações por diferentes astrônomos parecia diferir de pessoa para pessoa. A necessidade de entender e considerar esses padrões motivou estudos experimentais rápidos, e a metodologia desenvolvida para eles logo se estendeu a outras questões. Pelo fim do século XIX, a estatística era um instrumental amplamente aceito pelos pesquisadores em psicologia.

Com os muitos progressos feitos no século XIX, a estatística começou a emergir das sombras da probabilidade para se tornar uma disciplina matemática de direito próprio. Atingiu realmente a maioridade com o estudo de hereditariedade começado nos anos 1860 por Sir Francis Galton, um primo em primeiro grau de Charles Darwin. Galton pertencia ao movimento por eugenia da época, que esperava melhorar a raça humana por procriação seletiva. Por isso, ele se interessava muito em saber como certos traços se distribuíam na população e como (ou se) eram herdados. Para compensar a incapacidade de controlar inúmeros fatores afetando dados hereditários, Galton desenvolveu dois conceitos inovadores: regressão e correlação. Na década de 1890, as percepções de Galton foram refinadas e estendidas por Francis Edgeworth, um matemático irlandês, e por Karl Pearson e seu aluno G. Udny Yule na University College, em Londres. Yule finalmente pôs as ideias de Galton e Pearson em uma metodologia eficaz de análise regressiva, usando uma variante sutil do método de Legendre dos mínimos quadrados. Isso abriu caminho para o uso amplo da estatística nas ciências biológicas e sociais no século XX.

Com o amadurecimento da teoria da estatística, sua aplicabilidade ficou cada vez mais evidente. Muitas grandes companhias no século XX contrataram estatísticos. Companhias de seguros empregavam atuários para calcular os riscos de expectativa de vida e outras questões imprevisíveis individualmente. Outras contrataram estatísticos para monitorar o controle de qualidade. Cada vez mais os avanços teóricos foram feitos por pessoas fora do âmbito acadêmico. William S. Gosset, um estatístico na cervejaria irlandesa Guinness, foi uma dessas pessoas no começo do século XX. Devido a uma polí-

tica da companhia que proibia os empregados de fazer publicações, Gosset tinha que assinar seus artigos teóricos com o pseudônimo "Student". Seus artigos mais significativos tratavam de métodos de amostragem, particularmente métodos para obter informação confiável com amostras pequenas.

O estatístico mais importante do começo do século XX foi R. A. Fisher (1890-1962). Com visão ao mesmo tempo teórica e prática, Fisher transformou a estatística em um instrumento científico poderoso baseado em sólidos princípios matemáticos. Em 1925 publicou *Statistical Methods for Research Workers* (Métodos Estatísticos para Pesquisadores), um livro marcante para muitas gerações de cientistas. Dez anos mais tarde, escreveu *The Design of Experiments* (O Planejamento de Experiências), um livro que enfatizava que, para obter bons dados, era preciso partir de uma experiência planejada para fornecê-los. Fisher tinha um talento para escolher exatamente o exemplo certo para explicar suas ideias. Seu livro sobre experiências ilustra a necessidade de refletir sobre como as experiências são planejadas com um evento real: em um chá vespertino, uma das senhoras alegou que o chá tinha gosto diferente conforme fosse despejado primeiro o chá e depois acrescentando o leite, ou o contrário. A maior parte dos homens presentes achou isso ridículo, mas Fisher decidiu imediatamente testar a afirmação. Como se planejaria uma experiência para verificar conclusivamente se a senhora podia ou não sentir gosto diferente?

Poderia parecer uma questão frívola, mas é muito semelhante à espécie de questões que cientistas sociais precisam resolver com suas experiências.[5] A pesquisa médica também depende de experiências cuidadosamente planejadas desse tipo. O trabalho de Fisher estabeleceu firmemente os instrumentos estatísticos como parte necessária do instrumental de qualquer cientista.

O século XX viu a aplicação de técnicas estatísticas a uma gama cada vez mais ampla de atividades humanas. Levantamento de opinião pública na política, métodos de controle de qualidade nas manufaturas, testes padronizados no ensino e análogos se tornaram aspectos comuns na vida de todo dia. Os computadores agora permitem que os estatísticos trabalhem com quantidades de dados verdadeiramente enormes, e isso começa a influir na teoria e na prática da estatística. Algumas das ideias mais importantes vieram de John Tukey (1915-2000), um homem brilhante que fez contribuições significativas à matemática pura, matemática aplicada, ciência da computação e à estatística.[6] Tukey inventou o que ele chamou de "Análise Exploratória de Dados", uma coleção de

[5] Diz-se que a experiência foi feita e que a senhora identificou corretamente cada xícara de chá. Ver o Capítulo 1 de [119].

[6] Tukey era também um gênio para inventar palavras novas, inclusive "software" e "bit".

métodos para lidar com dados que está se tornando cada vez mais importante, conforme os estatísticos têm que lidar com os grandes conjuntos de dados de hoje.

Atualmente a estatística já não é considerada um ramo da matemática, embora seus fundamentos sejam ainda fortemente matemáticos. Em sua história sobre o assunto, Stephen Stigler diz:

> A estatística moderna (...) é uma lógica e uma metodologia para a medida da incerteza e para um exame das consequências dessa incerteza no planejamento e na interpretação de experimentação e observação.[7]

Assim, em apenas poucos séculos, as sementes plantadas por questões matemáticas sobre dados floriram em uma disciplina independente com seus próprios objetivos e padrões, e cuja importância tanto para a ciência quanto para a sociedade continua a crescer.

Para um olhar mais atento

O melhor estudo acadêmico sobre a história da estatística é [132]. Ver [74] para biografias curtas de estatísticos importantes e [119] para uma história popular acessível da história da estatística no século XX.

QUESTÕES

1. Os algarismos na sequência decimal para π aparecem com igual frequência? De acordo com a lei de Bernoulli dos Grandes Números, se sim, então quanto mais dígitos você tiver, mais perto você chegará de ter 10% de cada um. Experimente isso como segue:

- Usando a expansão decimal com 1.000 lugares, no fim do Esboço 7, marque quantas vezes cada dígito ocorre nos primeiros 50 lugares depois da vírgula e escreva cada resultado como porcentagem do total (50).
- Continue seu registro até 100 dígitos e, de novo, escreva cada resultado como porcentagem do total.
- Continue contando e registrando seus resultados em porcentagens para 200, 300, 400 e 500 dígitos (isso irá pôr à prova sua paciência, mas não é difícil).

a. A distribuição dos dígitos está se aproximando de 10% para cada um? Como você pode saber?

b. Você acha que todos os dez dígitos aparecerão com igual frequência a longo prazo? Por que sim ou por que não?

[7] [132], p. 1.

2. A "distribuição binomial" se refere ao esquema de resultados para repetições de um processo com dois resultados possíveis – *ganha* ou *perde*, *sim* ou *não*, *cara* ou *coroa* etc. Um teorema de Jakob Bernoulli descreve a forma de tais distribuições. No caso particular em que os dois resultados são igualmente prováveis (como lançar uma moeda não viciada), o teorema de Bernoulli diz que:

> Se o processo for repetido n vezes, a probabilidade de que o resultado desejado venha ocorrer exatamente r vezes é ${}_nC_r\left(\frac{1}{2}\right)^n$ (em que ${}_nC_r$ é o número de combinações de n objetos r de cada vez).

a. Qual é a probabilidade de ter exatamente 3 *caras* em 6 lances de uma moeda não viciada? De ter exatamente uma *cara*? Nenhuma *cara*? Marque as probabilidades dos sete resultados diferentes dessa experiência (ponha os resultados possíveis no eixo horizontal), depois una os pontos.

b. Marque as probabilidades de todos os possíveis resultados de lançar uma moeda não viciada 10 vezes e una os pontos. Depois faça isso para 20 lances. Compare seus resultados com a curva normal representada neste esboço.

O teorema de Bernoulli descreve como as coisas *deveriam* funcionar. Sua Lei dos Grandes Números diz que, se você repetir uma dessas experiências, de novo e de novo, a distribuição de seus resultados se aproximará cada vez mais da distribuição binomial.

c. Para ver se isso realmente funciona, você pode simular a experiência com números ao acaso. Pense nos algarismos ímpares como *caras* e nos pares como *coroas*. Faça sua calculadora ou computador gerar um número ao acaso e conte o número de algarismos ímpares nos primeiros seis lugares. Repita essa experiência 50 vezes (ou 100 vezes se tiver paciência), faça um gráfico de barras de seus resultados e compare-o com sua resposta à parte (a). Em que são parecidos? Em que diferem?

3. O método de Legendre dos mínimos quadrados é a base para encontrar a "reta de melhor ajuste" para dados em duas variáveis em um plano. A reta de melhor ajuste frequentemente é pensada como a que minimiza as distâncias (soma das coordenadas y) aos pontos dados. Essa é uma boa visão intuitiva, mas não é bem correta. Como o nome "mínimos quadrados" sugere, a reta de melhor ajuste minimiza a soma dos quadrados das distâncias nas coordenadas y aos pontos dados. Para verificar que essas duas ideias de "melhor ajuste" nem sempre resultam na mesma reta, considere este conjunto muito pequeno de dados: $\{(1, 2), (3, 3), (5, 7)\}$.

a. Encontre equações para as três retas determinadas por esses pontos. Para qual dessas três retas a soma das distâncias y aos pontos dados é menor?

b. Use uma calculadora para encontrar a reta de melhor ajuste (também chamada de "reta de regressão") para o conjunto de dados. Então calcule a soma das distâncias y a esses pontos.

c. Compare seus resultados para as partes (a) e (b). Como ilustram a distinção descrita no início dessa questão?

4. O que era o movimento por eugenia? Ele ainda existe?

PROJETOS

1. Frequentemente há duas abordagens para determinar possibilidades de que alguma coisa vá acontecer, uma probabilística e outra estatística. Por exemplo, ao lançar uma moeda, poderíamos supor que só há dois possíveis resultados, igualmente prováveis, e concluir que a probabilidade de lançar *cara* é $\frac{1}{2}$. Ou poderíamos lançar a moeda muitas vezes, marcar os resultados e tirar nossas conclusões dos dados. Escreva um texto explorando os pontos fortes e fracos de cada abordagem em várias situações.

2. Alguns professores "dão notas em uma curva", isto é, usam uma curva normal para conferir notas aos resultados de um exame. Quais hipóteses são subjacentes a esse método? Você acha que é um modo justo de atribuir notas? Por que sim ou por que não?

3. Escreva um texto curto, não técnico, explorando as ideias básicas da amostragem para pesquisa de opinião para uma eleição e controle de qualidade, incluindo descrições das expressões "margem de erro" e "intervalo de confiança".

Esboço 23

Computadores Eletrônicos

É difícil acreditar que computadores eletrônicos não existiam até quase a metade do século XX. Hoje eles parecem estar em toda parte, muitas vezes enfiados em lugares minúsculos, manipulando enormes quantidades de dados à velocidade da luz e afetando quase todos os aspectos de nossa vida. Mas, em seus primeiros tempos, eram máquinas grandes, lentas, desajeitadas, merecendo bem seu moderno apelido coletivo, "dinossauro". O fundamento histórico para essas máquinas e todos os seus maravilhosos descendentes começa há vários séculos, com as primeiras tentativas de agilizar cálculos usando alguma espécie de artefato mecânico.

Alguns diriam que a história começa há 5.000 anos com o ábaco oriental, um artefato para cálculos de contas e varetas que ainda é usado hoje. Porém, pode ser mais adequado levar a árvore genealógica do computador moderno somente até a Europa do século XVII. Em 1617, o cientista escocês John Napier implementou seu novo sistema de logaritmos com um conjunto de varetas móveis, numeradas de tal modo que, fazendo-as deslizar uma em relação à outra, a multiplicação era feita automaticamente. Essas varetas, em geral, eram feitas de marfim e, não surpreendentemente, vieram a ser conhecidas como "Ossos de Napier". Não muito tempo depois disso (em 1630), o pároco inglês William Oughtred aperfeiçoou o esquema de Napier, inventando uma régua deslizante, um artefato para calcular com base em logaritmos, que se tornou o companheiro constante de praticamente todo engenheiro (e de muitos outros) até meados do século XX.

No começo do século XVII, o sistema indo-arábico de numeração em base 10 finalmente substituiu os numerais romanos como o sistema preferido para escrever números na Europa, e algoritmos para fazer aritmética elementar nesse sistema estavam razoavelmente bem desenvolvidos. (Ver Esboço 1.) Na década entre 1642 e 1652, Blaise Pascal, um brilhante matemático francês, muito jovem então, projetou e eventualmente construiu uma máquina para somar e subtrair, que foi chamada *Pascaline*. De modo bem parecido com o hodômetro de um carro, essa máquina usava o princípio de base dez de mostradores numerados de 0 a 9 engrenados de modo que uma revolução completa de um mostrador automaticamente movia o mostrador seguinte ao número posterior. Números a serem somados ou subtraídos eram simplesmente discados, e a máquina fazia o resto.

A Pascaline (Foto por cortesia dos arquivos da IBM)

Uma grande dificuldade em dispositivos como a Pascaline e qualquer outra máquina de precisão (como relógios confiáveis) no século XVII era que cada peça, pino ou outra parte de precisão tinha que ser feita separadamente, à mão. Tais máquinas não eram produzidas em quantidade; eram feitas uma a uma. Assim, o gênio do inventor era frequentemente refém da habilidade do metalúrgico. Foi assim quando Gottfried Leibniz, um dos inventores do cálculo, inventou um aperfeiçoamento para a Pascaline, uma máquina que podia também multiplicar (por adição repetida) e dividir (por subtração repetida). A máquina de Leibniz, o *Stepped Reckoner*, representou um grande avanço teórico sobre a Pascaline porque seus cálculos eram feitos em aritmética binária (base dois), a base de toda a linguagem moderna para computadores. No entanto, a engenhosidade em 1694 não estava à altura da tarefa de fazer cópias confiáveis dessa máquina eficientemente. Seu sucesso comercial foi atrasado por mais de 150 anos. Uma versão simplificada e aperfeiçoada do Stepped Reckoner desenvolvida por Charles de Colmar, da França, é chamada de *arithmometer*, e ganhou uma medalha de ouro na International Exhibition, em Londres. Graças às técnicas de produção em massa da Revolução Industrial, foi manufaturada e vendida em quantidade até o século XX. Os que promoviam o arithmometer diziam que ele podia multiplicar dois números de oito dígitos em 18 segundos, dividir um número de dezesseis dígitos por um de oito em 24 segundos e achar a raiz quadrada de um número de dezesseis dígitos em um minuto. Isso é bem lento pelos padrões de hoje, mas, comparado com o cálculo à mão, era uma maravilha de rapidez e eficiência!

No começo do século XIX, o professor de matemática de Cambridge Charles Babbage começou a trabalhar em uma máquina para gerar tabelas logarítmicas e astronômicas precisas. Além de serem instrumentos importantes para a matemática e a ciência, essas tabelas eram essenciais para a navegação, de modo que o governo britânico manifestou um interesse ativo no trabalho de Babbage. Em 1922, Babbage estava literalmente girando a manivela para produzir tabelas com precisão de até seis posições em uma pequena máquina que ele chamava de *Difference Engine*. Com apoio do governo, começou a trabalhar em uma máquina maior que, ele esperava, forneceria tabelas com precisão de até 20 posições. Esse projeto, depois de muitos contratempos, foi posto de lado em favor de um plano ainda mais ambicioso. Em 1801, Joseph-Marie Jacquard tinha projetado um tear para tecer desenhos complexos guiados por uma série de cartões perfurados. O sucesso desse tear em produzir desenhos "pré-programados" levou Babbage a tentar fazer uma máquina de calcular que aceitaria suas instruções e dados de cartões perfurados. Chamou o artefato proposto de *Analytical Engine*. Como as novas locomotivas, que estavam começando a usar o vapor nas primeiras estradas de ferro, o Analytical Engine de Babbage devia ser movido a vapor.

Difference Engine de Babbage (foto por cortesia dos arquivos da IBM)

A assistente de Babbage nessa ambiciosa empreitada era Augusta Ada Lovelace, filha do poeta Lord Byron e Anna Milbanke e estudante do lógico inglês Augustus de Morgan. Lovelace traduziu, esclareceu e estendeu uma descrição francesa do projeto de Babbage acrescentando uma grande quantidade de comentário original. Ela expandiu a ideia de "programar" a máquina com instruções em um cartão perfurado e escreveu o que se considera como o primeiro programa significativo para computador, antecipando várias técnicas de programação, inclusive um laço (*loop*) para passos automaticamente repetidos.[1] Apesar das realizações teóricas tanto de Babbage quanto de Lovelace, o Analytical Engine nunca foi construído. A tecnologia de trabalho em metal de meados do século XIX simplesmente não estava à altura das exigências de precisão dos mecanismos de Babbage. Muitas ideias de Babbage e Lovelace permaneceram na obscuridade por um século ou mais, somente para serem redescobertas independentemente pelos projetistas de computador do século XX.

Muitas ideias diferentes e progressos tecnológicos foram passos intermediários necessários no caminho para os primeiros computadores eletrônicos bem-sucedidos.

[1] A linguagem de programação *Ada*, desenvolvida na década dos 1980, teve esse nome em reconhecimento ao trabalho pioneiro de Lovelace.

Como vimos, a capacidade de produção em massa de partes com precisão padronizada, uma marca especial da Revolução Industrial, foi um desses passos. Enquanto isso, o progresso de ideias tinha dado outro passo essencial. Em meados de 1800, George Boole, professor de matemática no Queen's College em Cork, Irlanda, publicou duas obras que forneceram o fundamento conceitual para a lógica das máquinas. Em *The Mathematical Analysis of Logic* (A Análise Matemática da Lógica), 1847, e *The Laws of Thought* (As Leis do Pensamento), 1854, Boole explicou como processos lógicos fundamentais podiam ser expressos em termos de 1s e 0s, um sistema chamado *álgebra booleana*. (Ver Esboço 24.) Embora Boole, ao que se diz, pensasse que seu sistema nunca teria aplicação prática, a álgebra booleana se tornou a chave teórica para todos os circuitos "pensantes" dos computadores de hoje.

Mais uma invenção do século XIX foi crucial para a revolução dos computadores. Os dados do censo de 1880 nos Estados Unidos tinham levado quase oito anos para serem processados manualmente. Herman Hollerith, então um jovem empregado do Censo, projetou uma máquina que usava eletricidade para separar e tabelar automaticamente dados que tinham sido registrados em cartões perfurados. O sistema de Hollerith reduziu o tempo de processamento dos dados do censo de 1890 a somente $2\frac{1}{2}$ anos. Construindo sobre esse sucesso, Hollerith fundou a Tabulating Machine Company, que veio a ser a IBM.

Os pedaços começaram a se juntar em 1937, quando Claude Shannon, em sua tese de mestrado do MIT, combinou álgebra booleana com relés elétricos e circuitos de chaves para mostrar como máquinas podem "fazer" lógica matemática. Enquanto a Segunda Guerra se espalhava pelo mundo, países dos dois lados das linhas de batalha procuravam vantagens militares por meio de pesquisa tecnológica. Alan Turing, o matemático que chefiava a tentativa bem-sucedida dos ingleses de quebrar o chamado "Código Enigma" do comando alemão dos submarinos, planejou várias máquinas eletrônicas para ajudar na criptoanálise. Muitos anos antes, ele tinha criado a *máquina de Turing*, um computador teórico que tem papel essencial em determinar que tipos de problemas podem ser resolvidos por computadores reais.

O segredo que rodeava o esforço de guerra em ambos os lados, com a necessidade urgente de inovações tecnológicas, era a situação para a invenção virtualmente simultânea e independente de computadores eletrônicos programáveis por pessoas de vários países diferentes. Um dos exemplos mais interessantes disso surgiu apenas recentemente, depois de quase um século de segredo. Além do Enigma, o alto comando germânico usava um código mais complexo para muitas de suas transmissões nos últimos anos da guerra. Max Newman, um matemático que trabalhava no centro britânico para quebrar códigos, em Bletchley Park, inventou um modo de quebrar esse código, mas era lento demais e muito tedioso para ser praticável. O problema foi apresentado a Tommy Flowers, um engenheiro eletrônico que trabalhava para o correio inglês. Em menos de um ano (de março de 1943 a janeiro de 1944), Flowers planejou e supervisionou a construção de uma maciça máquina que usava cerca de 1.500 tubos de vácuo (como em rádios muito velhos) para executar o processo de decodificação de Newman. Essa máquina, batizada de "Colossus", era capaz de decifrar as mensagens alemãs em horas, em vez das semanas ou meses necessários para fazer o mesmo manualmente (na verdade, seu projeto tornava-o duas vezes mais rápido que um moderno Pentium PC, fazendo a mesma tarefa de decodificação). Dez dessas máquinas foram construídas e usadas com sucesso para decodificar dezenas de milhares de mensagens alemãs, provavelmente encurtando a guerra na Europa por vários meses e salvando milhares de vidas. Infelizmente, depois da guerra o governo britânico destruiu todas essas máquinas e queimou todos os diagramas técnicos. A própria existência dessas máquinas foi mantida em segredo até 1970, e alguns de seus algoritmos de decifração são ainda confidenciais.

Enquanto isso, na Alemanha, Konrad Zuse tinha também construído um computador eletrônico programável. Seu trabalho, iniciado no fim dos anos 1930, resultou em uma máquina eletromecânica funcional em algum momento no início da década de 1940, dando-lhe alguma pretensão histórica ao título de inventor do computador eletrônico. Porém, o segredo do tempo de guerra manteve seu trabalho bem escondido. Em 1941, um professor da Iowa State University chamado John Atanasoff e seu estudante de pós-graduação Clifford Berry construíram um computador programável que resolvia sistemas de equações lineares. O primeiro computador norte-americano, para todos os fins, o *Mark I*, foi construído por Howard Aiken e um grupo de engenheiros da IBM na Harvard University em 1944. Usava relés mecânicos e eletromagnéticos e recebia suas instruções de uma fita de papel perfurada. Com mais de 50 pés de comprimento, o Mark I continha cerca de 800 mil partes e mais de 500 milhas de fios.

ENIAC (Foto por cortesia dos arquivos da IBM)

O dia 15 de fevereiro de 1946 viu a apresentação do ENIAC (*Electronic Numerical Integrator and Calculator*), construído por J. Presper Eckert e John Mauchly da Universidade de Pennsylvania. O ENIAC devia ajudar o esforço da guerra dos Estados Unidos calculando mapas de tiro da artilharia naval, mas a guerra já tinha sido ganha sem isso. Também era grande: 42 painéis de 9 por 2 por 1 pés com mais de 18 mil tubos de vácuo e 1.500 relés elétricos, pesando mais de 30 toneladas ao todo. O uso de tubos de vácuo em vez de relés mecânicos era um grande aperfeiçoamento em velocidade em relação ao Mark I (cerca de 500 vezes mais rápido), mas não em confiabilidade, porque os tubos de vácuo, assim como as lâmpadas, queimam-se com o uso. Além disso, sua programação tinha que ser feita manualmente, por arranjo da fiação externa e apertando interruptores, e praticamente não tinha capacidade de armazenamento de dados.

John von Newmann, em geral, recebe o crédito por inventar um modo de armazenar programas dentro de um computador. Suas ideias tornaram-se operacionais em 1949 na Cambridge University no EDSAC (*Eletronic Delayed Storage Automatic Computer*). Eckert e Mauchly formaram uma companhia que produziu e vendeu o primeiro computador comercial, UNIVAC 1 (*Universal Automatic Computer*); foi entregue ao Censo norte-americano em 31 de março de 1951.

A tecnologia de tubos de vácuo usada nessas primeiras máquinas era cara em relação a espaço, potência e confiabilidade. Tudo mudou quando Bell Labs inventou o transistor, no início dos anos 1950. Computadores usando essa tecnologia de "segunda geração" ficaram menores, mais rápidos, mais poderosos e mais econômicos. A terceira geração chegou com a introdução de circuitos integrados em meados dos anos 1960. Computadores pessoais começaram a se tornar uma realidade cada vez mais acessível financeiramente. À medida que os circuitos de estado sólido foram refinados e miniaturizados, os computadores pessoais encolheram de tamanho, de minis, passando a micros, a laptops e até a palmtops. Ao mesmo tempo, a potência de computação, a velocidade de processamento e a capacidade de memória aumentaram exponencialmente. O advento das tecnologias de CD-ROM e DVD e a possibilidade de inovações futuras ainda mais diversas e exóticas dizem que há mais surpresas reservadas para nós nessa era do computador. Um livro escrito em 1990, agora muito antigo para o padrão da era do computador, descreve bem este vendaval de mudanças:

> Nunca houve tecnologia na história do mundo que tenha progredido tão depressa quanto a tecnologia de computadores (...). Se a tecnologia automotiva tivesse progredido tão depressa quanto a de computadores entre 1960 e hoje, o carro de agora teria um motor com menos de um décimo de uma polegada, obteria 120 mil milhas por galão de gasolina, teria uma velocidade máxima de 240 mil milhas por hora e custaria $4.[2]

[2] Ver [37], p. 17.

Para um olhar mais atento

Muito da informação neste esboço é tirada do Capítulo 2 de [61]. Para uma história do início dos computadores, ver [8], [63] e [36]. Para computação no século XX, uma boa fonte é [97]. Mais informação sobre o Colossus pode ser encontrada em: <http://www.picotech.com/applications/colossus> ou em: <http://www.computer.org/history/development/1940-44>.

Ver: <http://www.ibm.com/ibm/history> para mais informação sobre o ENIAC e a história da IBM.

QUESTÕES

Nós os chamamos de "computadores" porque eles computam. Fundamentalmente, é *tudo* o que eles fazem. Todo o complexo e sofisticado mundo dos computadores é construído sobre a aritmética de 0s e 1s. Difícil de acreditar? É verdade. Todo comando, *display* e função é traduzido em longas cadeias de 0s e 1s, correspondendo (mais ou menos) aos dois estados elétricos de *desligado* e *ligado*. O Esboço 24 descreve como operações lógicas podem ser expressas desse modo. Nesta seção, observamos como certos itens básicos de *display* e teclado são traduzidos.

1. O primeiro passo na redução de tudo a 0s e 1s é exprimir todos os números desse modo, no sistema *binário* posicional, que é análogo ao sistema decimal indo-arábico, mas usa 2 como base em vez de 10. Isto é, os algarismos de um numeral da direita para a esquerda representam potências sucessivas de 2.

a. Explique por que esse sistema necessita somente dos algarismos 0 e 1. Aplique seu raciocínio para explicar por que o numeral 23 (vinte e três) se escreve no sistema binário como 10111.

b. Escreva os números 52, 147, 200, 255 e 256 em forma binária.

c. Escreva os números binários 10001, 111000, 10011001, 11011110 e 11100110 em forma decimal.

2. Em muitas linguagens de programação para computadores, números inteiros são codificados como cadeias de 32 bits. O primeiro bit indica o sinal: 0 para positivo, 1 para negativo. Os outros 31 bits registram o número em notação binária.

a. Qual é o maior número que pode ser codificado dessa maneira? Qual é o menor?

b. Você está jogando no computador e está se saindo muito bem. Seu resultado está subindo e subindo, e de repente você olha para ele e vê que você está *negativo*. O que aconteceu?

3. Um código numérico liga linguagem e objetos visuais com cálculos. Mas cadeias de dígitos binários (chamados *bits*) são muito pouco manejáveis para nós humanos, assim, reescrevemos os números como numerais de base dezesseis (*hexadecimais*). No sistema hexadecimal, os símbolos 0, 1,..., 9 têm seus significados usuais, mas, A, B,..., F representam 10, 11,..., 15.

a. Traduza os hexadecimais 37, 5A, B9 e ED para decimais ordinários. Quantos números diferentes podem ser escritos como hexadecimais de dois dígitos? Quais são eles?

b. Se separarmos um byte de oito dígitos em duas metades de quatro, cada metade pode ser convertida a um único dígito hexadecimal. Ilustre esse processo usando os numerais binários da Questão 1(c). O hexadecimal de dois dígitos resultante é sempre a tradução correta do byte? Explique.

c. Nos anos 1960, um código *standard* chamado ASCII (o que isso significa?) associava um número para cada caractere do teclado. Por exemplo, a barra de espaçamento é o número (decimal) 96, e as letras minúsculas de a-z são 97 até 122. Use esse código para traduzir "Fale comigo" em hexadecimais e depois em uma cadeia de bytes.

d. Um processo de codificação semelhante é usado para figuras. Por exemplo, para especificar a cor de fundo de uma página da internet, você diz algo como BGCOLOR="#EEFFEE". Os números EE, FF, EE especificam a intensidade de vermelho (R), verde (G) e azul (B) como componentes da cor. Nesse caso, $R = 238$, $G = 255$ (o maior valor possível) e $B = 238$ resultam em um verde claro.

   i. Quantas cores diferentes (combinação RGB) podem ser feitas dessa maneira? Que cores você acha que seriam #FFFFFF e #000000? E #808080?

   ii. Os valores $R = 252$, $G = 188$ e $B = 16$ produzem um tom alaranjado. Converta isso à forma hexadecimal.

   iii. Converta #27277A a valores RGB.

PROJETOS

1. Pesquise e faça uma linha do tempo registrando pelo menos dez grandes avanços no hardware ou software de computadores (como a invenção do transistor ou a adoção do código ASCII) que tenham ocorrido desde 1950. Para cada um, liste um item ou processo que agora seja comum na sociedade moderna, mas não poderia existir sem o correspondente avanço na tecnologia de computadores. Escreva uma justificativa breve de cada escolha.

2. Um problema com o código ASCII é que é muito vulnerável a erros. Considere a mensagem "Fale comigo" da Questão 2 como uma sequência de dígitos binários. Escolha um dígito ao acaso e mude-o de 0 para 1 ou vice-versa. Qual é a mensagem agora?

Para evitar isso, pode-se usar um código que tenha redundância embutida suficiente para nos permitir observar e corrigir o erro. Essa espécie de código chama-se "código corretor de erros". Faça uma pesquisa sobre os códigos corretores de erros e escreva sobre eles.

Esboço 24

A ARITMÉTICA DO RACIOCÍNIO

Lógica e Álgebra Booleana

Computadores pensam? Muitas vezes, parece que sim. Fazem perguntas, oferecem sugestões, corrigem nossa gramática, acompanham nossas finanças e calculam nossos impostos. Às vezes, parecem enlouquecedoramente perversos, entendem mal o que temos a certeza de lhes ter dito, perdendo nosso precioso trabalho ou se recusando a atender a todas as nossas solicitações razoáveis! Porém, quanto mais um computador parece pensar, tanto mais é na realidade um tributo à capacidade de pensar dos humanos, que acharam meios de expressar atividades racionais cada vez mais complexas inteiramente por sequências de 0s e 1s.

Tentativas de reduzir a razão humana a processos mecânicos remontam pelo menos aos silogismos de Aristóteles no século IV a.C. Um exemplo mais recente ocorre na obra do grande matemático alemão Gottfried Wilhelm Leibniz. Uma das muitas realizações de Leibniz foi a criação, em 1694, de um artefato mecânico de cálculo, que podia somar, subtrair, multiplicar e dividir. Essa máquina, chamada *Stepped Reckoner*, era um aperfeiçoamento da primeira máquina de somar mecânica, a Pascaline, de Blaise Pascal, de 1642, que só podia somar e subtrair. Diferentemente da Pascaline, a máquina de Leibniz usava o sistema de numeração binário em seus cálculos, representando todos os números como sequências de 1s e 0s.

O Stepped Reckoner de Leibniz (Foto por cortesia dos arquivos da IBM)

Leibniz, que também inventou o cálculo independentemente de Isaac Newton, ficou intrigado com a visão de um "cálculo da lógica". Ele buscou criar um sistema universal de raciocínio que seria aplicável a toda ciência. Ele queria que seu sistema funcionasse "mecanicamente" segundo um conjunto de regras simples para deduzir novas asserções a partir de outras já conhecidas, partindo de umas poucas hipóteses lógicas básicas. Para implementar essa lógica mecânica, Leibniz percebeu que suas asserções deviam ser representadas simbolicamente de algum modo; assim, ele procurou desenvolver uma *característica universal*, uma linguagem simbólica da lógica. Planos iniciais para esse trabalho apareceram em sua publicação de 1666, *De Arte Combinatoria*; muito do resto de seus esforços permaneceu não publicado até o começo do século XX. Assim, suas percepções proféticas sobre relações abstratas e uma álgebra da lógica tiveram pouca influência continuada sobre a matemática dos séculos XVIII e XIX.

O tratamento simbólico da lógica como sistema matemático começou com o trabalho de Augustus De Morgan (1806-1871) e George Boole (1815-1864), dois amigos e colegas que personificaram o sucesso perante a adversidade.

De Morgan nasceu em Madras, na Índia, cego de um olho. Apesar dessa deficiência, formou-se com distinção no Trinity College, em Cambridge, e foi nomeado professor de matemática na Universidade de Londres aos 22 anos. Era um homem de interesses matemáticos variados e tinha a reputação de ser um professor brilhante, embora um tanto excêntrico. Escreveu textos e artigos populares sobre lógica, álgebra, história da matemática e vários outros tópicos e foi cofundador e primeiro presidente da London Mathematical Society. De Morgan acreditava que a separação, feita no século XIX, entre matemática e lógica era artificial e prejudicial, de modo que trabalhou para colocar muitos conceitos matemáticos sobre bases lógicas mais firmes e tornar a lógica mais matemática. Talvez pensando na sua deficiência de cegueira parcial, ele resumiu suas opiniões dizendo:

> Os dois olhos de ciência exata são a matemática e a lógica: a seita matemática apaga o olho da lógica, e a seita lógica apaga o olho da matemática; cada uma acreditando que pode ver melhor com um olho do que com dois.[1]

George Boole, filho de um comerciante inglês, começou a vida sem dinheiro nem privilégio. No entanto, aprendeu sozinho grego e latim e adquiriu suficiente instrução para se tornar professor da escola elementar. Boole já tinha 20 anos quando começou a estudar matemática seriamente. Apenas onze anos mais tarde publicou *The Mathematical Analysis of Logic* (A Análise Matemática da Lógica), em 1847, o primeiro de dois

[1] [22], p. 331.

livros que lançaram os fundamentos para o tratamento numérico e algébrico do raciocínio lógico. Em 1849 se tornou professor de matemática no Queens College, em Dublin. Antes de sua morte repentina e prematura aos 49 anos, Boole tinha escrito vários outros livros de matemática que hoje são considerados clássicos. Seu segundo, e mais famoso, livro de lógica, *An Investigation of the Laws of Thought* (Uma Investigação das Leis do Pensamento), de 1854, elabora e codifica as ideias exploradas no livro de 1847. Essa abordagem simbólica da lógica levou ao desenvolvimento da *álgebra boolena*, a base dos sistemas modernos de lógica de computadores.

O elemento-chave da obra de Boole foi seu tratamento sistemático de proposições como objetos cujos valores-verdade podem ser combinados por operações lógicas de modo bem parecido com a maneira como números podem ser somados e multiplicados. Por exemplo, se cada uma das proposições P e Q puder ser *verdadeira* ou *falsa*, então há somente quatro casos de valores-verdade possíveis a considerar quando são combinados. O fato de a proposição "P e Q" ser verdadeira se e somente se ambas as proposições forem verdadeiras pode ser representado pela primeira tabela na Figura 1. Analogamente, a segunda tabela da Figura 1 capta o fato de que "P ou Q" é verdadeira sempre que pelo menos uma das duas proposições é verdadeira. A tabela final mostra o fato de que uma proposição e sua negação sempre têm valores opostos.

e

	T	F
T	T	F
F	F	F

ou

	T	F
T	T	T
F	T	F

não

T	F
F	T

Figura 1

Assim, é um passo fácil traduzir V e F para 1 e 0 e considerar as tabelas de operação lógica (mostradas na Figura 2) como base para uma aritmética um tanto inusitada, mas que funciona perfeitamente, um sistema com muitas das mesmas propriedades algébricas que a adição, a multiplicação e o oposto de números.

e

	1	0
1	1	0
0	0	0

ou

	1	0
1	1	1
0	1	0

não

1	0
0	1

Figura 2

De Morgan também foi um proponente influente e persuasivo do tratamento algébrico da lógica. Suas publicações ajudaram a refinar, estender e popularizar o sistema iniciado por Boole. Entre as muitas contribuições de De Morgan a essa área estão duas leis que agora têm seu nome, que captam perfeitamente o modo simétrico como as operações lógicas *e* e *ou* se comportam com relação à negação:

$$\text{não-}(P \text{ e } Q) \Leftrightarrow (\text{não-}P) \text{ ou } (\text{não-}Q)$$

$$\text{não-}(P \text{ ou } Q) \Leftrightarrow (\text{não-}P) \text{ e } (\text{não-}Q)$$

Entre as importantes contribuições de De Morgan à teoria matemática da lógica está o fato de enfatizar que as relações são, por si sós, objetos merecedores de estudo detalhado. Muito desse trabalho ficou em grande parte inobservado até ser ressuscitado e estendido por Charles Sanders Pierce (1839-1914) no último quarto do século XIX. C. S. Pierce, filho do matemático e astrônomo de Harvard, Benjamin Pierce, fez contribuições a muitas áreas da matemática e da ciência. No entanto, como seu interesse em filosofia e lógica se tornou cada vez mais pronunciado, seus escritos migraram nessa direção. Ele distinguiu seu interesse em uma álgebra da lógica daquele de seu pai e outros matemáticos, dizendo que os matemáticos queriam chegar a suas conclusões tão rapidamente quanto possível e, assim, estavam dispostos a pular etapas quando sabiam a que levava um argumento; os lógicos, entretanto, queriam analisar as deduções tão cuidadosamente quanto possível, dividindo-as em etapas pequenas, simples.

Essa redução do raciocínio matemático a longas cadeias de passos pequeninos, mecânicos, era um pré-requisito fundamental para a "era do computador". Os progressos do século XX no projeto de artefatos elétricos, junto com a tradução de 1 e 0 para estados elétricos *ligado* e *desligado*, culminou em calculadoras eletrônicas que mais do que cumpriam a promessa do Stepped Reckoner de Leibniz. Códigos-padrão para símbolos do teclado permitem a tais máquinas ler e escrever palavras. Mas foi o trabalho de Boole, De Morgan, C. S. Pierce e outros que, ao transformarem o raciocínio de palavras para símbolos e, então, para números, levou ao computador moderno, cujo cálculo rápido de longas cadeias de 1s e 0s lhe dá o poder de "pensar" seu caminho por meio das aplicações cada vez mais intrincadas da lógica matemática.

01010100 01101000 01100101 01000101 01101110 01100100

Para um olhar mais atento

Um bom lugar para começar são as páginas 1.852 a 1.931 de [104]. Um livro todo com um tratamento acessível é [36]. Ver também [98] para mais informação sobre Leibniz, Boole, De Morgan e C. S. Pierce.

QUESTÕES

1. Construir tabelas 0–1 é frequentemente um modo eficiente de verificar que proposições lógicas são verdadeiras.

a. A negação torna verdadeiras proposições falsas, e falsas as verdadeiras; assim ela inverte os valores 0–1 em uma tabela-verdade. Supondo que a coluna e a linha especificam os valores-verdade para P e Q respectivamente, faça tabelas para "não (P e Q)" e "(não P)" ou "(não Q)". Como seus resultados se relacionam com as Leis de De Morgan?

b. Use tabelas 0–1 para verificar a segunda das Leis de De Morgan.

2. Além de *e*, *ou* e *não*, há mais um operador lógico básico. É a forma condicional "se... então". Na lógica matemática, a proposição "Se P, então Q" é falsa somente quando P é verdadeira e Q é falsa; em todos os outros casos, é considerada verdadeira.

a. Faça uma tabela 0–1 para o operador "*se... então*". Especifique o que representa, na tabela, P (a hipótese) e Q (a conclusão).

b. Com as mesmas hipóteses da Questão 1(a), faça uma tabela 0–1 para "não (se P, então Q)". Essa proposição é logicamente equivalente a "se (não P), então (não Q)"? (Duas formas são logicamente equivalentes se têm os mesmos valores-verdade em todas as circunstâncias.) Dê um exemplo de senso comum para ilustrar sua resposta.

3. Frequentemente, um passo intermediário na tradução de um argumento lógico para uma linguagem a qual a máquina possa entender é o uso dos símbolos para conectivos lógicos básicos. Desse modo, a prosa complicada é quebrada em uma série de proposições declarativas simples conectadas por um dos quatro conectivos básicos que descrevemos. Uma variedade de símbolos tem sido usada por anos; os seguintes são comuns agora:

não: $\backsim$ e: $\wedge$ ou: $\vee$ se... então: $\rightarrow$

Por exemplo: "Se o sol não estiver brilhando, então eu irei às lojas ou ao cinema" pode ser escrita como "$\backsim P \rightarrow (Q \vee R)$", em que P, Q e R significam "o sol está brilhando", "eu irei às lojas" e "eu irei ao cinema", respectivamente. Reescreva cada uma das seguintes declarações complexas como uma série de proposições positivas simples conectadas por (algum dos quatro) símbolos lógicos definidos aqui.

a. Se $x^2 = y^2$ e x não é negativo, então x não é menor que y.

b. Se o Postulado das Paralelas não é verdadeiro, ou o Teorema de Pitágoras não é verdadeiro, então a geometria é não euclidiana.

4. Para que os computadores processem argumentos lógicos, os operadores lógicos devem ser traduzidos para circuitos elétricos (Charles Sanders Pierce parece ter sido o primeiro a mostrar que isso era possível). Por exemplo, interruptores *liga-desliga* representam *ou* se estiverem unidos em paralelo, e *e* se estiverem em série. Para eficiência de produção e operação, os operadores lógicos devem ser tão simples quanto possível. Se dois operadores sempre resultam nos mesmos valores-verdade, então eles são logicamente equivalentes, e o mais simples pode ser usado em vez do mais complexo. Use tabelas 0–1 como auxílio para responder a estas questões.

a. Pode "Q ou não (se P então Q)" ser substituido por "Q ou P"?

b. "Se não P e Q, então P e Q" pode ser substituído por exatamente um destes: "se P, então não Q", "se Q, então P", "se não P, então Q". Qual é a substituição correta?

5. Pensamos tanto em Boole como em De Morgan como ingleses, mas ambos tinham ligações com outras partes do Império Britânico.

a. Quando De Morgan nasceu, Madras e regiões do Sul da Índia estavam sob controle britânico. Como os britânicos conseguiram o controle de tão grande parte da Índia? Quando a Índia se tornou formalmente parte do Império Britânico, e quando se tornou um país independente?

b. Quando Boole se tornou professor em Dublin, qual era o clima político-econômico na Irlanda?

c. Quem era o monarca britânico reinante durante a maior parte das carreiras profissionais de Boole e De Morgan?

PROJETOS

1. Este esboço conta muito sobre as vidas de George Boole e Augustus De Morgan, mas diz muito pouco sobre a terceira importante figura mencionada, Charles Sanders Pierce. Descubra mais e escreva um texto curto sobre ele e sua obra.

2. A sentença "se P então Q" é considerada falsa apenas se P for verdadeira e Q for falsa. Isso funciona bem para a matemática, mas tem consequências paradoxais. Por exemplo, significa que "se P então Q" é verdadeira sempre que P for falsa. É também verdadeira sempre que Q for verdadeira. Assim, estamos dizendo que sentenças como "se porcos têm asas, então todo número par é a soma de dois primos" e "se a hipótese de Riemann for verdadeira, então o céu é azul" são *verdadeiras*. Isso o preocupa? Por que sim ou por que não? Quão bem nossa interpretação de "se P então Q" coincide com o efetivo uso comum de tais sentenças? (Um modo de abordar isso é selecionar proposições reais se... então de livros ou de outras fontes e considerar quão bem as entendemos.) Você pode justificar sua decisão de definir o valor verdade de proposições se... então como fizemos?

ALÉM DA CONTAGEM

Esboço 25 *O Infinito e a Teoria dos Conjuntos*

A ideia do infinito como um processo sem fim tem sido um instrumento matemático útil por muitos séculos. É a base do "método de exaustão" usado pelos gregos antigos para lidar com quantidades incomensuráveis e achar áreas de regiões curvas. É também a ideia subjacente a limite, o conceito fundamental do cálculo. No entanto, lidar com coleções infinitas de objetos é uma atividade matemática relativamente nova. Há apenas dois séculos o grande matemático europeu Carl Friedrich Gauss disse:

> ...eu protesto acima de tudo contra o uso de uma quantidade infinita como *completa*, o que na matemática nunca é permitido. O infinito é só um modo de falar...[1]

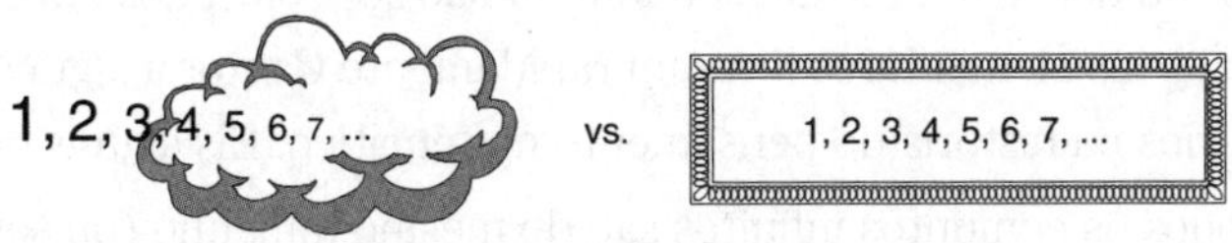

Os comentários de Gauss refletiram uma compreensão comum que remonta a Aristóteles. Mas consideremos isto: reconhecemos um número de contagem[2] quando o vemos, seja ele 5 ou 300 ou 78.546.291, e sabemos que não há um maior número porque sempre podemos somar 1 a qualquer número que tenhamos. Agora, se podemos distinguir os números de contagem de outros tipos de números, como $\frac{1}{3}$ ou -17 ou $\sqrt{2}$, não faz sentido considerar a coleção de todos os números de contagem como um objeto matemático distinto? Georg Cantor achava que sim.

Quando a Guerra Civil norte-americana chegava ao fim, Georg Cantor estava completando seu doutorado sob a orientação do matemático alemão Karl Weierstrass na Universidade de Berlin. Nessa época, os matemáticos europeus estavam no estágio final de ajustar o sus-

---

[1] Carta a Heinrich Schumacher, 12 de julho de 1831; citada em [35], p. 120.

[2] Os matemáticos chamam esses números de *números naturais*.

tentáculo lógico de cálculo, um processo que se dava já havia quase 200 anos. Fazendo isso, tinham chegado a uma compreensão muito mais profunda dos *números reais*, os números que podem ser usados para denotar todos os pontos de um eixo coordenado. Os números reais podem ser separados em dois tipos distintos – os números *racionais*, que podem ser expressos como razões de dois inteiros, e os *irracionais*, que não podem. Os matemáticos sabiam que cada tipo era "denso" no outro. Ou seja, sabiam que entre dois pontos racionais quaisquer sobre a reta numérica existem infinitos pontos irracionais, e que entre dois pontos irracionais existem infinitos pontos racionais. Isso levou a um sentimento geral de que os números reais se dividiam mais ou menos equilibradamente entre os racionais e irracionais.

Porém, investigações de certas famílias de funções começavam a criar dúvidas sobre esse sentimento. Alguns tipos de funções se comportavam muito diversamente nesses dois tipos de números. Quando Cantor examinou essas diferenças, ele começou a ver a importância de considerar os vários tipos de números como entidades distintas, ou "conjuntos". O conceito de Cantor era extremamente geral – e vago:

> Por conjunto devemos entender qualquer coleção dentro de um todo de objetos definidos e separados de nossa intuição ou pensamento.[3]

Isso significava que coleções infinitas de números (e outras coisas) podiam ser consideradas objetos matemáticos distintos, ser comparadas e manipuladas, exatamente como conjuntos finitos. Em particular, faz sentido perguntar se dois conjuntos infinitos "têm o mesmo tamanho" ou não; isto é, se eles podem ou não ser colocados em correspondência biunívoca. Essas ideias elementares levaram rapidamente Cantor a alguns dos resultados mais revolucionários na história do pensamento matemático. Eis alguns deles:

- Nem todos os conjuntos infinitos são do mesmo tamanho (ou seja, há conjuntos infinitos que *não podem* ser postos em correspondência biunívoca entre si).
- O conjunto dos números irracionais é muito maior que o conjunto dos racionais.
- O conjunto dos números de contagem é do mesmo tamanho que o dos números racionais.
- O conjunto de todos os subconjuntos de um conjunto é maior que o próprio conjunto.
- O conjunto dos pontos dentro de um intervalo da reta numérica, não importa quão curto, é do mesmo tamanho que o conjunto de todos os pontos da reta numérica.
- O conjunto de todos os pontos em um plano, ou em um espaço tridimensional, ou em um espaço n-dimensional, para qualquer número natural n, é do mesmo tamanho que o conjunto de pontos de uma única reta.

[3] De [25], p. 85, ligeiramente modificado para refletir a terminologia moderna.

A simplicidade absoluta do ponto de partida de Cantor fez com que sua teoria dos conjuntos fosse aplicável por toda a matemática. Isso tornou muito difícil ignorar suas assombrosas conclusões, que pareciam desafiar o entendimento de senso comum da maior parte dos matemáticos da área deles.

Sua obra foi bem recebida em muitas partes da comunidade matemática, mas a aceitação não foi de modo algum universal. O tratamento de Cantor do infinito por teoria dos conjuntos gerou oposição acalorada de alguns de seus mais importantes contemporâneos, notadamente Leopold Kronecker, um proeminente professor da Universidade de Berlin. Kronecker baseava sua abordagem à matemática na premissa de que um objeto matemático não existe a menos que seja passível de construção com um número finito de passos. Desse ponto de vista, conjuntos infinitos não existem porque claramente é impossível construir uma infinidade de elementos em um número finito de passos. Os números naturais são "infinitos" somente no sentido de que a coleção finita dos números construída até o momento pode ser estendida tanto quanto se queira; "o conjunto de todos os números naturais" não é uma concepção matemática legítima. Para Kronecker e aqueles que compartilhavam de suas opiniões, a obra de Cantor era uma perigosa mistura de heresia e alquimia.

Para entender o que preocupava Kronecker, considere o conjunto de todos os números que podem ser escritos como soma de dois primos ímpares. Quais números estão nesse conjunto? Bem, para qualquer número específico maior que quatro, é fácil (embora tedioso às vezes) decidir se esse número está ou não no conjunto. Por exemplo, 22.434 está no conjunto porque 22.434 = 12.503 + 9.931. É verdade que *todo* número par de seis em diante está no conjunto? Não sabemos (que todo número par maior que 4 está nesse conjunto, de fato é uma famosa conjectura[4] que ninguém – até agora – conseguiu demonstrar). Mas, se não podemos dizer quais elementos pertencem ao nosso conjunto, como podemos falar de nosso conjunto como um todo completo? Não há o perigo de que tais ditos nos levem a contradições?

Os temores de Kronecker pela segurança da consistência matemática pareceram ser justificados pelo aparecimento de vários paradoxos na teoria dos conjuntos. O mais famoso foi proposto por Bertrand Russel em 1902. Sua formulação na teoria dos conjuntos não precisa nos ocupar aqui;[5] mas você pode ter uma ideia de uma de suas muitas versões popularizadas. O próprio Russell propôs uma em 1919:

[4] É a Conjectura de Goldbach, proposta em primeiro lugar por Christian Goldbach em uma carta de 1742 a Leonhard Euler.

[5] Ver [39], p. 39, para uma versão mais formal, mas legível, do paradoxo de Russell.

Um barbeiro em uma certa aldeia diz que barbeia todas as pessoas, e só aqueles na aldeia que não barbeiam a si mesmos. Se for verdade, o barbeiro barbeia a si mesmo?

Em termos ligeiramente mais formais, o barbeiro barbeado, ele próprio um habitante da aldeia, é um membro do conjunto de todos os habitantes da aldeia que não barbeiam a si mesmos, ou não é? Se é, então ele não barbeia a si mesmo, mas como ele barbeia todos os que não barbeiam a si mesmos, então deve barbear a si mesmo, de modo que ele não está no conjunto, afinal. Se ele não está no conjunto, então barbeia a si mesmo, mas ele barbeia somente aqueles que não se barbeiam a si mesmos, de modo que ele está no conjunto! Parece não haver nenhuma saída nesse laço de contradições. Dilemas assim forçaram os matemáticos do fim do século XIX e começo do XX a enfrentar uma completa revisão da teoria dos conjuntos de Cantor em uma tentativa de livrá-la dos perigos da autocontradição.

Apesar desse desconforto inicial, a obra de Cantor afetou a matemática de modo decididamente positivo. Sua teoria básica dos conjuntos forneceu uma abordagem simples e unificadora a muitas diferentes áreas da matemática, inclusive probabilidade, geometria e álgebra. Além disso, os estranhos paradoxos encontrados em algumas extensões iniciais de seu trabalho encorajaram os matemáticos a colocar em ordem a lógica. Seu cuidadoso exame dos fundamentos lógicos da matemática levou a muitos resultados novos e pavimentou o caminho para ideias unificadoras ainda mais abstratas.

Pelo fato de muito da oposição aos conjuntos infinitos ser baseada em considerações filosóficas, Cantor foi além dos limites usuais da matemática para arguir em favor da aceitabilidade *filosófica* de suas ideias. Ele argumentou que conjuntos infinitos eram também interessantes ideias matemáticas e que realmente existiam. Por esse motivo, sua obra teve atenção de matemáticos e também de filósofos e teólogos. A época era especialmente madura para isso, porque no fim do século XIX, quando a teoria dos conjuntos de Cantor estava emergindo para a intelectualidade, estava havendo uma tentativa de formular uma filosofia que acomodasse tanto a ciência quanto a religião.

Em 1879, o Papa Leão XIII promulgou a encíclica *Aeterni Patris,* em que instruía a Igreja Católica a revitalizar seu estudo da filosofia escolástica.[6] Esse tipo de filosofia é também chamada de tomismo, porque é baseada na *Summa Theologica* de São Tomás de Aquino (c. 1225-1274). A *Aeterni*

[6] Uma encíclica é uma carta formal do Papa aos bispos, que trata da doutrina da Igreja.

Patris originou o neotomismo, escola de pensamento filosófico que considerava compatíveis a religião e a ciência. Sustentava que a ciência moderna não levava ao ateísmo e ao materialismo. Os neotomistas sentiam que sua abordagem conduzia a uma compreensão da ciência que evitava conflitos com a religião (em particular, com o catolicismo).

Quando a obra de Cantor sobre matemática ficou conhecida nos anos 1880, gerou considerável interesse entre os filósofos neotomistas. Historicamente, a Igreja Católica mantivera a posição de que a existência de coisas infinitas, de fato, levaria ao panteísmo, que era considerado uma heresia. Cantor, um católico devoto, discordava. Ele mantinha que sua matemática dos conjuntos infinitos lidava com a realidade, mas que conjuntos infinitos não deviam ser identificados com o Deus infinito. Cantor distinguia entre os aspectos matemáticos e filosóficos de seu trabalho. Na matemática, ele sustentava, tem-se a liberdade de considerar qualquer conceito que não seja autocontraditório. Que o fato de existir qualquer coisa no mundo real que corresponde a esses conceitos não é uma questão matemática, mas metafísica.

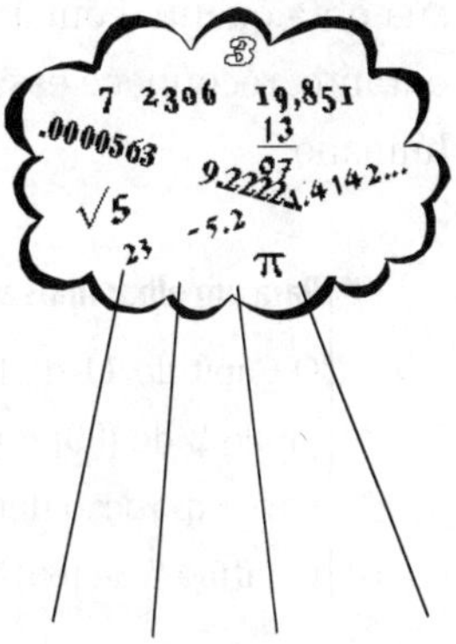

A metafísica é um ramo da filosofia que estuda o ser e a realidade. A posição metafísica de Cantor era de que coleções infinitas de números de fato tinham existência real (mas não necessariamente material). Em correspondência paciente e persistente com alguns dos mais importantes teólogos católicos, ele distinguiu sua posição das visões heréticas, e gradualmente conseguiu aceitação semioficial. Alguns filósofos neotomistas na Alemanha usaram suas teorias para sustentar a existência de infinitudes reais. Por exemplo, eles arguiam que, porque a mente de Deus é onisciente, ela deve conhecer *todos* os números; portanto, não só todos os números naturais existiam de fato na mente de Deus, mas também todos os racionais, todos os decimais infinitos e assim por diante.

O efeito mais importante da teoria dos conjuntos na filosofia, no entanto, vai muito além dos argumentos dos neotomistas. As tentativas de Cantor e seus sucessores de livrar de contradições a teoria dos conjuntos e, portanto, torná-la metafisicamente sólida levaram a algumas investigações profundas dos fundamentos da matemática. Essas investigações no começo do século XX também trouxeram uma maior clareza de formas lógicas, métodos de demonstração e erros de sintaxe, que, por sua vez, foram usados para refinar os argumentos da filosofia. A matemática de hoje fornece à filosofia algumas linhas diretivas, explícitas e formais para tipos admissíveis de raciocínio e possíveis construções lógicas. A teoria dos conjuntos também forneceu à filosofia novas questões e novas ideias sobre a infinitude. Como consequência, as fronteiras entre religião, filosofia e ciências foram trazidas a um foco mais agudo.

Um efeito desses esforços foi o fato de que muitas pessoas vieram a encarar a matemática como um assunto *distante* do reino da metafísica! Conforme as pessoas começaram a trabalhar nos fundamentos da matemática seriamente, ficou claro que as questões filosóficas envolvidas eram extraordinariamente profundas. Emergiram várias escolas de pensamento, mas nenhuma delas encontrou respostas convincentes.

Assim, o que parece ter ganho o dia é a primeira parte do ponto de vista de Cantor. Pode-se fazer matemática sem a necessidade de resolver antes as questões filosóficas. A matemática pode estudar conjuntos infinitos e, desde que se possa evitar contradições, o resultado será matemática válida. Muito dessa matemática se mostra útil no mundo real, mas as conexões são frequentemente mais sutis e surpreendentes do que se poderia pensar. Enquanto isso, as questões filosóficas não resolvidas (como a questão de *por que* a matemática acaba sendo aplicável) podem ser deixadas aos filósofos. Isso poderia desapontar Cantor, que se preocupava tão intensamente com os aspectos metafísicos de sua obra quanto com a matemática pura. A maior parte dos matemáticos e filósofos, no entanto, reconhece essa separação como um imenso passo no progresso do pensamento humano.

Para um olhar mais atento

O Capítulo 11 de [40] oferece uma exposição acessível da obra de Cantor. O Capítulo 2 de [39] é uma discussão mais geral da teoria dos conjuntos. Finalmente, uma exposição detalhada do início da história da teoria dos conjuntos aparece no Capítulo 5 de [65].

QUESTÕES

1. Estas questões ilustram a diferença entre processos infinitos e objetos infinitos.

a. Como um processo, o decimal infinito 0,999... representa uma sequência de aproximações cada vez mais perto de 1:

0,9; 0,99; 0,999; 0,9999 etc.

Quanto menor que 1 é cada termo da sequência?

b. No entanto, se um decimal infinito como 0,999... representa um número específico, este deve ser o limite da sequência descrita na parte (a), no caso, 1; isto é, 0,999... =1. Um número é o *limite* se a diferença entre ele e os termos da sequência aproximante eventualmente é menor que qualquer distância que você escolha, por menor que seja. Qual número 0,4999... representa? E 7,562999...? Por quê?

c. Generalize a parte (b) para argumentar que, se $d_n \neq 9$, então os decimais infinitos

$$0,d_1d_2d_3...d_n999... \text{ e } 0,d_1d_2d_3...(d_n+1)000...$$

representam o mesmo número (cada um dos *d*s representa um só algarismo).

2. Uma correspondência biunívoca entre dois conjuntos associa todo elemento de um conjunto com exatamente um do outro. Essa ideia de tamanho do senso comum é a base para comparar e contar. Até uma criança pequena pode conferir se tem sua porção justa de balas fazendo uma correspondência com as da parte de seu irmão. No entanto, quando essa ideia de "mesmo tamanho" é estendida a conjuntos infinitos, coisas estranhas começam a aparecer.

a. Por exemplo, $n \leftrightarrow 2n$ define uma correspondência biunívoca entre o conjunto **N** dos números naturais e o dos naturais pares, implicando que podemos "jogar fora" metade de **N** e ter um conjunto do mesmo tamanho de sobra! A correspondência é biunívoca porque $2a = 2b$ implica $a = b$ para quaisquer números a e b. Ilustre essa correspondência entre **N** e o conjunto dos números pares dando pelo menos quatro exemplos de correspondência entre números específicos.

b. Generalize ainda esse argumento mostrando que podemos jogar fora 99% de **N** e ainda ter como sobra um conjunto do mesmo tamanho. Ilustre sua correspondência com exemplos específicos.

c. Generalize ainda mais para mostrar que, para qualquer número não nulo k, o conjunto kN de todos os números naturais múltiplos de k tem o mesmo tamanho que **N**. Dê alguns exemplos específicos.

d. Esse mesmo tipo de correspondência mostra que existe uma correspondência biunívoca entre os conjuntos de pontos de dois intervalos de diferentes comprimentos na reta real. Explique como a correspondência $x \leftrightarrow 2x$ mostra que os intervalos [0,1] e [0,2] "têm o mesmo número de pontos". Seria justo dizer que os dois intervalos têm o mesmo tamanho?

e. Generalize a parte (d) para mostrar que o intervalo [0,1] pode ser posto em correspondência biunívoca com qualquer intervalo $[a, b]$ da reta numérica (isso diz que a "cardinalidade" – tamanho, no sentido de Cantor – é completamente independente do comprimento).

3. Georg Cantor viveu e trabalhou durante um período de agitação política e social na Europa Central, muitas vezes envolvendo a Alemanha.

a. Qual foi o mais importante evento na Alemanha em 1871?

b. Qual famoso compositor transformou o estilo operístico durante o tempo de vida de Cantor?

c. Qual conflito internacional ocorreu nos últimos anos de vida de Cantor?

PROJETOS

1. Escreva um texto comparando e contrastando o conceito matemático de infinito com a ideia de infinito como ela ocorre em alguma outra área ou é vista de outro ponto de vista. Use qualquer fonte que desejar, mas lembre-se de creditar as ideias e afirmações dizendo de quais fontes foram tiradas.

2. Encontre, escreva e esteja preparado para apresentar ou explicar uma demonstração de pelo menos um dos seguintes fatos estabelecidos por Cantor:

   a. O conjunto dos números racionais é do mesmo tamanho que o conjunto dos números naturais.

   b. O conjunto dos números reais *não* é do mesmo tamanho que o conjunto dos naturais.

   c. Nenhum conjunto é do mesmo tamanho que o conjunto de todos os seus subconjuntos. (Isso implica que há infinitos tamanhos diferentes de conjuntos infinitos!)

3. Os matemáticos gregos, talvez pela influência de Aristóteles, eram muitos cautelosos quanto ao infinito. Mas, no começo dos tempos modernos, matemáticos como Galileu, Kepler e Cavalieri pareciam muito mais confortáveis com coleções infinitas. Mesmo assim, foi só depois do trabalho de Cantor que infinitos, de fato, começaram a ser parte normal da matemática. Escreva um texto especulando sobre as mudanças culturais que poderiam ter influenciado esse desenvolvimento.

O QUE LER EM SEGUIDA

A história da matemática é enorme e fascinante. Como este livro não pode fazer mais do que abrir a cortina e deixar seus leitores darem uma espiada, é importante fornecer também um guia para a literatura.

Bibliografias seletivas como esta são sempre o resultado das preferências pessoais dos autores e envolvem julgamentos que são necessariamente subjetivos e, muitas vezes, questões de grau. Usamos dois critérios principais ao escolher e discutir livros. Primeiro, escolhemos livros que não são de leitura muito difícil e não têm demasiados pré-requisitos matemáticos ou históricos. Segundo, tentamos escolher livros que são fontes confiáveis. É claro que a história da matemática é história e não matemática. Como em toda escrita histórica, muitas vezes há espaços para discordância entre historiadores; em outras, tais discordâncias tornam até mais interessante aprender o assunto. Ainda assim, quase sempre evitamos livros que sejam amplamente considerados ultrapassados, altamente especulativos ou dados a muitos erros.

O que oferecemos aqui é uma pequena seleção de livros, aqueles que nos parecem especialmente dignos de atenção. Veja as observações ao fim de cada esboço e ao fim de cada seção da visão geral para seguir as referências. Aqui, sempre nos referimos aos livros por seu título seguido por um número entre colchetes. Os números se referem às citações mais completas na bibliografia.

A PRATELEIRA DAS REFERÊNCIAS

Vamos considerar o que poderia estar presente em uma prateleira ideal de livros de referência. Esses são livros indicados para a busca de respostas a questões específicas ou para uma visão geral de um período em particular.

O primeiro livro que deveria estar em nossa prateleira seria sobre história da matemática, grande e formal. Há um bom número deles. Alguns foram escritos para cursos (é fácil perceber, pois eles contêm exercícios!), outros são dirigidos a uma categoria mais ampla de leitores, e uns poucos são realmente dirigidos aos matemáticos profissionais. Dos que estão disponíveis hoje, o melhor é provavelmente *A History of Mathematics* [80], de Victor J. Katz. É um livro enorme, com muitas informações. Katz acompanha a pesquisa histórica atual e fornece boas referências. Sua obra não é a mais fácil de ser lida entre os grandes livros de história, mas é o primeiro para o qual olharíamos.

Várias outras histórias em um volume têm suas virtudes. *An Introduction to the History of Mathematics* [48], de Howard Eves, e *The History of Mathematics* [21], de David M. Burton, são ambos pensados como livros-texto, mais acessíveis e menos volumosos que Katz. *The Rainbow of Mathematics* [66], de Ivor Grattan-Guiness, que se destina a uma audiência mais ampla, porém ainda é um tanto técnico, é interessante, porque presta muito mais atenção do que outros à matemática recente e à matemática aplicada. Abra Katz, Eves ou Burton no meio e você provavelmente encontrará um capítulo sobre a matemática medieval; abra o *Rainbow* no meio e você se verá no século XVIII. Isso reflete com precisão a enorme explosão na quantidade de matemática produzida desde o início dos tempos modernos. Entretanto, significa que muitos dos tópicos discutidos por Grattan-Guiness são mais avançados e, assim, exigem mais conhecimento matemático do leitor.

Três outros livros merecem ser mencionados aqui. *The History of Mathematics: A Brief Course* [28], de Roger Cooke, é baseado em um curso que o autor ministra na Universidade de Vermont. Como ele diz na Introdução, o livro reflete seus interesses e é, às vezes, idiossincrático, mas é interessante e divertido de ler. *A History of Mathematics* [133] é de Jeff Suzuki e semelhante em tamanho ao livro de Katz. Suzuki focaliza a "matemática elementar", o que para ele significa a matemática até o nível de um estudante de graduação de matemática. Ele faz um esforço para incluir a matemática de hoje em sua forma histórica original. *A Concise History of Mathematics,* de Dirk Struik, tem a virtude, não sem importância, de ser *curto* sem sacrificar a precisão. É um livro valioso, mas algumas de suas concisões são obtidas supondo que o leitor não precisa que o autor explique a matemática, só a história, de modo que os pré-requisitos matemáticos são grandes.

Uma prateleira de referência de uma boa biblioteca deveria conter *Companion Encyclopedia of the History and Philosophy of Mathematical Sciences* [64], em dois volumes, editado por Grattan-Guiness. Como a maior parte dos livros que reúnem artigos de muitos autores, esse é irregular, mas ainda assim é uma grande fonte para histórias curtas sobre assuntos específicos e para referências bibliográficas. Também merece ser consultado o *Dictionary of Scientific Biography* [62], um conjunto em muitos volumes que contém biografias curtas de cientistas e matemáticos. As biografias no *DSB* são frequentemente o melhor ponto de partida para estudos sérios de matemáticos individualmente.

Mathematics Across Cultures [123], de Selin e D'Ambrosio, é também uma coleção de artigos, agora focalizando a matemática de culturas não ocidentais, inclusive algumas culturas antigas. Como o tópico é às vezes sub-representado nas grandes histórias, esse livro é um complemento valioso. As raízes não européias da matemática são também examinadas em George Gheverghese Joseph, no *The Crest of the Peacock* [78].

Duas outras coleções de artigos são também boas fontes. A primeira é *From Five Fingers to Infinity* [136], editado por Frank Swetz. Reúne artigos sobre a história da matemática, extraídos de jornais dirigidos a uma ampla clientela matemática (como *The Mathematics Teacher* e *Mathematics Magazine*). Alguns desses artigos são verdadeiras joias, e o livro é útil e divertido de ler. Semelhante, mas com muito mais amplo espectro, é o *The World of Mathematics* [104], uma coleção em quatro volumes reunida por James R. Newman, que tenta dar a não especialistas acesso ao mundo da matemática. Inclui ficção, história, biografia, artigos expositórios e muito mais. Os artigos especificamente históricos estão no primeiro volume.

Alguns livros mais especializados são dignos de nota. *The Historical Roots of Elementary Mathematics* [20], de Lucas N. H. Bunt, Philip S. Jones e Jack D. Bediant, concentra-se somente em partes elementares da matemática e faz um bom trabalho de explicar sua história. *A History of Mathematical Notations* [23], de Florian Cajori, é a melhor exposição de como a notação matemática se desenvolveu e pode frequentemente dar a resposta correta a "quem foi o primeiro a usar este símbolo", e questões assim (mas ver a seção a seguir, "Outros Meios", para um rival moderno). Também interessante é *Numbers Words and Number Symbols* [96], que se descreve como "história cultural dos números", de autoria de Karl Menninger. Contém muita informação sobre como várias culturas usaram números, incluindo uma discussão a respeito de artefatos como o ábaco.

O papel das mulheres na história da matemática é explorado em vários bons livros com títulos praticamente idênticos. *Women of Mathematics* [69], que se denomina "um livro de fontes bibliográficas", é uma compilação de breves biografias e referências da literatura para 43 matemáticas, das quais todas menos três viveram nos séculos XIX ou XX. As biografias são bastante boas de ler, e um bom ponto de partida para pesquisa de estudantes sobre mulheres em particular. *Notable Women in Mathematics* [100] é bastante semelhante e talvez um pouco mais fácil de ler. Um tanto mais sofisticado é *Women in Mathematics* [73], de Claudia Henrion, que usa as histórias de nove matemáticas contemporâneas (a maioria ainda está ativa) para explorar o mais amplo contexto profissional para mulheres no campo. (Ver também *Women in Mathematics* [105], de Lynn Osen, que discutiremos na próxima seção.)

Finalmente, alguns livros são simplesmente divertidos. Howard Eves reuniu várias coleções de anedotas sobre matemáticos em sua série *Mathematical Circles*

[45, 46, 47, 49, 52]. São de leitura agradável e uma boa fonte de histórias que podem dar mais interesse a uma aula.[1] *Mathematical Apocrypha* [87], de Steven Krantz, é semelhante. Livros de citações também podem ser divertidos; dois bons são *Memorabilia Mathematica* [99] (um livro mais antigo) e *Out of the Mouths of Mathematicians* [120] (mais recente). Você também pode achar coleções de citações de matemáticos na internet: a Furman University Mathematical Quotations Server em: <http://math.furman.edu/~mwoodard/mquot.html> é uma boa fonte. Finalmente, há *Stamping Through Mathematics* [140], de Robin Wilson. Esse belo livro reproduz selos tratando de matemática e matemáticos, organizados em ordem histórica. O resultado é fascinante e é fonte de visuais interessantes para apresentação a uma classe.

QUINZE LIVROS HISTÓRICOS QUE VOCÊ DEVERIA LER

Os livros que descrevemos até agora são úteis como referências, mas poucos leitores irão querer lê-los do começo ao fim. Nesta seção, oferecemos uma lista curta de livros de história que pensamos ser agradáveis e merecedores de leitura. Alguns deles foram escritos por historiadores, outros por autores que utilizaram pesquisa histórica já produzida. Exceto quando indicado, achamos que esses livros são fontes confiáveis; mesmo assim, todo leitor de escritos históricos deveria "confiar, mas verificar".

Number: the Language of Science [33], de Tobias Dantzig, é uma crônica eloquente, de visão profunda, da evolução do conceito de número de seus inícios primitivos na pré-história até a moderna sofisticação dos números complexos e transfinitos. No caminho, a história de Dantzig aborda também muitos tópicos do início da álgebra e geometria, fornecendo uma perspectiva bem elaborada e unificadora da história da matemática.

O livro de William Dunham, *Journey Through Genius: The Great Theorems of Mathematics* [40], trata da história da matemática abordando uma pequena seleção de teoremas importantes. Cada capítulo contém uma extensa introdução histórica ao assunto, uma exposição sobre a prova do teorema e, então, um sumário do que aconteceu com o resultado depois de ser demonstrado pela primeira vez. O resultado é um livro com real conteúdo matemático, que definitivamente ainda é agradável de se ler.

Men of Mathematics [13], de E. T. Bell, é uma coleção de biografias de matemáticos (nem todos são homens!) no decorrer da história, de boa leitura e atraentes. Bell

[1] A Mathematical Association of America tem planos de reimprimir esses livros logo, provavelmente reunindo-os em um número menor de volumes.

sabe como escrever uma história divertida, e faz de tudo para que o leitor realmente se interesse pela vida dos matemáticos sobre os quais escreve. Esse livro perdeu parte de sua popularidade original, não (ou pelo menos não primariamente) por causa do título politicamente incorreto, mas porque Bell tem liberdade demais em relação às suas fontes (alguns críticos diriam "porque ele inventa coisas"). O livro é divertido de ler, mas não acredite apenas em Bell quanto aos fatos.

Women in Mathematics [105], de Lynn Osen, tem foco na vida de oito matemáticas, espalhadas no espectro de tempo da era grega até o começo do século XX. Apesar de discrepâncias com a pesquisa histórica mais recente, as histórias que ela conta são interessantes e informativas. As seções introdutória e final são exposições que fazem pensar sobre as circunstâncias que tornavam as mulheres quase invisíveis na história da matemática antes do século XX.

Howard Eves escreveu dois livros contendo curtas narrações de episódios na história da matemática. Chamam-se *Great Moments in Mathematics (before 1650)* [50] e *Great Moments in Mathematics (after 1650)* [51]. Muito do material no primeiro volume trata de tópicos também discutidos neste livro, em geral com muito mais detalhe na matemática. O segundo volume é mais avançado (por exemplo, inclui uma boa discussão de geometria não euclidiana).

Longitude [131] de Dava Sobel fornece um bom quadro das interações entre matemática, astronomia e navegação no século XVIII ao relatar a vida de John Harrison, o mestre-fabricante de relógios que resolveu o problema de marcar o tempo confiavelmente no mar.

Poetry of the Universe [106], de Robert Osserman, é uma exposição curta e boa de se ler a respeito de como as ideias sobre geometria afetaram nossa visão do universo em que vivemos. No caminho, Osserman inclui material sobre a história da geometria, inclusive uma boa discussão das geometrias não euclidianas.

$E = mc^2$: A Biography of the World's Most Famous Equation [17], de David Bodanis, é na verdade mais uma genealogia que uma biografia. Traça as raízes matemáticas e científicas da visão de Einstein, que alterou o mundo, e prevê a história continuada de algumas consequências. Bodanis dá vida tanto à ciência quanto à história em seu interessante, amplo e acessível livro.

Livros sobre matemática antiga são frequentemente difíceis, o que é uma pena, porque o assunto é fascinante. Dois livros mais acessíveis são *Episodes from the Early History of Mathematics* [1], de Asger Aaboe, e *Ancient Mathematics* [32], de S. Cuomo. Esse último é particularmente bom (e atualizado) como exposição da matemática grega e helenística, escrita para não especialistas.

Como a matemática do século XX é muito técnica, é difícil expor bem sua história. Biografias e entrevistas são um modo de ter um sentimento do que se passa. Dois livros que usam biografias como ponto de entrada na história são *The Lady Lasting Tea* [119], de David Salsburg, uma história da estatística no século XX, e *The Honors Class* [141], de Benjamin Yandell, que focaliza a vida dos matemáticos que trabalharam em problemas propostos por David Hilbert no Congresso Internacional de Matemática de 1900. Também recomendamos *Mathematical People* [3] e *More Mathematical People* [4], editados por Donald J. Albers e Gerald L. Alexanderson, que contêm entrevistas com matemáticos e pessoas que estejam de algum modo associadas com a matemática.

A INTERNET E OUTROS MEIOS DE COMUNICAÇÃO

Informação histórica não é apenas encontrada em livros. Nos dias de hoje, você também pode encontrá-las na internet e, algumas vezes, em vídeo e em CD-ROM. Esta seção destaca algumas das matérias mais interessantes que estão por lá, sem tentar ser completa ou detalhada.

A internet se tornou uma fonte importante para aqueles que estão interessados na história da matemática. Há muitos sites que tratam do assunto. Como sempre, o maior problema é a confiabilidade: como é muito fácil criar um site, nem sempre se tem certeza da qualidade da informação. Aqui, também, é melhor "confiar, mas verificar".

Listamos apenas alguns sites que parecem particularmente úteis. Tenha em mente que sites mudam com frequência; não podemos garantir que estes endereços eletrônicos permaneçam corretos. Se você descobrir que algum deles parou de funcionar, é bem possível encontrar o site novamente, usando um mecanismo de busca da internet.

Um bom lugar para começar é o *MacTutor History of Mathematic Archive* em:

<http://www-groups.dcs.st-andrews.ac.uk/~history>.

Há bastante material aqui, mas o aspecto mais útil desse site é a enorme coleção de pequenas biografias de matemáticos. Os relatos biográficos incluem citações, fotografias (quando possível) e, com frequência, também outros materiais.

Um site chamado *The History of Mathematic*, mantido por David R.Wilkins em:

<http://www.tcd.ie/pub/HistMath>,

é uma boa ilustração de algo que pode ser bem feito na internet. Nesse site pode-se encontrar versões on-line da maioria dos trabalhos de George Berkeley, William Hamilton e Bernard Riemann, além de material sobre George Boole, Isaac Newton e Georg Cantor. Para as pessoas que quiserem olhar nas fontes originais, é a descoberta de um tesouro. Também nesse site você encontrará uma coleção de atalhos para outros endereços que tratam da história da matemática.

Dois endereços eletrônicos, ambos mantidos por Jeff Miller, um professor da Gulf High School em New Port Richey, na Flórida, são úteis e divertidos. O primeiro é *Earliest Uses of Various Mathematical Symbols*, em:

<http://members.aol.com/jeff570/mathsym.html>

Ele trata da história das notações matemáticas e outros símbolos. De certa forma, é a réplica moderna do livro de Florian Cajori, já mencionado. Seu endereço irmão, *Earliest Known Uses of Some of The Words of Mathematics*, em:

<http://members.aol.com/jeff570/mathword.html>,

trata dos termos matemáticos e sua origem. Ambos os endereços contêm muito material que pode ser usado para enriquecer uma aula de matemática.

Um endereço final que vale a pena mencionar é na realidade uma subpágina de *Math Forum @ Drexel*, um endereço eletrônico enorme e muito útil da Drexel University que coleciona recursos matemáticos de todos os tipos. O endereço principal é <http://mathforum.org>. O *Forum* mantém uma grande coleção de atalhos de história da matemática (mais de 500 deles, sobre todos os tipos de assunto) em:

<http://mathforum.org/library/topics/history>.

Vídeos também são uma forma útil para materiais históricos, já que permitem uso de imagens e animação. Entre diversas possibilidades, algumas velhas, outras novas, talvez o mais acessível seja *Project MATHEMATICS!*, que produz filmes e módulos para aulas que podem ser usados juntos. Muitos de seus filmes têm um forte componente histórico. Você pode encontrar mais informações sobre os vídeos e o projeto on-line em: <http://www.projectmathematics.com>, e também na Mathematical Association of America Bookstore em: <http://www.maa.org>. Tanto a PBS quanto a BBC também produziram alguns bons programas em vídeo que tratam de tópicos relacionados à história da matemática. Alguns deles podem ser obtidos pela PBS on-line em: <http://www.shop.pbs.org>, ou na loja on-line do WGBH em: <http://www.wgbh.org/shop/>.

Em CD-ROM, existe uma fonte importante que pode estar disponível em algumas bibliotecas: *The History of Mathematics from Antiquity to the Present: A Selective Annotated Bibliography,* editado por J. W. Dauben e A. C. Lewis. Essa é uma bibliografia enorme e detalhada, que faz referências a artigos e livros importantes. Muitos dos materiais que eles citam são bastante técnicos, mas esse CD-ROM ainda pode ser uma fonte útil de referência para aqueles cuja curiosidade não tenha sido satisfeita por este pequeno guia para a literatura.

REFERÊNCIAS

[1] Asger Aaboe. *Episodes From the Early History of Mathematics.* Mathematical Association of America, Washington, DC, 1964.

[2] Irving Adler. *Probability and Statistics for Everyman.* The John Day Co., New York, 1963.

[3] Donald J. Albers and Gerald L. Alexanderson, eds. *Mathematical People.* Birkhäuser, Boston, 1985.

[4] Donald J. Albers and Gerald L. Alexanderson, eds. *More Mathematical People.* Birkhäuser, Boston, 1990.

[5] Vladimir I. Arnold, Michael Atiyah, Peter Lax, and Barry Mazur, eds. *Mathematics: Frontiers and Perspectives.* American Mathematical Society, Providence, RI, 2000.

[6] Benno Artmann. *Euclid: The Creation of Mathematics.* Springer-Verlag, Berlin, Heidelberg, New York, 1999.

[7] Marcia Ascher. *Ethnomathematics: A Multicultural View of Mathematical Ideas.* Brooks/Cole, Pacific Grove, CA, 1991.

[8] William Aspray, ed. *Computing Before Computers.* Iowa State University Press, Ames, IA, 1990.

[9] Michael Atiyah. "Mathematics in the 20th century." *American Mathematical Monthly,* 108:654–666, 2001.

[10] Isabella Bashmakova and Galina Smirnova. *The Beginnings and Evolution of Algebra.* Mathematical Association of America. Washington, DC, 2000.

[11] Petr Beckmann. *A History of Pi.* Barnes & Noble, New York, 1993.

[12] Nadine Bednarz, Carolyn Kieran, and Lesley Lee, eds. *Approaches to Algebra: Perspectives for Research and Teaching.* Kluwer Academic, Dordrecht, Boston, London, 1996.

[13] E. T. Bell. *Men of Mathematics.* Simon & Schuster, New York, 1937.

[14] Deborah J. Bennett. *Randomness.* Harvard University Press, Cambridge, MA, 1998.

[15] J. L. Berggren. *Episodes in the Mathematics of Medieval Islam.* Springer-Verlag, Berlin, Heidelberg, New York, 1986.

[16] Lennart Berggren, Jonathan Borwein, and Peter Borwein. *Pi: A Source Book.* Springer-Verlag, Berlin, Heidelberg, New York, 1997.

[17] David Bodanis. *$E = mc^2$: A Biography of the World's Most Famous Equation.* Berkley Books, New York, 2000.

[18] Roberto Bonola. *Non-Euclidean Geometry: A Critical and Historical Study of its Development.* Dover Publications, New York, 1955.

[19] Carl B. Boyer. *History of Analytic Geometry.* Scripta Mathematica, New York, 1956.

[20] Lucas N. H. Bunt, Phillip S. Jones, and Jack D. Bediant. *The Historical Roots of Elementary Mathematics.* Dover Publications, New York, 1976.

[21] David M. Burton. *The History of Mathematics.* McGraw-Hill, New York, fourth edition, 1998.

[22] Florian Cajori. *A History of Mathematics.* AMS Chelsea Publishing, Providence, RI, fifth edition, 1991.

[23] Florian Cajori. *A History of Mathematical Notations.* Dover Publications, New York, 1993.

[24] Ronald Calinger, ed. *Vita Mathematica: Historical Research and Integration with Teaching.* Mathematical Association of America, Washington, DC, 1996.

[25] Georg Cantor. *Contributions to the Founding of the Theory of Transfinite Numbers.* Dover Publications, New York, 1955.

[26] Girolamo Cardano. *Ars Magna, or the Rules of Algebra.* Dover Publications, New York, 1993.

[27] Girolamo Cardano. *Autobiography.* I Tatti Renaissance Library. Harvard University Press, Cambridge, MA, a ser publicado.

[28] Roger Cooke. *The History of Mathematics: A Brief Course.* John Wiley & Sons, New York, 1997.

[29] H. S. M. Coxeter. *Non-Euclidean geometry.* Mathematical Association of America, Washington, DC, sixth edition, 1998.

[30] Peter R. Cromwell. *Polyhedra.* Cambridge University Press, Cambridge, 1997.

[31] John N. Crossley and Alan S. Henry. "Thus spake al-Khwārizmī: a translation of the text of Cambridge University Library ms. Ii.vi.5." *Historia Mathematica,* 17:103–131, 1990.

[32] S. Cuomo. *Ancient Mathematics.* Routledge, London and New York, 2001.

[33] Tobias Dantzig. *Number: The Language of Science.* The Free Press, New York, fourth edition, 1967.

[34] Lorraine Daston. *Classical Probability in the Enlightenment.* Princeton University Press, Princeton, NJ, 1988.

[35] Joseph Warren Dauben. *Georg Cantor: His Mathematics and Philosophy of the Infinite.* Princeton University Press, Princeton, NJ, 1990.

[36] Martin Davis. *The Universal Computer: The Road from Leibniz to Turing.* W. W. Norton, New York, 2000.

[37] R. Decker, and S. Hirschfield. *The Analytical Engine.* Wadsworth, Belmont, CA, 1990.

[38] René Descartes. *The Geometry of René Descartes: With a facsimile of the first edition.* Dover Publications, New York, 1954. Translated by David Eugene Smith and Marcia L. Latham.

[39] Keith Devlin. *Mathematics: the New Golden Age.* Columbia University Press, New York, second edition, 1999.

[40] William Dunham. *Journey Through Genius: The Great Theorems of Mathematics.* John Wiley & Sons, New York, New York.

[41] Björn Engquist and Wilfried Schmid, eds. *Mathematics Unlimited – 2001 and Beyond.* Springer-Verlag, Berlin, Heidelberg, New York, 2000.

[42] Euclid. *The Thirteen Books of Euclid's Elements.* Dover Publications, New York, 1956. Translated by Thomas L. Heath.

[43] Leonhard Euler. *Elements of Algebra.* Springer-Verlag, Berlin, Heidelberg, New York, 1984.

[44] Howard Eves. *A Survey of Geometry.* Allyn and Bacon, Boston, 1963.

[45] Howard Eves. *In Mathematical Circles.* Prindle, Weber & Schmidt, Boston, 1969.

[46] Howard Eves. *Mathematical Circles Revisited.* Prindle, Weber & Schmidt, Boston, 1972.

[47] Howard Eves. *Mathematical Circles Squared.* Prindle, Weber & Schmidt, Boston, 1972.

[48] Howard Eves. *An Introduction to the History of Mathematics.* Holt, Rinehart and Winston, New York, fourth edition, 1976.

[49] Howard Eves. *Mathematical Circles Adieu.* Prindle, Weber & Schmidt, Boston, 1977.

[50] Howard Eves. *Great Moments in Mathematics (before 1650).* Mathematical Association of America, Washington, DC, 1980.

[51] Howard Eves. *Great Moments in Mathematics (after 1650).* Mathematical Association of America, Washington, DC, 1981.

[52] Howard Eves. *Return to Mathematical Circles.* Prindle, Weber & Schmidt, Boston, 1987.

[53] Howard Eves and Carroll V. Newsom. *An Introduction to the Foundations and Fundamental Concepts of Mathematics.* Holt, Rinehart and Winston, New York, rev. ed. edition, 1965.

[54] John Fauvel and Jeremy Gray, eds. *The History of Mathematics: a Reader.* Macmillan Press Ltd., Basingstoke, 1988.

[55] John Fauvel and Jan van Maanen, eds. *History in Mathematics Education: an ICMI Study.* Kluwer Academic, Dordrecht, Boston, London, 2000.

[56] J. V. Field. *The Invention of Infinity: Mathematics and Art in the Renaissance.* Oxford University Press, Oxford and New York, 1997.

[57] David Fowler. "400 years of decimal fractions." *Mathematics Teaching,* 110:20–21, 1985.

[58] David Fowler. "400.25 years of decimal fractions." *Mathematics Teaching,* 111:30–31, 1985.

[59] David Fowler. *The Mathematics of Plato's Academy.* Oxford University Press/ The Clarendon Press, Oxford and New York, second edition, 1999.

[60] Paulus Gerdes. *Geometry from Africa: Mathematical and Educational Explorations.* Mathematical Association of America, Washington, DC, 1999.

[61] Judith L. Gersting and Michael C. Gemignani. *The Computer: History, Workings, Uses & Limitations.* Ardsley House, New York, 1988.

[62] Charles Coulston Gillispie, ed. *Dictionary of Scientific Biography.* Scribner, New York, 1970–1980.

[63] Herman H. Goldstine. *The Computer from Pascal to von Neumann.* Princeton University Press, Princeton, NJ, 1972.

[64] Ivor Grattan-Guinness, ed. *Companion Encyclopedia of the History and Philosophy of the Mathematical Sciences.* Routledge, London and New York, 1994. Paperback reprint, Johns Hopkins University Press, 2003.

[65] Ivor Grattan-Guinness, ed. *From the Calculus to Set Theory, 1630–1910: An Introductory History.* Princeton University Press, Princeton, NJ, 2000.

[66] Ivor Grattan-Guinness. *The Rainbow of Mathematics: A History of the Mathematical Sciences.* W. W. Norton, New York, 2000.

[67] Jeremy Gray. *The Hilbert Challenge.* Oxford University Press, Oxford and New York, 2000.

[68] Marvin Jay Greenberg. *Euclidean and non-Euclidean Geometries: Development and History.* W. H. Freeman and Company, New York, third edition, 1993.

[69] Louise S. Grinstein and Paul J. Campbell, eds. *Women of Mathematics.* Greenwood Press, Westport, CT, 1987.

[70] Ian Hacking. *The Emergence of Probability: A Philosophical Study of Early Ideas About Probability, Induction, and Statistical Inference.* Cambridge University Press, Cambridge, 1975.

[71] Cynthia Hay, ed. *Mathematics from Manuscript to Print. 1300–1600,* Oxford and New York, 1988. Oxford University Press/The Clarendon Press.

[72] J. L. Heilbron. *Geometry Civilized: History, Culture, and Technique.* Oxford University Press/The Clarendon Press, Oxford and New York, 1998.

[73] Claudia Henrion. *Women In Mathematics: The Addition of Difference.* Indiana University Press, 1997.

[74] C. C. Heyde and E. Seneta, eds. *Statisticians of the Centuries.* Springer-Verlag, Berlin, Heidelberg, New York, 2001.

[75] Victor E. Hill, IV. "President Garfield and the Pythagorean Theorem." *Math Horizons,* p. 9–11, 15, February 2002.

[76] Jens Høyrup. *In Measure, Number, and Weight: Studies in Mathematics and Culture.* State University of New York Press, Albany, NY, 1994.

[77] Jens Høyrup. "Subscientific mathematics: Observations on a pre-modern phenomenon." In *In Measure, Number, and Weight: Studies in Mathematics and Culture* [76], p. 23–43.

[78] George Gheverghese Joseph. *The Crest of the Peacock: Non-European Roots of Mathematics.* Princeton University Press, Princeton, 2000.

[79] Robert Kaplan. *The Nothing That Is.* Oxford University Press, Oxford and New York, 2000.

[80] Victor J. Katz. *A History of Mathematics.* Addison-Wesley, Reading, MA, second edition, 1998.

[81] Victor J. Katz, ed. *Using History to Teach Mathematics: an International Perspective.* Mathematical Association of America, Washington, DC, 2000.

[82] Omar Khayyam. *The Algebra of Omar Khayyam, translated by Daoud S. Kasir.* Columbia University Teachers College, New York, 1931.

[83] Muhammad ibn Musa Khuwarizmi. *The Algebra of Mohammed ben Musa,* edited and translated by Frederic Rosen, volume 1 of *Islamic Mathematics and Astronomy.* Institute for the History of Science at the Johann Wolfgang Goethe University, Frankfort am Main, 1997.

[84] Jacob Klein. *Greek Mathematical Thought and the Origin of Algebra.* Dover Publications, New York, 1992.

[85] Morris Kline. *Mathematical Thought from Ancient to Modern Times.* Oxford University Press, Oxford and New York, second edition, 1990.

[86] Wilbur R. Knorr. *The Ancient Tradition of Geometric Problems.* Dover Publications, New York, 1993.

[87] Steven Krantz. *Mathematical Apocrypha.* Mathematical Association of America, Washington, DC, 2002.

[88] Federica La Nave and Barry Mazur. "Reading Bombelli." *The Mathematical Intelligencer,* 24:12–21, 2002.

[89] R. E. Langer. "Josiah Willard Gibbs." *American Mathematical Monthly,* 46:75–84, 1939.

[90] Reinhard Laubenbacher and David Pengelley. *Mathematical Expeditions: Chronicles by the Explorers.* Springer-Verlag, Berlin, Heidelberg, New York, 1999.

[91] Yan Li and Shi Ran Du. *Chinese Mathematics.* Oxford University Press/The Clarendon Press, Oxford and New York, 1987.

[92] Michael S. Mahoney. *The Mathematical Career of Pierre de Fermat, 1601–1665.* Princeton University Press, Princeton, NJ, second edition, 1994.

[93] Eli Maor. *Trigonometric Delights.* Princeton University Press, Princeton, NJ, 1998.

[94] Jean-Claude Martzloff. *A History of Chinese Mathematics.* Springer-Verlag, Berlin, Heidelberg, New York, 1997.

[95] Barry Mazur. *Imagining Numbers (Particularly the Square Root of Minus Fifteen).* Farrar, Strauss and Giroux, New York, 2002.

[96] Karl Menninger. *Number Words and Number Symbols: A Cultural History of Numbers.* Dover Publications, New York, 1992.

[97] N. Metropolis, J. Howlett and Gian-Carlo Rota, eds. *A History of Computing in the Twentieth Century.* Academic Press, New York, 1980.

[98] Henrietta O. Midonick, ed. *The Treasury of Mathematics.* Philosophical Library, Inc., New York, 1965.

[99] Robert Edouard Moritz. *Memorabilia Mathematica.* Mathematical Association of America, Washington, DC, 1993.

[100] C. Morrow and Teri Perl. *Notable Women in Mathematics: A Biographical Dictionary.* Greenwood Press, Westport, CT, 1998.

[101] Paul J. Nahin. *An Imaginary Tale: The Story of* $\sqrt{-1}$. Princeton University Press, Princeton, NJ, 1998.

[102] Reviel Netz. *The Shaping of Deduction in Greek Mathematics.* Cambridge University Press, Cambridge, 1999.

[103] Otto Neugebauer. *The Exact Sciences in Antiquity.* Dover Publications, New York, second edition, 1969.

[104] James R. Newman, ed. *The World of Mathematics.* Dover Publications, New York, 2000.

[105] Lynn M. Osen. *Women in Mathematics.* The MIT Press, Cambridge, MA, 1974.

[106] Robert Osserman. *Poetry of the Universe.* Anchor Books, New York, 1996.

[107] Maria Parker, ed. *She Does Math!* Mathematical Association of America, Washington, DC, 1995.

[108] Teri Perl. *Math Equals.* Addison-Wesley, Reading, MA, 1978.

[109] Walter Prenowitz and Meyer Jordan. *Basic Concepts of Geometry.* Ardsley House, New York, 1989.

[110] R. Preston. "Profile: The Mountains of Pi." *The New Yorker,* p. 36–67, March 2, 1992.

[111] Helena M. Pycior. *Symbols, Impossible Numbers, and Geometria Entanglements: British Algebra Through the Commentaries on Newton's Universal Arithmetick.* Cambridge University Press, Cambridge, 1997.

[112] R. Rashed, ed. *Encyclopaedia of the History of Arabic Sciences.* Routledge, London and New York, 1996.

[113] Constance Reid. *Julia: a Life in Mathematics.* Mathematical Association of America, Washington, DC, 1996.

[114] H. L. Resnikoff and R. O. Wells, Jr. *Mathematics in Civilization.* Dover Publications, New York, 1984.

[115] Eleanor Robson. *Mesopotamian Mathematics, 2100–1600* BC; *Technical Constants in Bureaucracy and Education.* Clarendon Press, Oxford, 1999.

[116] John J. Roche. *The Mathematics of Measurement: A Critical History.* Athlone Press/Springer-Verlag, London/New York, 1998.

[117] B. A. Rosenfeld. *A History of Non-Euclidean Geometry: Evolution of the Concept of a Geometric Space.* Springer-Verlag, Berlin, Heidelberg, New York, 1988.

[118] Margaret Rossiter. *Women Scientists in America.* Johns Hopkins University Press, Baltimore, 1982.

[119] David Salsburg. *The Lady Tasting Tea.* W. H. Freeman, New York, 2001.

[120] Rosemary Schmalz. *Out of the Mouths of Mathematicians.* Mathematical Association of America, Washington, DC, 1993.

[121] Denise Schmandt-Besserat. "Oneness, twoness, threeness." In Swetz [136], p. 45–51.

[122] Denise Schmandt-Besserat. *The History of Counting.* Morrow Junior Books, New York, 1999. Illustrated by Michael Hays.

[123] Helaine Selin and Ubiratan D'Ambrosio, eds. *Mathematics Across Cultures: The History of Non-Western Mathematics.* Kluwer Academic, Dordrecht, Boston, London, 2000.

[124] Kangshen Shen, John N. Crossley, and Anthony W.-C. Lun. *The Nine Chapters on the Mathematical Art: Companion and Commentary.* Oxford University Press, Oxford and New York, 1999.

[125] John R. Silvester. Decimal déjà vu. *The Mathematical Gazette,* 83:453–463, 1999.

[126] Simon Singh. *Fermat's Enigma.* Walker and Co., New York, 1997.

[127] David Singmaster. *Chronology of recreational mathematics.* Online at <http://anduin.eldar.org/~problemi/singmast/recchron.html>.

[128] David Singmaster. "Some early sources in recreational mathematics." In Hay [71], p. 195–208.

[129] David Eugene Smith. *History of Mathematics.* Dover Publications, New York, 1958.

[130] David Eugene Smith. *A Source Book in Mathematics.* Dover Publications, New York, 1959.

[131] Dava Sobel. *Longitude: The True Story of a Lone Genius Who Solved the Greatest Scientific Problem of His Time.* Penguin Books, New York, 1995.

[132] Stephen M. Stigler. *The History of Statistics.* Harvard University Press, Cambridge, MA, 1986.

[133] Jeff Suzuki. *A History of Mathematics.* Prentice Hall, Upper Saddle River, NJ, 2002.

[134] Frank Swetz, John Fauvel, Otto Bekken, Bengt Johansson, and Victor Katz, eds. *Learn from the Masters.* Mathematical Association of America, Washington, DC, 1995.

[135] Frank J. Swetz. *Capitalism and Arithmetic: The New Math of the 15th Century, including the full text of the Treviso Arithmetic of 1478, translated by David Eugene Smith.* Open Court, La Salle, IL, 1987.

[136] Frank J. Swetz, ed. *From Five Fingers to Infinity.* Open Court, Chicago, 1994.

[137] Richard J. Trudeau. *The Non-Euclidean Revolution.* Birkhäuser, Boston, MA, second edition, 1995.

[138] V. A. Varadarajan. *Algebra in Ancient and Modern Times.* American Mathematical Society, Providence, RI, 1998.

[139] D. T. Whiteside, ed. *The Mathematical Papers of Isaac Newton.* Cambridge University Press, Cambridge, 1972.

[140] Robin J. Wilson. *Stamping Through Mathematics.* Springer-Verlag, Berlin, Heidelberg, New York, 2001.

[141] Benjamin H. Yandell. *The Honors Class: Hilbert's Problems and Their Solvers.* A K Peters, Natick, MA, 2001.

ÍNDICE REMISSIVO

A

Aaboe, Asger 255
ábaco 25, 70-72, 229
abacistas 34, 138
Abel, Niels Henrik 50
abordagem por épsilon-delta 49
abstração 51-56, 80
Abū Kāmil 135
Academia Francesa de Ciências 48
academias reais 45
Ada (linguagem de programação) 231
adição 102, 187, 230
Aeterni Patris 246
afro-americanos 63
Agnesi, Maria Gaetana 44
agrupamento 8, 68, 74-75, 77, 79, 119-120
Aiken, Howard 233
Albers, Donald 256
Alberti, Leone Battista 205
Alexanderson, Gerald L. 256
Alexandre, o Grande 19
Alexandria 14, 19, 159
algarismo 69, 156, 248
Algebra (Bombelli) 39-40
álgebra 13, 27, 29-30, 33, 37, 39-46, 117, 121, 131, 186
  abstrata 51, 55, 137
  booleana 232, 237
  da lógica 238
  geométrica 62
  retórica 32, 119, 123
  teorema fundamental da 49
algoritmo 33, 81
al-jabr w'al-muqabāla 29, 117
Al-Kashi 31
Al-Khāyammī, 'Umar 30, 137, 141
Al-Khwārizmī, Muḥammad Ibn Mūsa 29, 33, 30, 96, 131
Almagest (Ptolomeu) 189
análise 23, 36, 41
Análise Exploratória de Dados 224
Analyst, The (Berkeley) 47
ângulo 17, 21, 27, 115, 187, 189
anuidades 220
Apolônio 20, 151, 174, 177
aproximação 9, 27, 31, 73
Aquino, São Tomás de 246
área 9, 15, 17, 20, 43, 96, 145
Argand, J. R. 185, 187
Aristóteles 14, 18, 19, 32, 33, 160, 166, 237, 243
Arithmetica (Diofante) 96, 98, 120
Arithmetica Infinitorum (Wallis) 98
Arithmetica Integra (Stifel) 120
aritmética 3, 15, 22, 32-35, 37, 40
  binária 230
  decimal 91, 120
  política 220

fundamentos da 50
símbolos da 73, 78
armazenamento de dados 234
Arnauld, Antoine 98
Arquimedes 14, 20, 62, 110-112, 169
Ars Conjectandi (Bernoulli) 214, 216, 221
Ars Magna (Cardano) 38, 119, 140-141, 181, 260
arte 36, 210, 214
arte da álgebra 119
artefatos 240, 253
Artin, Emil 55
Āryabhaṭa 25, 27, 190
asterisco 76
astrologia 21, 35
astronomia 11, 15, 21, 25, 28, 31, 35, 42, 190-192, 221
Atanasoff, John 233
atividades dos estudantes 4
Ato de Conversão Métrica 104
atuários 220
axioma 13, 148, 159, 161-162, 164-165, 199, 207-208
azulejos 31

B

Babbage, Charles 230
Bagdá 26, 28-29, 33, 131, 145, 203
Beckmann, Petr 259
Bediant, Jack D. 253, 260
Bell Labs 70, 234
Bell, E. T. 164, 254, 260
Berkeley, George 46, 185, 256
Berlim 45, 49
Bernoulli, Daniel 44
Bernoulli, Jakob 44, 216, 221
Bernoulli, Johann 44, 45
Berry, Clifford 233
Bhāskara I 25
Bhāskara II 27, 28
Bills of Mortality 219-220
biologia 58-59
bit 224, 235
Bizâncio 24
Bletchley Park 233
Bodanis, David 255, 260
Bólyai, János 51, 200
Bombelli, Rafael 39, 120, 140, 182
Boole, George 232, 238, 242, 256
Bourbaki, Nicolas 55-56
Brahmagupta 25, 27-28, 96
Brunelleschi, Filippo 205
buckyball 170
Bullock, James O. 63
Bunt, Lucas N. H. 253, 260
Burton, David M. 252, 260

C

Cajori, Florian 253, 257, 260
calculadoras 60, 70, 76-77, 92-93, 113, 194, 240
cálculo 42, 44, 49, 142, 178
Cantor, Georg 50, 249, 260-261
caos 52
determinístico 52
característica universal 232
Cardano, Girolamo 38, 119, 139, 142, 181, 212, 260
cardinalidade 249
cartões perfurados 231-232
Casa da Sabedoria 29, 131
Cauchy, Augustin Louis 48-49, 182
Cavalieri, Bonaventura 43
censo 119, 232, 234
centímetro 104
Châtelet, Emilie de 45
China 7, 12, 25, 35, 97, 144
Chudnovsky, Gregory & David 110
Chuquet, Nicholas 120
cicloide 193

ciência atuarial 220
ciência da computação 57, 224
cifra 79-80, 84
cilindro 43
cinemática 33
circuito integrado 228
círculo 9, 17, 109-111, 165, 204
círculo máximo 201, 203-204
círculo unitário 46, 189
Clavis Mathematicae (Oughtred) 74-75
Clay Mathematics Institute 59, 62, 156
código 40, 58, 235-236
código ASCII 236
código corretor de erro 236
Código Enigma 232
Colby College 193
Colossus 233, 235
combinações 67, 69, 154, 220-221, 226
combinatória 27, 31, 238
comércio 14, 33, 48, 59, 92, 97, 103, 106, 108, 221
competições 38, 64, 138
comportamento humano 223
comprimento 17, 30, 175
computadores 57, 59, 178, 229-232, 234-237
conectivos lógicos 241
Congresso Internacional de Matemática 53, 256
Conjectura de Goldbach 245
constante 17, 109-110, 121-122, 126-128, 229
construção 13, 23, 52, 138, 165, 207, 223, 233, 245
contagem 2, 67, 69, 71, 80, 89, 95, 225
contexto 3-4, 10, 21, 52, 62-63, 100, 204, 253
controle de qualidade 223-224, 227
convergência 49
Cooke, Roger 252, 260
coordenadas cartesianas 173
Copérnico 22, 188
corda 26, 189-191, 194-195
cosa 37, 118-119
Coss (Rudolff) 118-119
Cox, Elbert F. 63
cristianismo 23, 62
Crotona 16
cubo 20-21, 119, 167-170
cubos de vácuo 227-228
Cuomo, S. 255, 261
curva normal 221, 226-227
curvas planas 36

D

da Vinci, Leonardo 78, 142, 206
Daboll's Schoolmaster's Assistant 126, 130
dado 212-213
D'Alembert, Jean le Rond 47, 99
D'Ambrosio, Ubiratan 266
Dantzig, Tobias 254, 261
Darwin, Charles 188, 223
Dauben, J. W. 257
d'Aurillac, Gerbert 32
Davis, Martin 70, 261
De Arte Combinatoria (Leibniz) 238
de Colmar, Charles 230
De Moivre, Abraham 184, 221
De Morgan, Augustus 99, 101-102, 215, 231, 238, 242
De Triangulis Omnimodis (Regiomontanus) 36, 191
de Witt, Jan 176
decâmetro 104
decimais repetidos 92
decímetro 104-105
Declaração de Independência 162
Dedekind, Richard 50
dedo 66, 69, 103
del Ferro, Scipione 38, 138-139
della Francesca, Piero 142, 206
demonstração 19, 23, 155

demonstração em duas colunas 159
denominador 88-90, 92-93, 98, 114
denso 186, 215, 244
derivada 49
Desargues, Gérard 206
Descartes, René 41, 43, 75, 101, 121, 123, 134, 162, 173, 175, 181, 261
Deus 139, 247
diagramas 22, 40, 46, 49, 62, 164, 178, 180, 187, 209, 233
dimensionalidade 40-41
dinâmica 52, 58
Dinastia dos Abássidas 28
Dinastia Qin 12
Diofante 22, 40-41, 88, 96, 134, 152-153, 158
dipirâmide triangular 172
Dirichlet, Lejeune 154
Discourse on Method (Descartes) 41
Disquisitiones Arithmeticae (Gauss) 48
distância da fórmula 146
distribuição binomial 226
diversidade 60
divisão 15, 76-77, 90, 93, 216
dodecaedro 167-170
domínio de integridade 83
dualidade 207-208
Dunham, William 254, 261
duplicando o cubo 21
Dürer, Albrecht 36, 78, 206
Dymaxion Map 172

E

Eckert, J. Presper 233
École Polytechnique 48-49
Edgeworth, Francis 223
EDSAC 234
educação 18, 32, 143, 216
Egito 7, 12, 14-15, 19, 159
Einstein, Albert 63
eixo vertical 173-174
eixo x 98, 179-180, 187
eixo y 173, 179-180
elemento neutro da soma 83
Elements (Euclides) 164, 261
Elements of Algebra (Euler) 99, 185, 261
Elements of Mathematics (Bourbaki) 55-56
eliminação de Gauss 35
elipse 42, 88, 170, 206, 208-209
Enciclopedistas 99
Encyclopédie ou Dictionnaire Raisonné des Sciences, des Arts, et des Métiers 99
ENIAC 110, 233, 235
entendimento 3
equação(ões)
    cúbicas 38-39, 95, 97, 137-142, 182-183, 187, 191-192
    diferenciais 57-58
    quadrática 11, 39, 96, 133, 135, 181, 187
escribas 7-12, 67, 88, 95, 125
esfera 196, 199
    celeste 36, 189
Espanha 28, 32-34, 74, 104, 188
especialização 54
esperança 50, 60
espiral de Arquimedes 20
Estados Unidos 104, 158
estatística 58, 215-222
estatísticos 219
etnomatemática 7, 62
Euclides 14, 19-20, 30-32, 157, 197
Euclides Vindicatus (Saccheri) 199
Eudemus 23
Euler, Leonhard 45, 99-100, 110, 153, 157, 184, 193, 245, 261
Europa medieval 32, 34, 159
Eves, Howard 118, 253, 261-262
expectativa de vida 220, 223
expoente 120-122, 153-155

F

falsa posição 126, 128-130
dupla 126, 128-130
fantasmas 47
Fermat, Pierre de 41, 151, 157, 174, 211, 264
Ferrari, Lodovico 39, 139
Fibonacci 33, 88, 129
Fincke, Thomas 192
Fiore, Antonio Maria 139
Fisher, R. A. 224
física 1, 16, 45-46, 58-59
Flowers, Tommy 233
Fontana, Niccolò (Tartaglia) 38, 138
fórmula quadrática 38, 132-133, 135, 181
Fourier, Joseph 51
frações 9, 10, 87-95, 152
decimais 91
impróprias 89
sexagesimais 10, 67, 88, 93-94, 136
unitárias 85
fractais 57
função(ões) 33, 45, 82, 175, 193-195
trigonométrica 36, 57, 187
fundamentos da matemática 54, 247-248

G

Galileu 142
Galois, Évariste 50
Galton, Sir Francis 223
Gardiner, Tony 92
Gauss, Carl Friedrich 2, 48, 199, 243
geodésica 203
geometria 15, 25, 32, 39-45, 50, 62, 148
em coordenadas 148, 151
esférica 21, 35
euclidiana 200-202, 207
não euclidiana 201-204, 255
plana 19, 51, 159-162, 164-165, 199-200
projetiva 205-207, 209-210
riemanniana 58, 200-204
geometria analítica 173-178
geometria de Lobachevsky 201-202, 204
geometria em coordenadas 148, 151
geometria esférica 21, 35
geometria euclidiana 200-202, 207
geometria não euclidiana 202-204, 255
geometria plana 19, 51, 159-162, 164-165, 199-200
geometria projetiva 205-207, 209-210
Géométrie (Legendre) 75
Gerdes, Paulus 144, 262
Germain, Sophie 51-52, 153, 156-158
gigâmetro 104
Girard, Albert 74, 183
Gosset, William S. 223
governo(s) 3, 58, 214, 219
Grã-Bretanha 76, 162, 188
grado 105, 107
grama 105
Grattan-Guinness, Ivor 262
Graunt, John 219
gravitação 44, 51
Gray, Jeremy 262-263
Grécia 5, 14, 17, 31, 68, 88, 137, 144, 150
Grounde of Artes, The (Recorde) 37
grupo cíclico 187

H

Hadamard, Jacques 186
Halley, Edmund 220
Harriot, Thomas 43, 75, 81, 84, 121, 123, 134
Harvard University 158, 260, 266
Heath, Sir Thomas L. 164
hectômetro 104
hemisfério 9
Henrion, Claudia 253, 263
hereditariedade 223
Hérigone, Pierre 123
Heron 15, 24, 110, 114
hexadecimal 235-236
hexaedro 167, 169

hexágono 168-169, 208-209
hexagrama místico 208-209
Hilbert, David 53, 256
Hiparco 26, 189-190
Hipátia 23
hipótese de Riemann 52, 242
Hollerith, Herman 232
homem médio 223
Huygens, Christiaan 213

I

IBM 230-233, 235, 237
ICM 4, 53, 64, 262
ICMI 4, 262
icosaedro 167-171
ideias unificadoras 52, 54, 60
Igreja Católica 43, 246-247
igualdade 74-75, 77-78, 119, 122, 147
Império Islâmico 5, 24, 28, 33
impressão 36, 45, 59, 90, 118
incerteza 216, 220
incógnita 38, 41, 113, 115, 117, 130
incomensuráveis 16, 18, 243
Índia 5, 7, 25, 29, 242
indivisíveis, princípio dos 43
integral 49
Internet 58, 61, 256
Introduction to Arithmetic (Nichomachus) 156
Iraque 7, 28, 66, 145, 203
Itália 14, 137-139

J

Jacquard, Joseph-Marie 231
Jesuítas 35
Jiuzhang Suanshu 12
John of Seville 113
Jones, Phillip S. 260
Joseph, George Gheverghese 253, 263
Judaísmo 62

K

Kanada, Yasumasa 110
Katz, Victor 4, 266
Kepler, Johannes 42, 91, 94, 101, 170
Khayyam, Omar 263
Klein, Felix 52
Königsberg 36, 191
Krantz, Steven 254, 264
Kronecker, Leopold 245
Kummer, Ernst 154, 157

L

La Géométrie (Descartes) 75, 121, 123, 177-178
laço 231, 246
Lagrange, Joseph-Louis 46
Lambert, Johann 111
Lamé, Gabriel 154
Laplace, Pierre Simon 46, 215
Laws of Thought, The (Boole) 232, 239
Legendre, Adrien-Marie 154
Lei dos Grandes Números 212, 214-215, 221, 226
Leibniz, Gottfried Wilhelm 43, 237
Leis de De Morgan 241
Lewis, A. C. 257
Liber Abbaci 33, 37, 88, 129, 138
Liber de Ludo Aleae (Cardano) 212
Liber Quadratorum 34
Libéria 106
limite 49, 59, 61, 122, 243, 246, 248
Lincoln, Abraham 162
língua 14-15, 19, 29, 32, 61, 177
linha reta 196, 202
Liouville, Joseph 154
litro 105, 107
Liu Hui 12-13
Lobachevsky, Nicolai 51, 200
logarítmos 46, 194, 229
lógica 32, 49, 52, 159, 164, 225, 232, 235
  simbólica 232-234

Lovelace, Augusta Ada 231
lugar geométrico 174-175, 177-179

M

mágico de Oz, O 146
Mahāvīra 80, 84, 90
maia 34, 67-68, 71
maior que 15, 75, 244-245
Maor, Eli 264
Máquina Analítica 230
máquina de Turing 226
Mark I 233-234
matemática 1, 16, 18-19, 63, 232
  aplicada 15, 42, 51, 57-58, 61, 224, 252
  arábica 91
  chinesa 12-14, 91
  egípcia 7-10
  europeia 35, 75, 78, 88
  fundamentos da 54, 247-248
  grega 14-15, 19-25, 64, 160, 255
  hindu 35
  indiana 96
  mesopotâmica 10, 29
  prática 31, 34
  pura 45, 53, 57, 61, 186, 224, 248
matemáticos 1, 3-9, 12-15, 17-28, 42, 53, 78, 98, 118, 253
  egípcios 9
  europeus 45, 97, 119, 190-191, 243
  gregos 14-15, 17, 20-23, 96, 123, 137, 152
Math Forum @ Drexel 257
Mathematical Analysis of Logic, The (Boole) 238
Mathematical Reviews 53
Mathematics Teacher 4, 253
Mauchly, John 233
mecânica 15, 44, 46, 70, 233, 237-238
medidas 11, 25, 48, 87, 103-104, 148
megâmetro 104
meia corda 26, 190
Menaechmus 173
Menninger, Karl 253, 264
menor do que 95-99, 101, 185, 197
menos 73-74,112
Mersenne, Marin 43
Mesopotâmia 7, 9, 61, 79, 88, 95, 144
metafísica 25, 247-248
método de exaustão 243
metro 104-107
Michalowicz, Karen Dee 4
micrômetro 104
milênio 5, 7, 85, 144
milímetro 104
Millay, Edna St.Vincent 155
Miller, Jeff 77, 123, 257
mínimos quadrados 222-223, 226
miríade 72
misticismo 16
modelagem 58
movimento 21, 26, 33, 43, 51, 101, 223
mulheres 6, 63
Müller, Johannes 36, 191
multiplicação 8, 69, 75-77, 97, 187, 239
Museu 19, 66

N

nanômetro 104
Napier, John 91, 94, 229
navegação 35, 43, 62, 97, 188, 221, 230, 255
NCTM 1, 4
negação 94, 199-200, 239-241
n-ésima raiz 31
Netz, Reviel 15
Newman, James R. 253, 265
Newman, Max 232
Newton, Isaac 43, 98, 122, 162, 177, 238, 256, 267
Nichomachus de Gerasa 156

Nine Chapters (on the Mathematical Art) 89, 266
noção comum 165-166
Noether, Emmy 55
notação 22, 39, 75-76, 108, 118
numeração decimal 25, 29
numerador 87, 89-90, 128
numerais egípcios 66, 88
numerais gregos 121
numerais hieroglíficos 65, 91
número normal 114
número transcendental 112
números 6, 16
  complexos 3, 39, 99, 154, 183-188, 254
  conhecidos 40, 134
  imaginários 98, 185
  inteiros 15, 18, 27, 34, 40, 42, 144, 152, 238
  irracionais 111, 244
  muito grandes 13
  naturais 243, 245, 249, 250
  negativos 3, 39, 95-102, 127, 129-130, 140, 184, 186
  perfeitos 152, 156-157
  positivos 30, 96-100
  racionais 22, 92, 96, 244, 250
  reais 92, 152, 184, 244, 250
Nunes, Pedro 37

O

octaedro 167-171
olho 205-206
operações aritméticas 6
ordenada 20, 177
Oresme, Nicole 33, 43, 174
Oriente Próximo 5, 7, 71
Osen, Lynn 253, 255
Osserman, Robert 155, 265
Ossos de Napier 229
óptica 43
Oughtred, William 76, 229

P

Pacioli, Luca 34, 74, 119, 123
Padrões, NCTM 1
palmtop 234
palmo 103
Pandrosian 23
papiro 7-9, 110, 113, 125, 160
Papiro de Rhind 61, 110, 113, 125,
Pappus 21-23, 40-41, 169-170
paradoxos 245-246
parênteses 75, 77
parte(s) 9, 85-86
Pascal, Blaise 204, 208, 229, 237
Pascaline 230, 237
Peano, Giuseppe 50
Pearson, Karl 223
pedagogia 56
pentagrama 16
permutações 50, 221
perspectiva 36, 51, 205-207
pesquisa operacional 58
Ph.D. 63
Philosophical Essay on Probabilities (Laplace) 222
pi (π) 109-110, 113-114, 259, 265
Pierce, Benjamin 240
Pierce, Charles Sanders 240-242
Pirâmide 9, 84
Pirates of Penzance, The 143
Pitágoras 15-16, 143
pitagóricos 16, 18, 149-150, 169
plano complexo 188
plano projetivo 207, 209
Platão 14, 18, 150, 159, 169-170
Playfair, John 198
Poincaré, Henri 52
poliedro 45, 161, 167-172
polígonos 167-171
polinômios 30, 41, 45, 57, 82
Poncelet, Jean Victor 206, 210
pons asinorum 163, 166

Ponsot, Marie 210
ponto decimal 91, 93
por cento 90
Postulado de Playfair 198-199
postulado(s) 19, 199-200
potências 8-11, 120, 177
Practica Geometria 34
Principia (Newton) 44-45
Princípio de Cavalieri 43
Princípio de Harriot 82-83
probabilidade 46, 211-218, 220, 226, 246
Problema dos Pontos 211
problemas 20-22, 34, 125
    de herança 29
    lineares 128
    do milênio 59, 62
    não lineares 128
Proclus 23, 198
profissionalismo 47
programação 58, 231, 234, 235
    linear 58
progressão aritmética 2, 27
projeção 207, 210
Proof, The 156
proporcionalidade 13, 27, 36
psicologia 52, 223
Ptolomeu, Claudius 21
Pycior, Helena M. 265

Q

Q.E.D. 160
quadratriz 20
quadratura do círculo 20
quadrivium 32, 63
quantidade(s) 17, 40, 93, 96, 146, 161
química 59

R

radiano 105, 107, 193
radical 182, 184
raio 17, 36, 189, 190, 204
raiz(raízes) 31, 39, 96-98, 118, 131, 174, 182-185
Ramanujan, Srinivasa 114
razões 15-19, 160
realidade 63, 247, 257
Recorde, Robert 37, 74, 122, 130
redes telefônicas 58
redução por linha 35
Regiomontanus 36, 40, 73, 194
régua 161
relações 41, 73, 100, 103, 117, 160, 174, 238, 240
Renascimento 5, 34, 36, 73, 137, 170, 205
reta
    ideal 207
    real 249
Revolução Francesa 48
Revolução Industrial 230, 232
Rhind, A. Henry 8
Ribet, Kenneth 155
Rickey, V. Frederick 193
Riemann, Bernhard 51, 200
rigor 48-52, 60, 121, 177
Rio Tigre 28
Roberval, Gilles de 193
"Royal Gate, The" 210
Rudolff, Christoff 119

S

Saccheri, Girolamo 198
saída 126, 128, 246
    ponderada 209
Salsburg, David 256, 266
Schmandt-Besserat, Denise 70, 266
secante 36, 192
seção(ões) cônica(s) 174, 206, 208
século XX 54, 120
segmento de reta 17, 26-27, 138, 165-166, 190, 199
Segunda Guerra Mundial 226
seguro 215, 220-221

Selin, Helaine 266
seno 26-27, 36, 46, 184, 189-195
séries 1, 49, 51, 57, 114
Shannon, Claude 70, 232
Sicília 14, 114
símbolos algébricos 118, 123, 142
símbolos
 algébricos 118, 123, 142
 aritméticos 73, 78, 117
simetria 31, 167
simulação 57
sinais, leis dos 97
Singmaster, David 24, 266
síntese 23, 176
Siracusa 14, 114
sistema axiomático 159, 162
sistema de talhas 65
Sistema Internacional de Unidades 106
sistema métrico 48, 104, 106, 108, 222
sistema SI 106
sistema solar 42, 44, 45, 52, 170, 215
sistema(s) de numeração 25-26, 29, 65, 67-69, 104, 237
 binário 237
 decimal 25
 egípcio 65
 grego 68
sistemas algébricos 100
sistemas de computação algébrica 57-58
Sobel, Dava 221, 266
sobreviventes 219
Sociedade Americana de Matemática 64
Sólidos de Arquimedes 169-170
Sólidos de Platão 18, 170
Spinoza, Baruch 162
Statistical Methods for Research Workers (Fisher) 224
Stepped Reckoner 230, 237, 240
Stevin, Simon 91, 120
Stifel, Michael 37, 101, 120, 123
Stigler, Stephen 225
Struik, Dirk 252
subtração 69, 74-77, 230
Suíça 44, 45, 124
Sulbasutras 144
Sumario Compendioso 78
Summa de Aritmetica 34, 74, 119, 123
Summa Theologica (Aquinas) 246
Suzuki, Jeff 252, 266
Swetz, Frank 253, 266

T

Tabela de Vida de Londres 220
Tales 15, 159, 166
Talleyrand, Charles Maurice de 101
tangente 43, 191, 194, 208
Tartaglia (Niccolò Fontana) 38-39, 138-140
Taylor, Richard 156
Tenth, The (Stevin) 89
teorema 11, 45, 143, 154-155, 166, 226
Teorema de Pitágoras 11, 13, 16, 143-150, 198, 241
Teorema de Ptolomeu 195-196
Teorema Fundamental da Álgebra 45
Teorema Fundamental do Cálculo 49
teoria de grupo 50
teoria dos números 31, 39, 45, 52, 222
tetraedro 167-172
Teutsche Algebra (Rahn) 76
Thabit ibn Qurra 145
Theon 23
Thèorie Analytique des Probabilités (Laplace) 215
Torre Eiffel 52
traçando gráficos 33
tradição subcientífica 23, 25, 30
transformações 51, 52
transistor 234, 236
Tratado do Metro 105-106

Trattato d'Abaco (della Francesca) 142
Treviso Arithmetic 34, 267
triângulo de Pascal 31
triângulo esférico 185, 188
triângulos 191-192, 201
trigonometria 21, 26, 30-31, 35-36, 137, 190-195
trivium 32, 63
Tukey, John 224
Turing, Alan 232

U

Último Teorema de Fermat 54, 151, 153-157
unidade(s) de medida(s) 90, 103, 108, 179
UNIVAC I 234
Universal Arithmetick (Newton) 98, 265
Universidade de Cornell 64
Uzbequistão 29, 131

V

valor absoluto 188
valor por posição 25, 32, 67, 68-70, 72, 79
van Schooten, Frans 177, 180
variável 27, 34, 41, 82, 174-177
Vedas 13
velocidade 43, 178, 234
veracidade 6
vetor 187
Viète, François 40, 120, 174
visão geral 5-6, 13-14, 148, 251
visualização 57, 187
volume 5, 9, 13, 17, 20, 108, 252-255, 264
von Neumann, John 110

W

Wallis, John 98, 101, 178
Weierstrass, Karl 49, 243
Whetstone of Witte, The (Recorde) 37, 74, 130
Widman, Johann 74
Wiles, Andrew 155, 157-158
Wilkins, David R. 256
Wilson, Robin 254
Wolfskehl, Paul 155

Y

Yandell, Benjamin 256
Yule, G. Udny 223

Z

zero 68, 79-85, 120
Zu Chongzhi 110-111, 113-114
Zuse, Konrad 233

IMPRESSÃO E ACABAMENTO
YANGRAF
GRÁFICA E EDITORA LTDA.
WWW.YANGRAF.COM.BR
(11) 2095-7722